高职高专建筑工程专业系列教材

建筑施工组织与项目管理

李君宏　主　编
李维敦　李天平　副主编

中国建筑工业出版社

图书在版编目(CIP)数据

建筑施工组织与项目管理/李君宏主编. —北京：中国建筑工业出版社，2012.2（2023.3重印）
（高职高专建筑工程专业系列教材）
ISBN 978-7-112-14022-0

Ⅰ.①建… Ⅱ.①李… Ⅲ.①建筑工程-施工组织-高等职业教育-教材 ②建筑工程-工程施工-项目管理-高等职业教育-教材 Ⅳ.①TU721②TU71

中国版本图书馆CIP数据核字(2012)第013759号

本书是高职高专土建类建筑工程技术专业的专业课教材，全书共十一章，包括建筑施工组织概论、施工组织流水作业、网络计划技术、施工准备工作、单位工程施工组织设计、施工项目管理概述、施工项目管理组织、施工项目进度、质量、成本管理、建筑施工安全管理、建筑工程职业健康与环境管理、施工项目资料信息和风险管理。本书的能力培养为主线，注意实用性与针对性，理论知识与实践能力融合。

本书还可作为成人教育土建类专业的教材和从事建筑工程工作的施工、管理技术人员业务学习的参考书。

* * *

责任编辑：范业庶
责任设计：董建平
责任校对：王誉欣

高职高专建筑工程专业系列教材
建筑施工组织与项目管理
李君宏 主 编
李维敦 李天平 副主编
*
中国建筑工业出版社出版、发行（北京西郊百万庄）
各地新华书店、建筑书店经销
北京红光制版公司制版
北京建筑工业印刷厂印刷
*

开本：787×1092毫米 1/16 印张：20 字数：485千字
2012年2月第一版 2023年3月第九次印刷
定价：**40.00元**
ISBN 978-7-112-14022-0
（22059）

版权所有 翻印必究
如有印装质量问题，可寄本社退换
（邮政编码100037）

前 言

本书是高职高专土建类建筑工程技术专业及相近专业的专业课教材,也可作为成人教育土建类专业及相关专业的教材和从事建筑工程等工作的施工、管理技术人员使用的参考书。

本书以能力培养为主线,注重实用性与针对性,恰当地融合理论知识与实践能力,针对土建类高职高专学生应掌握的政策法规、标准规范、专业知识和操作能力要求,注重培养学生的实际工作能力,使学生较快成为具有实际工作能力的建筑施工管理人才。

在内容上,注重收集和引入工程实例,深入浅出、简明扼要、图文并茂、通俗易懂,融专业技术知识和项目管理知识,以及相关法规、标准和规范于一体,内容丰富。在编排上,每章在开始时提出教学目标,包括学习目标和能力目标,在结束时进行本章小结,前后呼应,使学习者目标明确,思路清晰;同时,每章编有教学情景,包括理论情景和实例情景,引入学习后应掌握的问题和实际案例,使学习者带着问题去学习,从而掌握施工组织及项目管理的基本概念、基本原理及基本方法,同时通过案例学习和项目实训获得进行施工方案设计和施工组织管理的能力。

本书第7、9、10、11章由甘肃建筑职业技术学院李君宏编写,第2、4、8章由甘肃建筑职业技术学院李维敦和马俊文编写,第1、3、5、6章由甘肃建筑职业技术学院李天平和姚强编写。全书由李君宏担任主编,李维敦、李天平担任副主编。

在本书编写中,得到了全国高职高专教育土建类专业教学指导委员会领导和专家的大力支持和帮助,本书引用和参考了有关单位和个人的专业文献、资料,未在书中一一注明出处,在此表示感谢。

由于编者的水平有限,书中错误和疏漏之处在所难免,恳请广大读者和专家批评指正。

目　录

第1章　建筑施工组织概论 ··· 1
   1.1　建筑施工组织的对象与任务 ··· 1
   1.2　建设程序和施工项目管理程序 ······································· 2
   1.3　建筑产品及其施工的技术经济特点 ··································· 8
   【本章小结】 ··· 9
   【思考题】 ·· 10

第2章　施工组织流水作业 ··· 11
   2.1　流水施工概述 ··· 11
   2.2　流水施工的主要参数 ·· 14
   2.3　流水施工的基本方式 ·· 20
   2.4　流水施工的具体应用与工程实例 ···································· 28
   【本章小结】 ·· 33
   【思考题】 ·· 33
   【习题】 ··· 33

第3章　网络计划技术 ··· 35
   3.1　网络计划的基本概念 ·· 35
   3.2　双代号网络图的绘制 ·· 41
   3.3　双代号网络计划时间参数的计算 ···································· 49
   3.4　网络计划优化概述 ·· 60
   3.5　网络图进度计划的控制 ··· 73
   【本章小结】 ·· 79
   【思考题】 ·· 79
   【工程实例】 ·· 80

第4章　施工准备工作 ··· 84
   4.1　施工准备工作的意义、内容与要求 ································· 84
   4.2　调查研究与收集资料 ·· 86
   4.3　施工技术资料准备 ·· 92
   4.4　施工现场准备 ··· 95
   4.5　施工生产要素准备 ·· 98
   4.6　冬雨期施工准备 ··· 101
   【本章小结】 ·· 103
   【思考题】 ··· 103
   【工程实例】 ·· 103

第5章　单位工程施工组织设计 ··· 111
5.1　单位工程施工组织设计概述 ··· 111
5.2　编制依据 ··· 113
5.3　工程概况 ··· 116
5.4　施工部署 ··· 119
5.5　施工进度计划 ··· 125
5.6　施工准备与资源配置计划 ··· 129
5.7　施工方案 ··· 139
5.8　主要施工管理计划 ··· 152
5.9　施工现场平面图 ··· 156
【本章小结】 ·· 158
【思考题】 ·· 158

第6章　施工项目管理概述 ··· 159
6.1　施工项目管理的基本概念 ··· 159
6.2　施工项目管理的程序、目标、任务 ······································ 162
6.3　施工项目结构分解 ··· 165
6.4　施工项目管理规划 ··· 166
【本章小结】 ·· 168
【思考题】 ·· 169

第7章　施工项目管理组织 ··· 170
7.1　组织的基本原理 ··· 170
7.2　建设工程组织管理模式与施工项目组织形式 ······························ 173
7.3　施工项目经理及项目经理部 ··· 175
7.4　施工项目组织协调 ··· 181
【本章小结】 ·· 185
【思考题】 ·· 186

第8章　施工项目进度、质量、成本管理 ·· 187
8.1　施工项目目标管理概论 ··· 187
8.2　施工项目进度管理 ··· 190
8.3　施工项目质量管理 ··· 199
8.4　施工项目成本管理 ··· 224
【本章小结】 ·· 250
【思考题】 ·· 250
【案例题】 ·· 250

第9章　建筑施工安全管理 ··· 252
9.1　建筑施工安全管理概述 ··· 252
9.2　建筑施工安全管理 ··· 254
【本章小结】 ·· 268
【思考题】 ·· 268

第 10 章　建筑工程职业健康与环境管理 ·· 269
　10.1　建筑工程职业健康安全与环境管理概述 ·· 269
　10.2　建筑工程职业健康安全事故 ·· 273
　10.3　建筑工程职业健康安全管理情景案例 ·· 279
　【本章小结】 ·· 288
　【思考题】 ·· 288

第 11 章　施工项目资料信息和风险管理 ·· 289
　11.1　施工项目资料管理 ·· 289
　11.2　施工项目信息管理 ·· 302
　11.3　施工项目风险管理 ·· 304
　【本章小结】 ·· 311
　【思考题】 ·· 311

参考文献 ·· 312

第 1 章　建筑施工组织概论

【教学目标】
➤ 学习目标：熟悉建设项目的组成及其划分依据；熟悉建筑产品及建筑施工的特点；掌握我国的建设程序及建设程序每阶段的任务；掌握施工项目管理程序及每阶段的任务。
➤ 能力目标：具备根据施工及管理的需要对建设项目进行合理分解的能力；具备初步确定建设活动各阶段任务的能力；具备初步确定施工项目管理各阶段任务的能力。

【本章教学情景】
理论情景： 建设活动是一种多行业、多部门密切配合的综合性比较强的经济活动，它涉及面广、环节多。因此，建设活动必须有组织、有计划、按顺序地进行，那么，这个顺序是什么？施工企业如何对施工项目进行计划、组织、管理？

实例情景： 某市甲公司拟建一栋商用大楼，那么，该公司从产生建楼意向到商用大楼投入使用，正常运营需要经过哪些阶段，该公司在各个阶段需要做哪些工作？该市乙建筑公司接到了甲公司商用大楼的投标邀请书，如果乙公司欲承建该商用大楼，那么，乙公司从产生承建意向到工程保修期满需要经过哪些阶段？乙公司在各个阶段需要做哪些工作？

1.1　建筑施工组织的对象与任务

1.1.1　建筑施工组织对象

建筑施工组织就是针对建筑工程施工的复杂性，研究工程建设的统筹安排与系统管理的客观规律，制定建筑工程施工最合理的组织与管理方法的一门科学。它是推进企业技术进步，加强现代化施工管理的核心。

一个建筑物或一个建筑群的施工，可以有不同的施工顺序；每一个施工过程可以采用不同的施工方法；每一个构件可以采用不同的生产方式；每一种运输工作可以采用不同的方式和工具；这些问题不论在技术方面还是组织方面，通常都有许多可行的方案供施工人员选择。但不同的方案，其技术经济效果是不一样的。怎样结合建筑工程的性质和规模、工期的长短、工人的数量、机械装备程度、材料供应情况、构件生产方式等各种技术经济条件，从经济和技术统一的全局出发，从许多可能的方案中选取最合理的方案，这是施工人员开始施工之前必须解决的问题。

把上述问题通盘考虑，并作出合理的决定之后，施工人员就可以对施工的各项活动作出全面的部署，编制出规划和指导施工的技术经济文件，用以指导施工。

1.1.2　施工组织的任务

施工组织的任务是在党和政府有关建筑施工的方针政策指导下，从施工的全局出发，根据具体的条件，以最优的方式解决上述施工组织的问题，对施工的各项活动作出全面的、科学的规划和部署，使人力、物力、财力、技术资源得以充分利用，达到优质、低耗、高效地完成施工任务。

1.2 建设程序和施工项目管理程序

1.2.1 建设项目及其组成

1. 建设项目的概念

建设项目是固定资产投资项目，是作为建设单位的被管理对象的一次性建设任务，是投资经济科学的一个基本范畴。固定资产投资项目又包括基本建设项目（新建、扩建等扩大生产能力的项目）和技术改造项目（以改进技术、增加产品品种、提高产品质量、治理"三废"、劳动安全、节约资源为主要目的的项目）。

建设项目在一定的约束条件下，以形成固定资产为特定目标。约束条件：一是时间约束，即一个建设项目有合理的建设工期目标；二是资源的约束，即一个建设项目有一定的投资总量目标；三是质量约束，即一个建设项目有预期的生产能力、技术水平或使用效益目标。

建设项目的管理主体是建设单位，项目是建设单位实现目标的一种手段。在国外，投资主体、业主和建设单位一般是三位一体的，建设单位的目标就是投资者的目标；而在我国，投资主体、业主和建设单位三者有时是分离的，给建设项目的管理带来一定的困难。

2. 建设项目的组成

按照建设项目分解管理和质量验收的需要，可将建设项目分解为单项工程、单位工程（子单位工程）、分部工程（子分部工程）、分项工程和检验批（图1-1）。

(1) 单项工程（也称做工程项目）

凡是具有独立的设计文件，竣工后可以独立发挥生产能力或效益的一组工程项目，称为一个单项工程。一个建设项目，可由一个单项工程组成，也可由若干个单项工程组成。单项工程体现了建设项目的主要建设内容，其施工条件往往具有相对的独立性。

(2) 单位（子单位）工程

具备独立施工条件（单独设计，可以独立施工），并能形成独立使用功能的建筑物及构筑物为一个单位工程。单位工程是单项工程

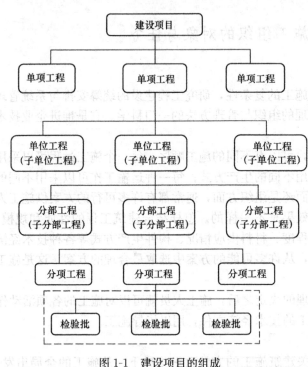

图 1-1 建设项目的组成

的组成部分，一个单项工程一般都由若干个单位工程所组成。

一般情况下，单位工程是一个单体的建筑物或构筑物；建筑规模较大的单位工程，可将其能形成独立使用功能的部分作为一个子单位工程。

(3) 分部（子分部）工程

组成单位工程的若干个分部称为分部工程。分部工程的划分应按专业性质、建筑部位确定。例如：一幢房屋的建筑工程，可以划分土建工程分部和安装工程分部，而土建工程分部又可划分为地基与基础、主体结构、建筑装饰装修和建筑屋面四个分部工程。

当分部工程较大或较复杂时，可按材料种类、施工特点、施工程序、专业系统及类别等划分为若干子分部工程。如，主体结构分部工程可划分为混凝土结构、钢筋（管）混凝土结构、砌体结构、钢结构、木结构及网架和索膜结构等子分部工程。

(4) 分项工程

组成分部工程的若干个施工过程称为分项工程。分项工程应按主要工种、材料、施工工艺、设备类别等进行划分。如，主体混凝土结构可以划分为模板、钢筋、混凝土、预应力、现浇结构、装配式结构等分项工程。

(5) 检验批

按现行国家标准《建筑工程施工质量验收统一标准》（GB 50300—2001）的规定，建筑工程质量验收时，可将分项工程进一步划分为检验批。检验批是指按同一的生产条件或按规定的方式汇总起来供检验用的，由一定数量样本组成的检验体。一个分项工程可由一个或若干个检验批组成，检验批可根据施工及质量控制和专业验收需要，按楼层、施工段、变形缝等进行划分。

1.2.2 基本建设程序

基本建设程序是人们进行建设活动中必须遵守的客观规律，它是几十年来我国基本建设工作实践经验的科学总结，反映了整个建设过程中各项工作必须遵循的先后次序。

基本建设程序可划分为项目建议书、可行性研究、勘察设计、施工准备、建设实施、生产准备、竣工验收、后评价八个阶段。这八个阶段基本上反映了建设工作的全过程。这八个阶段还可以进一步概括为项目决策、建设准备、工程实施三大阶段。

1. 项目决策阶段

项目决策阶段包括项目建议书和可行性研究。

(1) 项目建议书

项目建议书是建设单位向主管部门提出的要求建设某一项目的建议性文件，是对拟建项目的轮廓设想，是从拟建项目的必要性及大的方面的可能性加以考虑的。

项目建议书经批准后，才能进行可行性研究，也就是说，项目建议书并不是项目的最终决策，而仅仅是为可行性研究提供依据和基础。

项目建议书的内容一般包括以下五个方面：

1) 建设项目提出的必要性和依据；
2) 拟建工程规模和建设地点的初步设想；
3) 资源情况、建设条件、协作关系等的初步分析；
4) 投资估算和资金筹措的初步设想；
5) 经济效益和社会效益的估计。

(2) 可行性研究

项目建议书经批准后,应紧接着进行可行性研究工作。可行性研究是项目决策的核心,是对建设项目在技术上、工程上和经济上是否可行,进行全面的科学分析论证工作,是技术经济的深入论证阶段,为项目决策提供可靠的技术经济依据。其研究的主要内容是:

1) 建设项目提出的背景、必要性、经济意义和依据;
2) 拟建项目规模、产品方案、市场预测;
3) 技术工艺、主要设备、建设标准;
4) 资源、材料、燃料供应和运输及水、电条件;
5) 建设地点、场地布置及项目设计方案;
6) 环境保护、防洪、防震等要求与相应措施;
7) 劳动定员及培训;
8) 建设工期和进度建议;
9) 投资估算和资金筹措方式;
10) 经济效益和社会效益分析。

可行性研究的主要任务是对多种方案进行分析、比较,提出科学的评价意见,推荐最佳方案。在可行性研究的基础上,编制可行性研究报告。

我国对可行性研究报告的审批权限作出了明确规定,必须按规定将编制好的可行性研究报告送交有关部门审批。

经批准的可行性研究报告是初步设计的依据,不得随意修改和变更。如果在建设规模、产品方案等主要内容上需要修改或突破投资控制数时,应经原批准单位复审同意。

2. 建设准备阶段

这个阶段主要是根据批准的可行性研究报告,成立项目法人,进行工程地质勘察、初步设计和施工图设计,编制设计概算,安排年度建设计划及投资计划,进行工程发包,准备设备、材料,做好施工准备等工作,这个阶段的工作中心是勘察设计。

(1) 勘察设计

设计文件是安排建设项目和进行建筑施工的主要依据。设计文件一般由建设单位通过招标投标或直接委托有相应资质的设计单位进行设计。编制设计文件是一项复杂的工作,设计之前和设计之中都要进行大量的调查和勘测工作,在此基础之上,根据批准的可行性研究报告,将建设项目的要求逐步具体化,成为指导施工的工程图纸及其说明书。

设计是分阶段进行的。一般项目进行两阶段设计,即初步设计和施工图设计。技术上比较复杂和缺少设计经验的项目采用三阶段设计,即在初步设计阶段后增加技术设计阶段。

1) 初步设计:初步设计是对批准的可行性研究报告所提出的内容进行概略的设计,作出初步的实施方案(大型、复杂的项目,还需绘制建筑透视图或制作建筑模型),进一步论证该建设项目在技术上的可行性和经济上的合理性,解决工程建设中重要的技术和经济问题,并通过对工程项目所作出的基本技术经济规定,编制项目总概算。

初步设计由建设单位组织审批,初步设计经批准后,不得随意改变建设规模、建设地址、主要工艺过程、主要设备和总投资等控制指标。

2) 技术设计：技术设计是在初步设计的基础上，根据更详细的调查研究资料，进一步确定建筑、结构、工艺、设备等的技术要求，以使建设项目的设计更具体、更完善，技术经济指标达到最优。

3) 施工图设计：施工图设计是在前一阶段的设计基础上进一步形象化、具体化、明确化，完成建筑、结构、水、电、气、工业管道以及场内道路等全部施工图纸、工程说明书、结构计算书及施工图预算等。在工艺方面，应具体确定各种设备的型号、规格及各种非标准设备的制作、加工和安装图。

(2) 施工准备

施工准备工作在可行性研究报告批准后就可着手进行。通过技术、物资和组织等方面的准备，为工程施工创造有利条件，使建设项目能连续、均衡、有节奏地进行。其主要工作内容是：

1) 征地、拆迁和场地平整；
2) 工程地质勘察；
3) 完成施工用水、电、通信及道路等工程；
4) 收集设计基础资料，组织设计文件的编审；
5) 组织设备和材料订货；
6) 组织施工招标投标，择优选定施工单位；
7) 办理开工报建手续。

施工准备工作基本完成，具备了工程开工条件之后，由建设单位向有关部门提交开工报告。有关部门对工程建设资金的来源、资金是否到位以及施工图出图情况等进行审查，符合要求后批准开工。做好建设项目的准备工作，对于提高工程质量，降低工程成本，加快施工进度，都有着重要的保证作用。

3. 工程实施阶段

工程实施阶段是项目决策的实施、建成投产发挥投资效益的关键环节。该阶段是在建设程序中时间最长、工作量最大、资源消耗最多的阶段。这个阶段的工作中心是根据设计图纸进行建筑安装施工，还包括做好生产或使用准备、试车运行、进行竣工验收、交付生产或使用等内容。

(1) 建设实施

建设实施即建筑施工，是将计划和施工图变为实物的过程，是建设程序中的一个重要环节。要做到计划、设计、施工三个环节互相衔接，投资、工程内容、施工图纸、设备材料、施工力量五个方面的落实，以保证建设计划的全面完成。施工之前要认真做好图纸会审工作，编制施工图预算和施工组织设计，明确投资、进度、质量的控制要求。施工中要严格按照施工图和图纸会审记录施工，如需变动应取得建设单位和设计单位的同意；要严格执行有关施工标准和规范，确保工程质量；按合同规定的内容全面完成施工任务。

(2) 生产准备

生产准备是项目投产前由建设单位进行的一项重要工作。它是衔接建设和生产的桥梁，是建设阶段转入生产经营的必要条件。建设单位应及时组成专门班子或机构做好生产准备工作。

生产准备工作的内容，根据工程类型的不同而有所区别，一般应包括下列内容：

1) 组建生产经营管理机构，制定管理制度和有关规定；
2) 招收并培训生产和管理人员，组织人员参加设备的安装、调试和验收；
3) 生产技术的准备和运营方案的确定；
4) 原材料、燃料、协作产品、工具、器具、备品和备件等生产物资的准备；
5) 其他必需的生产准备。

（3）竣工验收

按批准的设计文件和合同规定的内容建成的工程项目，其中生产性项目经负荷试运转和试生产合格，并能够生产合格产品的；非生产性项目符合设计要求，能够正常使用的，都要及时组织验收，办理移交固定资产手续。竣工验收是全面考核建设成果、检验设计和工程质量的重要步骤，是投资成果转入生产或使用的标志。建筑工程施工质量验收应符合以下要求：

1) 参加工程施工质量验收的各方人员应具备规定的资格；
2) 单位工程完工后，施工单位应自行组织有关人员进行检查评定，并向建设单位提交工程验收报告；
3) 建设单位收到工程验收报告后，应由建设单位（项目）负责人组织施工（含分包单位）、设计、监理等单位（项目）负责人进行单位（子单位）工程验收；
4) 单位工程质量验收合格后，建设单位应在规定时间内将工程竣工验收报告和有关文件报建设行政管理部门备案。

（4）后评价

建设项目一般经过1~2年生产运营（或使用）后，要进行一次系统的项目后评价。建设项目后评价是我国建设程序新增加的一项内容，目的是肯定成绩、总结经验、研究问题、吸取教训、提出建议、改进工作，不断提高项目决策水平和投资效果。项目后评价一般分为：项目法人的自我评价、项目行业的评价和计划部门（或主要投资方）的评价三个层次组织实施。

1.2.3 施工项目管理程序

施工项目管理程序是拟建工程项目在整个施工阶段中必须遵循的客观规律，它是长期施工实践经验的总结，反映了整个施工阶段必须遵循的先后次序。施工项目管理程序由下列各环节组成。

1. 编制项目管理规划大纲

项目管理规划分为项目管理规划大纲和项目管理实施规划。项目管理规划大纲是由企业管理层在投标之前编制的，作为投标依据、满足招标文件要求及签订合同要求的文件。当承包人以编制施工组织设计代替项目管理规划时，施工组织设计应满足项目管理规划的要求。

项目管理规划大纲（或施工组织设计）的内容应包括：项目概况、项目实施条件、项目投标活动及签订施工合同的策略、项目管理目标、项目组织结构、质量目标和施工方案、工期目标和施工总进度计划、成本目标、项目风险预测和安全目标、项目现场管理和施工平面图、投标和签订施工合同、文明施工及环境保护等。

2. 编制投标书并进行投标，签订施工合同

施工单位承接任务的方式一般有三种：1) 国家或上级主管部门直接下达；2) 受建设

单位委托而承接；3）通过投标中标承接。投标方式是最具有竞争机制、较为公平合理的承接施工任务的方式，在我国已得到广泛普及。施工单位要从多方面掌握大量信息，编制既能使企业盈利，又有竞争力，有望中标的投标书。如果中标，则与招标方进行谈判，依法签订施工合同。签订施工合同之前要认真检查签订施工合同的必要条件是否已经具备，如工程项目是否有正式的批文、是否落实投资等。

3. 选定项目经理，组建项目经理部，签订"项目管理目标责任书"

签订施工合同后，施工单位应选定项目经理，项目经理接受企业法定代表人的委托组建项目经理部、配备管理人员。企业法定代表人根据施工合同和经营管理目标要求与项目经理签订"项目管理目标责任书"，明确规定项目经理部应达到的成本、质量、进度和安全等控制目标。

4. 项目经理部编制"项目管理实施规划"，进行项目开工前的准备

项目管理实施规划（或施工组织设计）是在工程开工之前由项目经理主持编制的，用于指导施工项目实施阶段管理活动的文件。编制项目管理实施规划的依据是项目管理规划大纲、项目管理目标责任书和施工合同。项目管理实施规划的内容应包括：工程概况、施工部署、施工方案、施工进度计划、资源供应计划、施工准备工作计划、施工平面图、技术组织措施计划、项目风险管理、信息管理和技术经济指标分析等。

项目管理实施规划应经会审后，由项目经理签字并报企业主管领导人审批。根据项目管理实施规划，对首批施工的各单位工程，应抓紧落实各项施工准备工作，使现场具备开工条件，有利于进行文明施工。具备开工条件后，提出开工申请报告，经审查批准后，即可正式开工。

5. 施工期间按"项目管理实施规划"进行管理

施工过程是一个自开工至竣工的实施过程，是施工程序中的主要阶段。在这一过程中，项目经理部应从整个施工现场的全局出发，按照项目管理实施规划（或施工组织设计）进行管理，精心组织施工，加强各单位、各部门的配合与协作，协调解决各方面问题，使施工活动顺利开展，保证质量目标、进度目标、安全目标和成本目标的实现。

6. 验收、交工与竣工结算

项目竣工验收是在承包人按施工合同完成了项目全部任务，经检验合格，由发包人组织验收的过程。项目经理应全面负责工程交付竣工验收前的各项准备工作，建立竣工收尾小组，编制项目竣工收尾计划并限期完成。项目经理部应在完成施工项目竣工收尾计划后，向企业报告，提交有关部门进行验收。承包人在企业内部验收合格并整理好各项交工验收的技术经济资料后，向发包人发出预约竣工验收的通知书，由发包人组织设计、施工、监理等单位进行项目竣工验收。

通过竣工验收程序，办完竣工结算后，承包人应在规定期限内向发包人办理工程移交手续。

7. 项目考核评价

施工项目完成以后，项目经理部应对其进行经济分析，做好项目管理总结报告并送企业管理层有关职能部门。

企业管理层组织项目考核评价委员会，对项目管理工作进行考核评价。项目考核评价的目的是规范项目管理行为，鉴定项目管理水平，确认项目管理成果，对项目管理进行全

面考核和评价。项目终结性考核的内容应包括确认阶段性考核的结果，确认项目管理的最终结果，确认该项目经理部是否具备"解体"的条件。经考核评价后，兑现"项目管理目标责任书"中的奖惩承诺，项目经理部解体。

8. 项目回访保修

承包人在施工项目竣工验收后，对工程使用状况和质量问题向用户访问了解，并按照施工合同的约定和"工程质量保修书"的承诺，在保修期内对发生的质量问题进行修理并承担相应经济责任。

1.3 建筑产品及其施工的技术经济特点

1.3.1 建筑产品的特点

1. 建筑产品的庞体性

与一般工业产品相比，建筑产品的体形庞大，需要大量的资源，并需要占用广阔的空间。

2. 建筑产品的固定性

建筑物的建造和使用地点是固定的，建筑物建成后一般无法移动。

3. 建筑产品的多样性

建筑产品在建设规模、结构类型、构造形式、基础设计和装饰风格等诸方面变化纷繁，各不相同。即使是同一类型的建筑产品，也会因所在地点、环境条件等的不同而彼此有所区别。

4. 建筑产品的综合性

建筑产品是一个完整的固定资产实物体系，它不仅综合了土建工程的艺术风格、建筑功能、结构构造、装饰做法等多方面的技术成就，而且也综合了工艺设备、采暖通风、供水供电、通信网络、安全监控、卫生设备等各类设施的当代水平，从而使建筑产品变得更加错综复杂。

1.3.2 建筑施工的特点

上述建筑产品的特点决定了建筑施工的特点。

1. 建筑产品生产周期长

建筑产品体形庞大的特点决定了建筑产品生产周期长。建筑产品在施工过程中要投入大量的人力、物力和财力，还要受到生产技术、工艺流程和活动空间的限制，使其生产周期少则几个月，多则几年、几十年。

2. 建筑产品生产的流动性

建筑产品的固定性决定了建筑产品生产的流动性。一般工业生产的生产地点、生产者和生产设备是固定的，产品是在生产线上流动的。而建筑产品的生产则相反，产品是固定的，参与施工的人员、机具设备等不仅要随着建筑产品的建造地点的变更而流动，而且还要随着建筑产品施工部位的改变而不断地在空间流动。这就要求事先必须有一个周密的项目管理规划（或施工组织设计），使流动人员、机具、材料等互相协调配合，使建筑施工能有条不紊、连续、均衡地进行。

3. 建筑产品生产的单件性

建筑产品地点的固定性和类型的多样性，决定了建筑产品生产的单件性。一般的工业生产，是在一定时期里按一定的工艺流程批量生产某一种产品。而建筑产品一般是按照建设单位的要求和规划，根据其使用功能、建设地点进行单独设计和施工。即使是选用标准设计、通用构件或配件，由于建筑产品所在地区的自然、技术、经济条件的不同，也使建筑产品的结构或构造、建筑材料、施工细节和施工方法等要因地制宜加以修改，从而使各建筑产品生产具有单件性。

4. 建筑产品生产的地区性

建筑产品的固定性决定了同一使用功能的建筑产品，因其建造地点的不同必然受到建设地区的自然、技术、经济和社会条件的约束，使其结构构造、技术形式、室内设施、材料、施工方案等方面均有差异。因此建筑产品的生产具有地区性。

5. 建筑产品生产的露天作业多

建筑产品生产地点的固定性和体形庞大的特点，决定了建筑产品生产露天作业多。建筑产品不能像其他工业产品一样在车间内生产，除少量构件生产及部分装饰工程、设备安装工程外，大部分土建施工过程都是在室外完成的，受气候因素影响，工人劳动条件差。

6. 建筑产品生产的高空作业多

建筑产品体形庞大的特点，决定了建筑产品生产高空作业多。特别是随着我国国民经济的不断发展和建筑技术的日益进步，高层和超高层建筑不断涌现，使得建筑产品生产高空作业多的特点越来越明显，同时也增加了作业环境的不安全因素。

7. 建筑产品生产手工作业多、工人劳动强度大

目前，我国建筑施工企业的技术装备机械化程度还比较低，工人手工操作量大，致使工人的劳动强度大、劳动条件差。

8. 建筑产品生产组织协作的综合复杂性

建筑产品生产是一个时间长、工作量大、资源消耗多、涉及面广的过程。它涉及力学、材料、建筑、结构、施工、水电和设备等不同专业；涉及企业内部各部门和人员；涉及企业外部建设、设计、监理单位以及消防、环境保护、材料供应、水电供应、科研试验等社会各部门和领域，需要各部门和单位之间的协作配合，从而使建筑产品生产的组织协作综合复杂。

【本 章 小 结】

本章主要讲述了建筑施工组织研究的对象、任务，我国的基本建设程序，施工项目管理程序以及建筑产品和建筑施工的特点。通过本章的学习，首先，使读者对本课程的性质、任务及课程知识的适用性和实用性有一个清晰的认识，从而在今后的工作和学习中能够更好的学以致用；其次，使读者对我国的建设活动及施工企业的施工活动应遵循的规律、步骤以及每一步骤的任务能够熟练掌握，从而能够理清今后各个学习模块或工作模块之间的顺序及相互关系；最后，了解本行业产品和施工的特点，能让读者更好的掌握行业知识。

本章的特点是概括性、理论性较强而实践性较弱，故在本章的学习中应注重理解性的学习和宏观的掌握。

【思 考 题】

1. 施工组织的任务是什么?
2. 什么叫做建设项目?如何分解?
3. 我国的建设程序包括哪几个阶段?
4. 项目建议书的内容一般包括哪几个方面?
5. 简述施工项目管理程序。
6. 建筑产品有哪些特点?这些特点对工程施工有哪些影响?

第 2 章 施工组织流水作业

【教学目标】
➢ 学习目标：熟悉常用的施工组织方式及其各自的特点；掌握流水施工参数的意义和各参数的确定方法；掌握流水施工的组织。
➢ 能力目标：具备判别各种施工组织方式优劣的能力；具备为不同的施工过程选择适合的施工组织方式的能力；具备横道进度计划的阅读和执行的能力；具备为一般分部（分项）工程编制横道进度计划的能力。

【本章教学情景】
理论情景：流水施工组织方式是一种在施工现场广泛应用的施工组织方式，那么流水施工与其他施工组织方式相比有哪些优点？组织流水施工的条件是什么？流水施工参数有哪些，怎么确定这些参数？流水施工的几种施工组织方式都有哪些特点？如何组织？本章将一一阐明这些问题，并进一步理论联系实际，深化探讨流水施工在工程实践中的具体运用。

实例情景：某学校三堵长短相同的围墙的施工划分为基槽开挖、混凝土基础施工、墙体砌筑、墙面抹灰四个施工过程，其中每堵墙基槽开挖工作队 12 人，2 天完成；混凝土基础工作队 14 人，1 天完成；砌墙工作队 20 人，2 天完成；抹灰工作队 15 人，1 天完成。现给该工程组织流水施工。横道进度计划如图 2-1 所示。

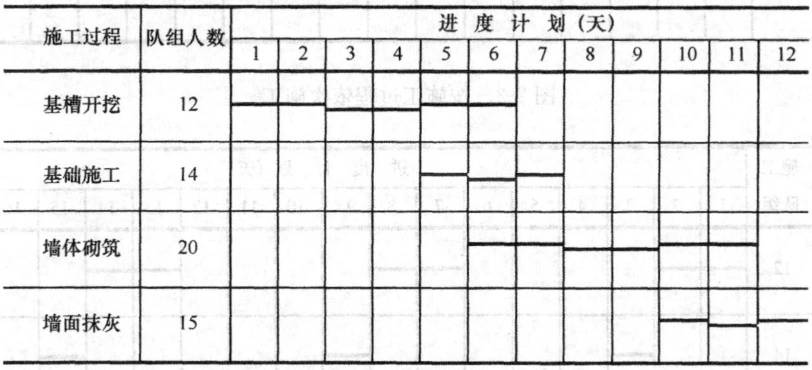

施工过程	队组人数	进 度 计 划（天）											
		1	2	3	4	5	6	7	8	9	10	11	12
基槽开挖	12												
基础施工	14												
墙体砌筑	20												
墙面抹灰	15												

图 2-1 某学校围墙施工进度计划

2.1 流水施工概述

2.1.1 施工组织方式

1. 施工组织的主要方式

施工组织方式主要解决的问题是如何组织各参与施工过程的施工队组的施工顺序和搭接方式,不同的施工顺序和搭接方式构成了不同的施工组织方式。一般来说,施工组织方式有三种,即依次施工、平行施工和流水施工。

(1) 依次施工。是指将工程对象任务分解成若干个施工过程或施工段,按照一定的施工顺序,前一个施工过程完成后,后一个施工过程才开始施工;或前一个施工段完成后,后一个施工段才开始施工。

(2) 平行施工。是指施工过程的施工队组同时开工、同时完成的一种施工组织方式。

(3) 流水施工。是指所有的施工过程按一定的时间间隔依次投入施工,各个施工过程陆续开工、陆续竣工,使同一施工过程的施工队组保持连续、均衡施工,不同的施工过程尽可能平行搭接施工的组织方式。

现分别对本章教学情景中的实例组织依次施工、平行施工和流水施工,并绘制三种施工组织方式的横道图,如图 2-2~图 2-5 所示。

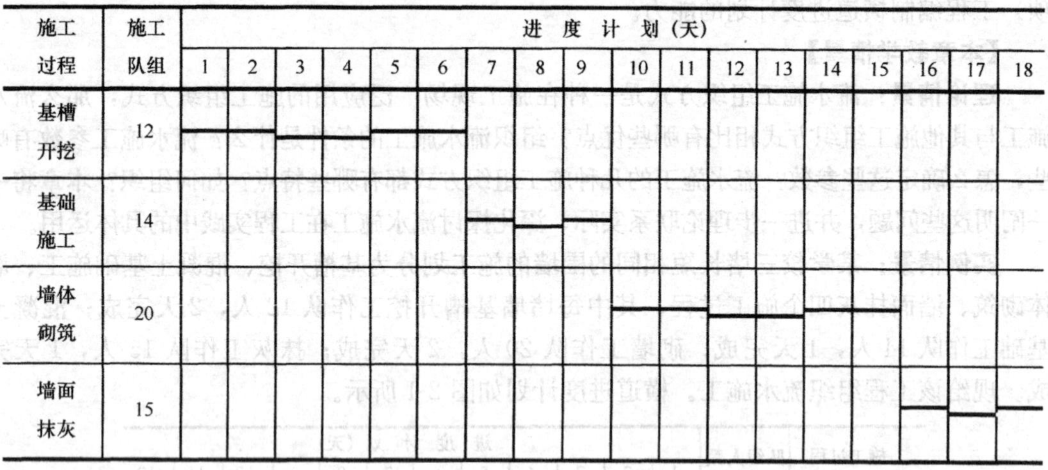

图 2-2 按施工过程依次施工

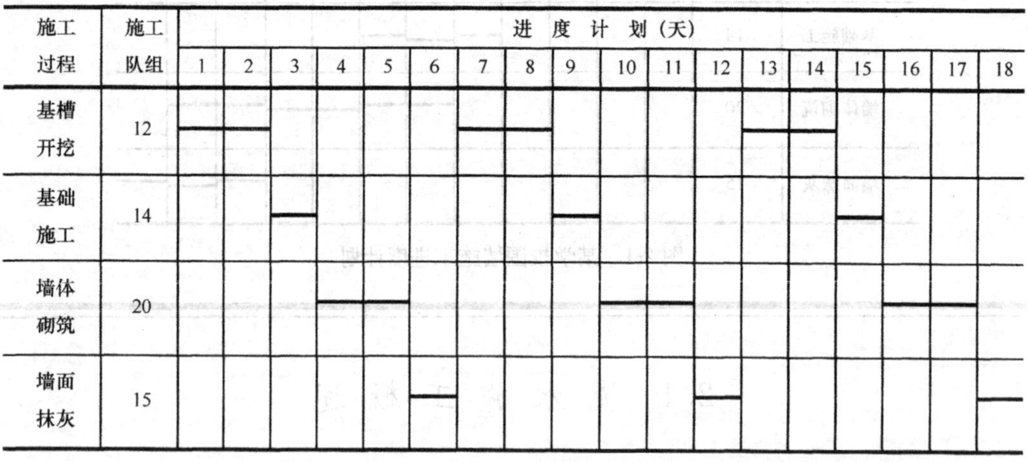

图 2-3 按施工段依次施工

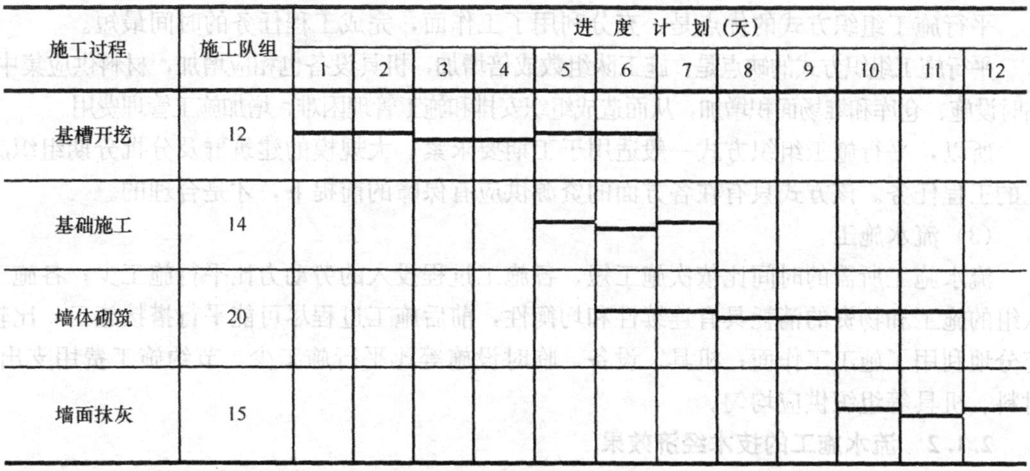

施工过程	施工队组	进度计划（天）											
		1	2	3	4	5	6	7	8	9	10	11	12
基槽开挖	12												
基础施工	14												
墙体砌筑	20												
墙面抹灰	15												

图 2-4 流水施工

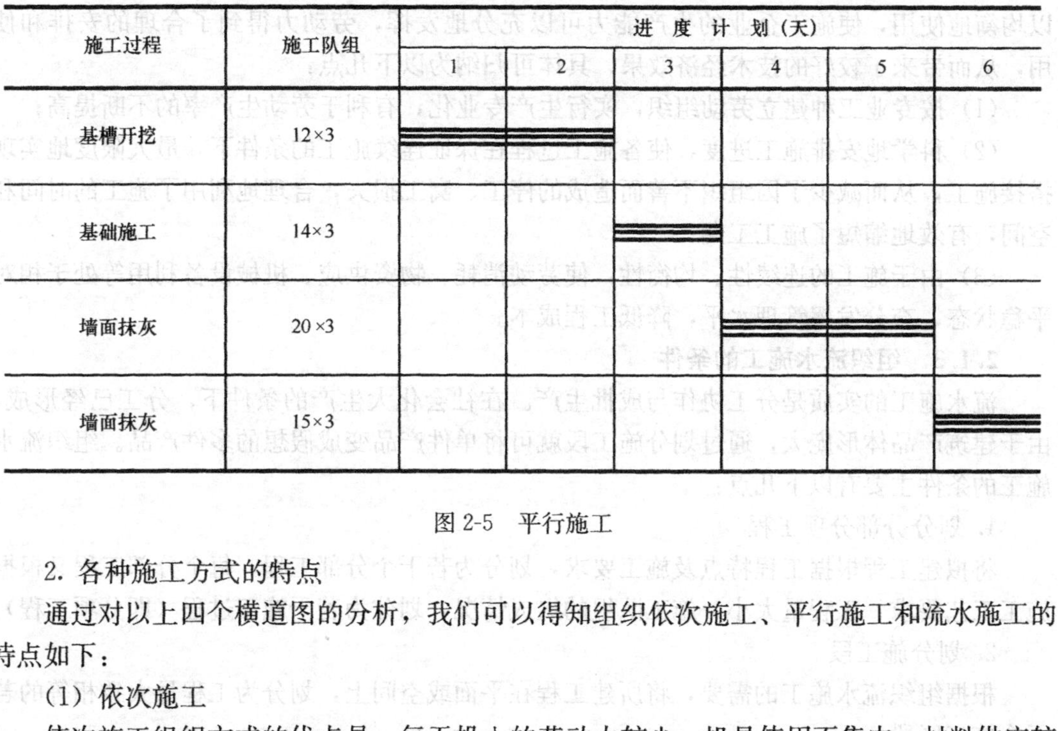

施工过程	施工队组	进度计划（天）					
		1	2	3	4	5	6
基槽开挖	12×3						
基础施工	14×3						
墙面抹灰	20×3						
墙面抹灰	15×3						

图 2-5 平行施工

2. 各种施工方式的特点

通过对以上四个横道图的分析，我们可以得知组织依次施工、平行施工和流水施工的特点如下：

(1) 依次施工

依次施工组织方式的优点是：每天投入的劳动力较少；机具使用不集中；材料供应较单一，施工现场管理简单，便于组织和安排。

依次施工组织方式的缺点是：由于没有充分地利用工作面去争取时间，所以工期长；各队组施工及材料供应无法保持连续和均衡，工人有窝工的情况；不利于改进工人的操作方法和施工机具，不利于提高工程质量和劳动生产率；按施工过程依次施工时，各施工队组虽能连续施工，但不能充分利用工作面，工期长，且不能及时为上部结构提供工作面。

所以，依次施工适用于工程规模比较小，施工工作面又有限，或施工工艺不适合采用流水施工的工程。

(2) 平行施工

平行施工组织方式的优点是：充分利用了工作面，完成工程任务的时间最短。

平行施工组织方式的缺点是：施工队组数成倍增加，机具设备也相应增加，材料供应集中；临时设施、仓库和堆场面积增加，从而造成组织安排和施工管理困难，增加施工管理费用。

所以，平行施工组织方式一般适用于工期要求紧，大规模的建筑群及分批分期组织施工的工程任务。该方式只有在各方面的资源供应有保障的前提下，才是合理的。

（3）流水施工

流水施工所需的时间比依次施工短，各施工过程投入的劳动力比平行施工少；各施工队组的施工和物资的消耗具有连续性和均衡性，前后施工过程尽可能平行搭接施工，比较充分地利用了施工工作面；机具、设备、临时设施等比平行施工少，节约施工费用支出；材料、机具等组织供应均匀。

2.1.2 流水施工的技术经济效果

流水施工是在依次施工和平行施工的基础上产生的，它既克服了依次施工和平行施工的缺点，又具有它们两者的优点。它的特点是施工的连续性和均衡性，使各种物资资源可以均衡地使用，使施工企业的生产能力可以充分地发挥，劳动力得到了合理的安排和使用，从而带来了较好的技术经济效果，具体可归纳为以下几点：

（1）按专业工种建立劳动组织，实行生产专业化，有利于劳动生产率的不断提高；

（2）科学地安排施工进度，使各施工过程在保证连续施工的条件下，最大限度地实现搭接施工，从而减少了因组织不善而造成的停工、窝工损失，合理地利用了施工的时间和空间，有效地缩短了施工工期；

（3）由于施工的连续性、均衡性，使劳动消耗、物资供应、机械设备利用等处于相对平稳状态，充分发挥管理水平，降低工程成本。

2.1.3 组织流水施工的条件

流水施工的实质是分工协作与成批生产。在社会化大生产的条件下，分工已经形成，由于建筑产品体形庞大，通过划分施工段就可将单件产品变成假想的多件产品。组织流水施工的条件主要有以下几点：

1. 划分分部分项工程

将拟建工程根据工程特点及施工要求，划分为若干个分部工程，每个分部工程又根据施工工艺要求、工程量大小、施工队组的组成情况，划分为若干施工过程（即分项工程）。

2. 划分施工段

根据组织流水施工的需要，将所建工程在平面或空间上，划分为工程量大致相等的若干个施工区段。

3. 每个施工过程组织独立的施工队组

在一个流水组中，每个施工过程尽可能组织独立的施工队组，其形式可以是专业队组，也可以是混合队组，这样可以使每个施工队组按照施工顺序依次地、连续地、均衡地从一个施工段转到另一个施工段进行相同的操作。

2.2 流水施工的主要参数

流水施工需要解决的主要问题是施工过程的分解、流水段的划分、施工队组的组织、施工过程间的搭接和各流水段的作业时间等。我们把这些问题归纳为流水施工的参数，流水施工的参数是组织流水施工的基础，也是绘制横道进度计划的依据。

流水施工的参数根据其性质的不同可划分为三类：工艺参数、空间参数和时间参数。

2.2.1 工艺参数

用以表达流水施工在施工工艺上开展顺序及其特征的参数，称为工艺参数。工艺参数包括施工过程数和流水强度两种。

1. 施工过程数

施工过程数是指参与一组流水的施工过程数目，以符号"n"表示。

（1）施工过程的分类

1）制备类施工过程。

为了提高建筑产品的装配化、工厂化、机械化和生产能力而形成的施工过程称为制备类施工过程。它一般不占施工对象的空间，不影响项目总工期，因此在项目施工进度表上不表示；只有当其占有施工对象的空间并影响项目总工期时，在项目施工进度表上才列入。如砂浆、混凝土、构配件、门窗框扇等的制备过程。

2）运输类施工过程。

将建筑材料、构配件、成品、半成品、制品和设备等运到项目工地仓库或现场操作使用地点而形成的施工过程称为运输类施工过程。它一般不占施工对象的空间，不影响项目总工期，通常不列入施工进度计划中；只有当其占有施工对象的空间并影响项目总工期时，才被列入进度计划中。

3）安装砌筑类施工过程。

在施工对象空间上直接进行加工，最终形成建筑产品的施工过程称为安装砌筑类施工过程。它占有施工空间，同时影响项目总工期，必须列入施工进度计划中。

（2）施工过程划分的影响因素

施工过程划分的数目多少、粗细程度一般与下列因素有关：

1）施工计划的性质与作用。

对工程施工控制性计划、长期计划，及建筑群体、规模大、结构复杂、施工工期长的工程的施工进度计划，其施工过程划分可粗些，综合性大些，一般划分至单位工程或分部工程。对中小型单位工程及施工工期不长的工程施工实施性计划，其施工过程划分可细些、具体些，一般划分至分项工程。对月度作业性计划，有些施工过程还可分解为工序，如安装模板、绑扎钢筋等。

2）施工方案及工程结构。

施工过程的划分与工程的施工方案及工程结构形式有关。如，厂房的柱基础与设备基础挖土，如同时施工，可合并为一个施工过程，若先后施工，可分为两个施工过程。承重墙与非承重墙的砌筑也是如此。砖混结构、大墙板结构、装配式框架与现浇钢筋混凝土框架等不同结构体系，其施工过程划分及其内容也各不相同。

3）劳动组织及劳动量大小。

施工过程的划分与施工队组的组织形式有关。如，现浇钢筋混凝土结构的施工，如果是单一工种组成的施工班组，可以划分为支模板、扎钢筋、浇混凝土三个施工过程，同时为了组织流水施工的方便或需要，也可合并成一个施工过程，这时劳动班组的组成是多工种混合班组。施工过程的划分还与劳动量大小有关,劳动量小的施工过程,当组织流水施工有困难时,可与其他施工过程合并。如,垫层劳动量较小时可与挖土合并为一个施工过程,这样可以使各个施工过程的劳动量大致相等,便于组织流水施工。

4) 施工过程内容和工作范围。

施工过程的划分与其内容和范围有关。如,直接在施工现场与工程对象上进行的劳动过程,可以划入流水施工过程(如安装砌筑类施工过程、施工现场制备及运输类施工过程等);而场外劳动内容可以不划入流水施工过程(如部分场外制备和运输类施工过程)。

2. 流水强度

流水强度是指某施工过程在单位时间内所完成的工程量,一般以 V_i 表示。

(1) 机械施工过程的流水强度

$$V_i = \sum_{i=1}^{x} R_i S_i \tag{2-1}$$

式中 V_i ——第 i 个施工过程的机械操作流水强度;
 R_i ——投入第 i 个施工过程的某种施工机械台数;
 S_i ——投入第 i 个施工过程的某种施工机械产量定额;
 x ——投入第 i 个施工过程的施工机械种类数。

(2) 人工施工过程的流水强度

$$V_i = R_i S_i \tag{2-2}$$

式中 R_i ——投入第 i 个施工过程的工作队人数;
 S_i ——投入第 i 个施工过程的工作队平均产量定额;
 V_i ——第 i 个施工过程的人工操作流水强度。

2.2.2 空间参数

在组织流水施工时,用以表达流水施工在空间布置上所处状态的参数,称为空间参数。空间参数主要有:工作面、施工段数和施工层数。

1. 工作面

某专业工种的工人在从事建筑产品施工生产过程中,所必须具备的活动空间,这个活动空间称为工作面。它的大小是根据相应工种单位时间内的产量定额、工程操作规程和安全规程等的要求确定的。工作面确定的合理与否,直接影响专业工种工人的劳动生产效率。

主要工种的工作面要求见表 2-1。

主要工种的工作面 表 2-1

工 作 项 目	每个技工的工作面	说 明
砖基础	7.6m/人	以 1 砖半计,2 砖乘以 0.8,3 砖乘以 0.55
砌砖墙	8.55m/人	以 1 砖计,1 砖半乘以 0.7,2 砖乘以 0.57
毛石墙基	3m/人	以 60cm 计
毛石墙	3.3m/人	以 40cm 计
混凝土柱、墙基础	8m³/人	机拌、机捣
混凝土设备基础	7m³/人	机拌、机捣
现浇钢筋混凝土柱	2.45m³/人	机拌、机捣

续表

工 作 项 目	每个技工的工作面	说　　　明
现浇钢筋混凝土梁	3.2m³/人	机拌、机捣
现浇钢筋混凝土墙	5m³/人	机拌、机捣
现浇钢筋混凝土楼板	5.3m³/人	机拌、机捣
预制钢筋混凝土柱	3.6m³/人	机拌、机捣
预制钢筋混凝土梁	3.6m³/人	机拌、机捣
预制钢筋混凝土屋架	2.7m³/人	机拌、机捣
预制钢筋混凝土平板、空心板	1.91m³/人	机拌、机捣
预制钢筋混凝土大型屋面板	2.62m³/人	机拌、机捣
混凝土地坪及面层	40m²/人	机拌、机捣
外墙抹灰	16m²/人	
内墙抹灰	18.5m²/人	
卷材屋面	18.5m²/人	
防水水泥砂浆屋面	16m²/人	
门窗安装	11m²/人	

2. 施工段数和施工层数

施工段数和施工层数是指工程对象在组织流水施工中所划分的施工区段数目。一般把平面上划分的若干个劳动量大致相等的施工区段称为施工段，用符号"m"表示。把建筑物垂直方向划分的施工区段称为施工层，用符号"r"表示。

划分施工段的基本要求：

(1) 施工段的数目要合理。

(2) 各施工段的劳动量（或工程量）要大致相等（相差宜在15％以内）。

(3) 要有足够的工作面，使每一施工段所能容纳的劳动力人数或机械台数能满足合理劳动组织的要求。

(4) 要有利于结构的整体性。

(5) 以主导施工过程为依据进行划分。

(6) 当组织流水施工的工程对象有层间关系，分层分段施工时每层的施工段数必须大于或等于其施工过程数。即：

$$m \geqslant n \tag{2-3}$$

2.2.3 时间参数

在组织流水施工时，用以表达流水施工在时间排列上所处状态的参数，称为时间参数。它包括：流水节拍、流水步距、平行搭接时间、技术与组织间歇时间、工期。

1. 流水节拍

流水节拍是指从事某一施工过程的施工队组在一个施工段上完成施工任务所需的时间，用符号"t_i"表示。

(1) 流水节拍的确定

流水节拍的确定通常有以下三种方法。

1) 定额计算法。这是根据各施工段的工程量和现有能够投入的资源量（劳动力、机械台数和材料量等），按下式计算。

$$t_i = \frac{Q_i}{S_i R_i N_i} = \frac{P_i}{R_i N_i} \tag{2-4}$$

或

$$t_i = \frac{Q_i H_i}{R_i N_i} = \frac{P_i}{R_i N_i} \tag{2-5}$$

式中　t_i——第 i 个施工过程的流水节拍；
　　　Q_i——第 i 个施工过程在某施工段上的工程量；
　　　S_i——第 i 个施工队组的计划产量定额；
　　　H_i——第 i 个施工队组的计划时间定额；
　　　P_i——在第 i 个施工段上完成某施工过程所需的劳动量（工日数）或机械台班量；
　　　R_i——第 i 个施工过程的施工队组人数或机械台数；
　　　N_i——每天工作班制。

2) 经验估算法。它是根据以往的施工经验进行估算。一般为了提高其准确程度，往往先估算出该流水节拍的最长、最短和最可能三种时间，然后据此求出期望时间作为某施工队组在某施工段上的流水节拍，按下式计算。

$$t_i = \frac{a + 4c + b}{6} \tag{2-6}$$

式中　t_i——第 i 个施工过程在某施工段上的流水节拍；
　　　a——第 i 个施工过程在某施工段上的最短估算时间；
　　　b——第 i 个施工过程在某施工段上的最长估算时间；
　　　c——第 i 个施工过程在某施工段上的最可能估算时间。

这种方法多适用于采用新工艺、新方法和新材料等没有定额可循的工程。

3) 工期计算法。对某些施工任务在规定日期内必须完成的工程项目，往往采用倒排进度法，即根据工期倒排进度，确定某施工过程的工作延续时间，然后根据下式确定该施工过程在某施工段上的流水节拍。

$$t_i = \frac{T_i}{m} \tag{2-7}$$

式中　t_i——第 i 个施工过程的流水节拍；
　　　T_i——第 i 个施工过程的工作持续时间；
　　　m——施工段数。

（2）确定流水节拍应考虑的因素

1) 施工队组人数应符合该施工过程最小劳动组合人数的要求。
2) 要考虑工作面的大小或某种条件的限制。
3) 要考虑各种机械台班的效率或机械台班产量的大小。
4) 要考虑各种材料、构配件等施工现场堆放量、供应能力及其他有关条件的制约。
5) 要考虑施工及技术条件的要求。
6) 节拍值一般取整数，必要时可保留 0.5 天（台班）的小数值。

2. 流水步距

流水步距是指两个相邻的施工过程的施工队组相继进入同一施工段开始施工的最小时间间隔（不包括技术与组织间歇时间），用符号"$K_{i,i+1}$"表示。

流水步距的数目为$(n-1)$，其中n为参与流水的施工过程数。

通常确定流水步距的方法有公式法和累加数列法（潘特考夫斯基法）。公式法确定见本章第3节中的相关内容，而累加数列法适用于各种形式的流水施工，且较为简捷、准确。

累加数列法没有计算公式，它的文字表达式为：累加数列错位相减取大差。其计算步骤如下：

（1）将每个施工过程的流水节拍逐段累加，求出累加数列；

（2）根据施工顺序，对所求相邻的两累加数列错位相减；

（3）根据错位相减的结果，确定相邻施工队组之间的流水步距，即相减结果中数值最大者。

【例2-1】 某项目由A、B、C、D四个施工过程组成，在平面上划分成三个施工段，每个施工过程在各个施工段上的流水节拍见表2-2。试用累加数列法确定相邻专业工作队之间的流水步距。

某项目流水节拍表　　　　　表2-2

施工过程 \ 施工段	Ⅰ	Ⅱ	Ⅲ
A	3	3	2
B	2	4	1
C	1	3	4
D	4	2	3

【解】 （1）累加各施工过程的流水节拍（累加数列）

A：3，6，8
B：2，6，7
C：1，4，8
D：4，6，9

（2）错位相减

A与B

```
    3  6  8
 −     2  6  7
 ─────────────
    3  4  2  −7
```

B与C

```
    2  6  7
 −     1  4  8
 ─────────────
    2  5  3  −8
```

```
    C 与 D
            1  4  8
    —    4  6  9
    _____
         1  0  2  −9
```

(3) 取大值求流水步距

流水步距取错位相减所得结果中数值最大者。

$K_{A,B}=\max\{3, 4, 2, -7\}=4$

$K_{B,C}=\max\{2, 5, 3, -8\}=5$

$K_{C,D}=\max\{1, 0, 2, -9\}=2$

3. 平行搭接时间

在组织流水施工时，有时为了缩短工期，在工作面允许的条件下，如果前一个施工队组完成部分施工任务后，能够提前为后一个施工队组提供工作面，使后者提前进入前一个施工段，两者在同一施工段上平行搭接施工，这个搭接时间称为平行搭接时间，通常以 $C_{i,i+1}$ 表示。

4. 技术与组织间歇时间

在组织流水施工时，有些施工过程完成后，后续施工过程不能立即投入施工，必须有足够的间歇时间。由建筑材料或现浇构件工艺性质决定的间歇时间称为技术间歇。如现浇混凝土构件的养护时间、抹灰层的干燥时间和油漆层的干燥时间等。由施工组织原因造成的间歇时间称为组织间歇。如回填土前地下管道检查验收，施工机械转移和砌筑墙体前的墙身位置弹线，以及其他作业前的准备工作。技术与组织间歇时间用 $Z_{i,i+1}$ 表示。

5. 工期

工期是指完成一项工程任务或一个流水组施工所需的时间，不同的流水组织方式有不同的工期计算公式，一般可采用下列公式计算。

$$T = \Sigma K_{i,i+1} + T_n + \Sigma Z_{i,i+1} - \Sigma C_{i,i+1} \tag{2-8}$$

式中　　T——流水施工工期；

　　　　$K_{i,i+1}$——流水施工中各流水步距；

　　　　T_n——流水施工中最后一个施工过程的持续时间；

　　　　$Z_{i,i+1}$——第 i 个施工过程与第 $i+1$ 个施工过程之间的技术与组织间歇时间；

　　　　$C_{i,i+1}$——第 i 个施工过程与第 $i+1$ 个施工过程之间的平行搭接时间。

2.3 流水施工的基本方式

2.3.1 流水施工的基本方式

根据流水施工节奏特征的不同，流水施工的基本方式分为有节奏流水施工和无节奏流水施工两大类。有节奏流水又可分为等节奏流水和异节奏流水，如图 2-6 所示。

2.3.2 等节奏流水

等节奏流水是指同一施工过程在各施工段上的流水节拍都相等，并且不同施工过程之间的流水节拍也相等的一种流水施工方式。即各施工过程的流水节拍均为常数，故也称为

- 流水施工
  - 有节奏流水施工
    - 等节奏流水施工（全等节拍流水施工）
    - 异节奏流水施工
      - 等步距异节拍流水施工
      - 异步距异节拍流水施工
  - 无节奏流水施工

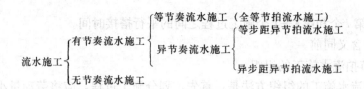

图 2-6　流水施工的基本方式

全等节拍流水或固定节拍流水，如图 2-7 所示。

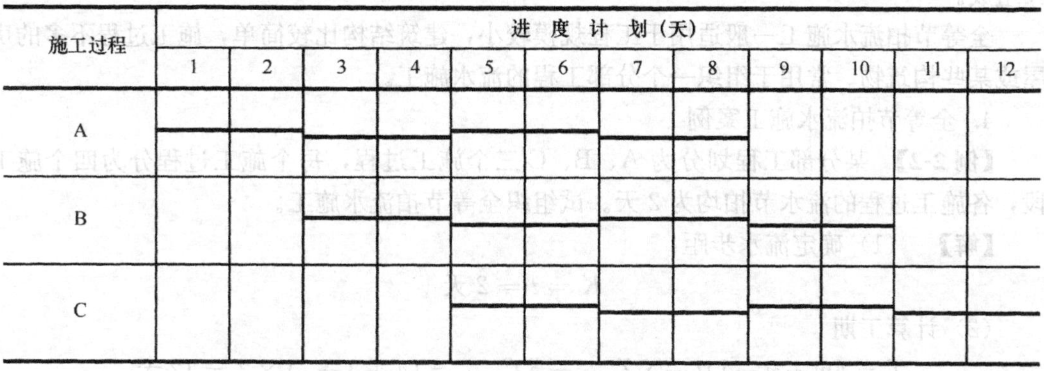

施工过程
进度计划(天)
1
2
3
4
5
6
7
8
9
10
11
12
A
B
C

图 2-7　全等节拍流水进度计划

1. 全等节拍流水的特征

（1）各施工过程在各施工段上的流水节拍彼此相等。

（2）流水步距彼此相等，而且等于流水节拍值。

（3）各专业工作队在各施工段上能够连续作业，施工段之间没有空闲时间。

（4）施工班组数（n_1）等于施工过程数（n）。

2. 全等节拍流水参数的确定

（1）施工段数目（m）的确定

施工段数按划分施工段的基本要求确定即可。

（2）流水步距（$K_{i,i+1}$）的确定

全等节拍流水流水步距彼此相等，而且等于流水节拍值。即

$$K_{i,i+1}=t_i \tag{2-9}$$

（3）工期（T）的确定

工期可按下式计算。

$$T=\Sigma K_{i,i+1}+T_n+\Sigma Z_{i,i+1}-\Sigma C_{i,i+1}$$

或

$$T=(m+n-1)t+\Sigma Z_{i,i+1}-\Sigma C_{i,i+1} \tag{2-10}$$

式中　T——流水施工总工期；

m——施工段数；

n——施工过程数；

t——流水节拍；

$Z_{i,i+1}$——第 i 个和第 $i+1$ 个施工过程之间的技术与组织间歇时间；

$C_{i,i+1}$ —— 第 i 个和第 $i+1$ 个施工过程之间的平行搭接时间。

其他符号含义同前。

3. 全等节拍流水施工的组织

全等节拍流水施工的组织方法是：首先，划分施工过程，应将劳动量小的施工过程合并到相邻施工过程中去，以使各流水节拍相等；其次，确定主要施工过程的施工队组人数，计算其流水节拍；最后，根据已定的流水节拍，确定其他施工过程的施工队组人数及其组成。

全等节拍流水施工一般适用于工程规模较小，建筑结构比较简单，施工过程不多的房屋或某些构筑物。常用于组织一个分部工程的流水施工。

4. 全等节拍流水施工案例

【例 2-2】 某分部工程划分为 A、B、C 三个施工过程，每个施工过程分为四个施工段，各施工过程的流水节拍均为 2 天。试组织全等节拍流水施工。

【解】 (1) 确定流水步距：

$$K = t = 2 \text{ 天}$$

(2) 计算工期

$$T = (m+n-1)t + \sum Z_{i,i+1} - \sum C_{i,i+1} = (4+3-1) \times 2 = 12 \text{ 天}$$

(3) 用横道图绘制流水进度计划，如图 2-8 所示。

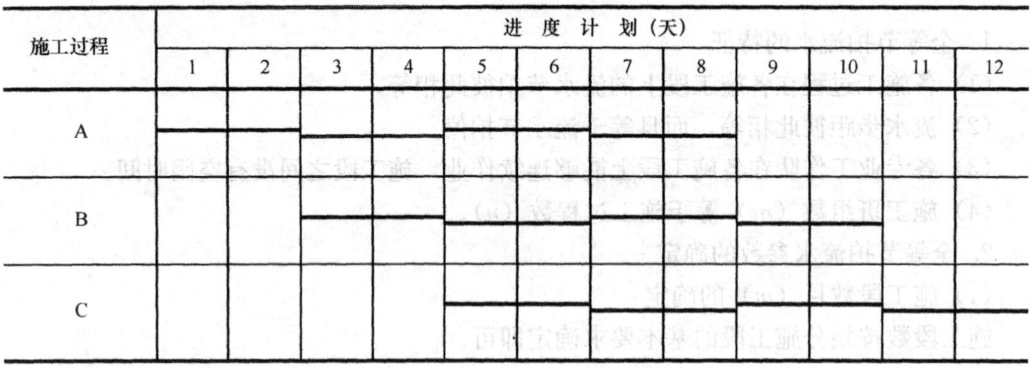

施工过程	进度计划（天）											
	1	2	3	4	5	6	7	8	9	10	11	12
A												
B												
C												

图 2-8 某分部工程全等节拍流水进度计划

2.3.3 异步距异节拍流水施工

异步距异节拍流水是指同一施工过程在各施工段上的流水节拍都相等，不同施工过程之间的流水节拍不一定相等的流水施工方式，如图 2-9 所示。

1. 异步距异节拍流水的特征

(1) 同一施工过程流水节拍相等，不同施工过程之间的流水节拍不一定相等。

(2) 各个施工过程之间的流水步距不一定相等。

(3) 各施工工作队能够在施工段上连续作业，但有的施工段之间可能有空闲。

(4) 施工班组数（n_1）等于施工过程数（n）。

2. 异步距异节拍流水参数的确定

(1) 流水步距的确定

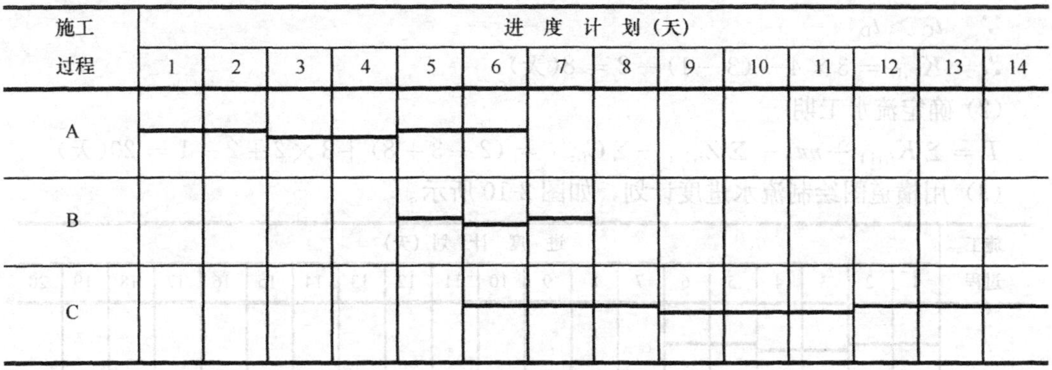

施工过程	进度计划(天)													
	1	2	3	4	5	6	7	8	9	10	11	12	13	14
A														
B														
C														

图 2-9 异步距异节拍流水进度计划

$$K_{i,i+1} = \begin{cases} t_i & (当\ t_i \leqslant t_{i+1}) \\ mt_i - (m-1)t_{i+1} & (当\ t_i > t_{i+1}) \end{cases} \quad (2\text{-}11)$$

式中 t_i——第 i 个施工过程的流水节拍；

t_{i+1}——第 $i+1$ 个施工过程的流水节拍。

流水步距也可由前述"累加数列法"求得。

(2) 流水施工工期的确定

$$T = \Sigma K_{i,i+1} + T_n + \Sigma Z_{i,i+1} - \Sigma C_{i,i+1}$$

或

$$T = \Sigma K_{i,i+1} + mt_n + \Sigma Z_{i,i+1} - \Sigma C_{i,i+1} \quad (2\text{-}12)$$

式中 t_n——最后一个施工过程的流水节拍；

其他符号含义同前。

3. 异步距异节拍流水施工的组织

组织异步距异节拍流水施工的基本要求是：各施工队组尽可能依次在各施工段上连续施工，允许有些施工段出现空闲，但不允许多个施工班组在同一施工段交叉作业，更不允许发生工艺顺序颠倒的现象。

异步距异节拍流水施工适用于施工段大小相等的分部和单位工程的流水施工，它在进度安排上比等节奏流水灵活，实际应用范围较广泛。

4. 异步距异节拍流水施工案例

【例 2-3】 某工程划分为 A、B、C、D 四个施工过程，分三个施工段组织施工，各施工过程的流水节拍分别为 $t_A=2$ 天，$t_B=3$ 天，$t_C=4$ 天、$t_D=2$ 天；施工过程 B 完成后有 2 天的技术间歇时间，施工过程 D 与 C 搭接 1 天。试求各施工过程之间的流水步距及该工程的工期，并绘制流水施工进度表。

【解】 (1) 确定流水步距

根据上述条件及式 (2-11)，各流水步距计算如下：

$\because \ t_A < t_B$

$\therefore \ K_{A,B} = t_A = 2(天)$

$\because \ t_B < t_C$

$\therefore \ K_{B,C} = t_B = 3(天)$

∵ $t_C > t_D$

∴ $K_{C,D} = 3 \times 4 - (3-1) - 2 = 8(天)$

(2) 确定流水工期

$T = \Sigma K_{i,i+1} + mt_n + \Sigma Z_{i,i+1} - \Sigma C_{i,i+1} = (2+3+8) + 3 \times 2 + 2 - 1 = 20(天)$

(3) 用横道图绘制流水进度计划，如图 2-10 所示。

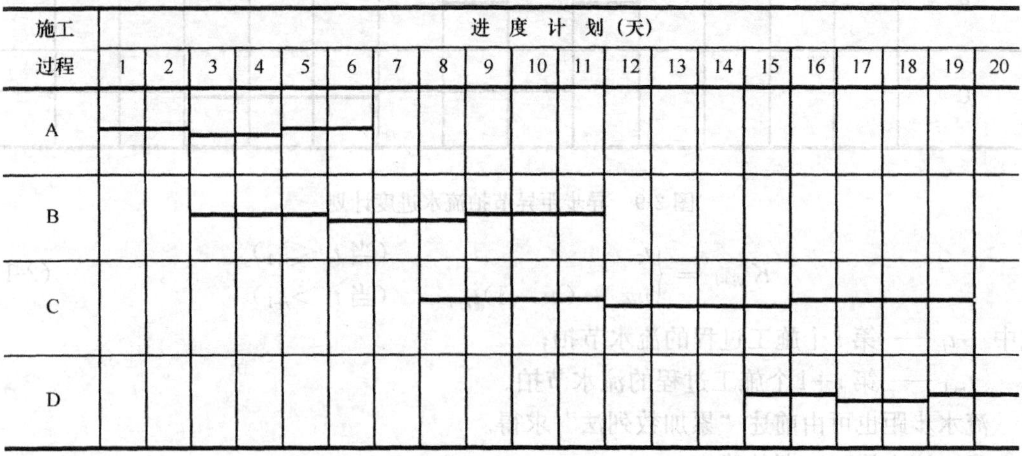

施工过程	进度计划（天）																			
	1	2	3	4	5	6	7	8	9	10	11	12	13	14	15	16	17	18	19	20
A																				
B																				
C																				
D																				

图 2-10 某工程异步距异节拍流水进度计划

2.3.4 成倍节拍流水

成倍节拍流水是指同一施工过程在各个施工段上的流水节拍相等，不同施工过程之间的流水节拍不完全相等，但各个施工过程的流水节拍之间存在一个最大公约数。为加快流水施工进度，按最大公约数的倍数组建每个施工过程的施工队组，以形成类似于等节奏流水的成倍节拍流水施工方式，如图 2-11 所示。

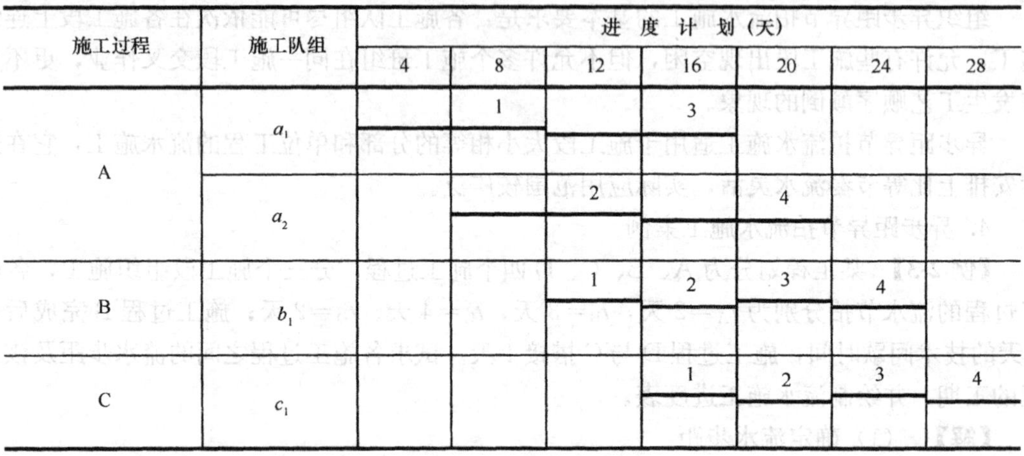

施工过程	施工队组	进度计划（天）						
		4	8	12	16	20	24	28
A	a_1			1		3		
	a_2				2		4	
B	b_1				1	2	3	4
C	c_1					1	2	3	4

图 2-11 成倍节拍流水

1. 成倍节拍流水的特征

(1) 同一施工过程流水节拍相等，不同施工过程流水节拍之间存在整数倍或公约数关系。

(2) 流水步距彼此相等，且等于流水节拍的最大公约数。
(3) 各专业施工队都能够保证连续作业，施工段没有空闲。
(4) 施工队组数（n_1）大于施工过程数（n）。

2. 成倍节拍流水参数的确定

(1) 流水步距的确定

$$K_{i,i+1} = K_b \tag{2-13}$$

(2) 每个施工过程的施工队组数确定

$$b_i = \frac{t_i}{K_b} \tag{2-14}$$

$$n_1 = \Sigma b_i \tag{2-15}$$

式中　b_i——某施工过程所需施工队组数；

　　　n_1——专业施工队组总数目；

　　　K_b——最大公约数。

其他符号含义同前。

(3) 施工段数目的确定

可按划分施工段的基本要求确定施工段数目（m），一般取 $m = n_1$。

(4) 流水施工工期

$$T = (m + n_1 - 1)K_b + \Sigma Z_{i,i+1} - \Sigma C_{i,i+1} \tag{2-16}$$

3. 成倍节拍流水施工的组织

成倍节拍流水施工的组织方法是：首先，根据工程对象和施工要求，划分若干个施工过程；其次，根据各施工过程的内容、要求及其工程量，计算每个施工段所需的劳动量，接着根据施工队组人数及组成，确定劳动量最少的施工过程的流水节拍；最后，确定其他劳动量较大的施工过程的流水节拍，用调整施工队组人数或其他技术组织措施的方法，使它们的流水节拍值之间存在一个最大公约数。

成倍节拍流水施工方式比较适用于线形工程（如道路、管道等）的施工，也适用于房屋建筑施工。

4. 成倍节拍流水施工案例

【例 2-4】 某工程由 A、B、C 三个施工过程组成，分四段施工，流水节拍分别为 $t_A = 8$ 天，$t_B = 4$ 天，$t_C = 4$ 天，试组织成倍节拍流水施工，并绘制流水施工进度表。

【解】 (1) 确定流水步距

$$K = K_b = 4（天）$$

(2) 确定施工过程的施工队组数

$$b_A = \frac{t_A}{K_b} = \frac{8}{4} = 2（个）$$

$$b_B = 1（个）$$

$$b_C = 1（个）$$

$$n_1 = \Sigma b_i = (2 + 1 + 1) = 4（个）$$

(3) 确定流水工期

$$T = (m + n_1 - 1)K_b = (4 + 4 - 1) \times 4 = 28（天）$$

(4) 用横道图绘制流水进度计划，如图2-12所示。

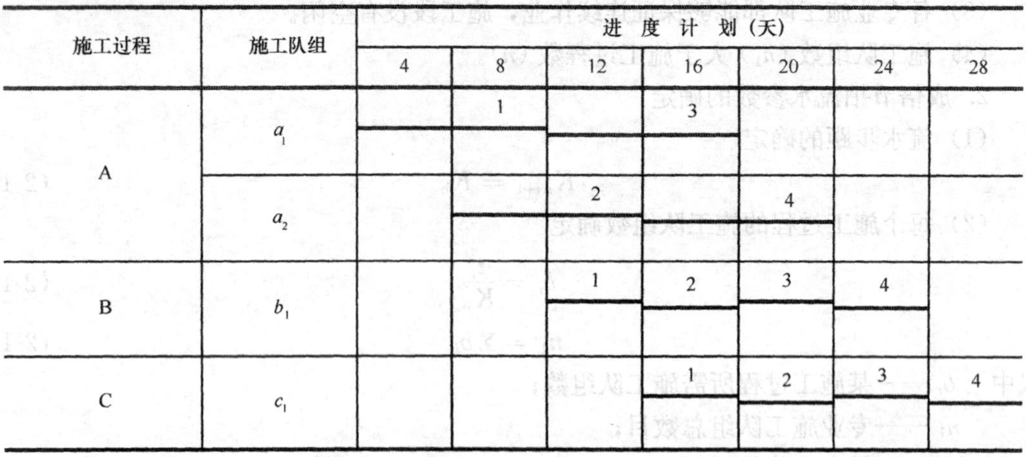

施工过程	施工队组	进度计划（天）						
		4	8	12	16	20	24	28
A	a_1		1		3			
A	a_2			2		4		
B	b_1			1	2	3	4	
C	c_1					1	2	3	4

图2-12 某工程成倍节拍流水进度计划

2.3.5 无节奏流水

无节奏流水施工是指同一施工过程在各个施工段上流水节拍不完全相等的一种流水施工方式。

特别需要说明的是，在实际工程中，通常每个施工过程在各个施工段上的工程量彼此不等，各专业施工队组的生产效率相差较大，导致大多数的流水节拍也彼此不相等，因此有节奏流水，尤其是全等节拍和成倍节拍流水往往是难以组织的。而无节奏流水则是利用流水施工的基本概念，在保证施工工艺、满足施工顺序要求的前提下，按照一定的计算方法，确定相邻专业施工队组之间的流水步距，使其在开工时间上最大限度地、合理地搭接起来，形成每个专业施工队组都能连续作业的流水施工方式。它是流水施工的普遍形式，如图2-13所示。

施工过程	进度计划（天）																			
	1	2	3	4	5	6	7	8	9	10	11	12	13	14	15	16	17	18	19	20
A																				
B																				
C																				

图2-13 无节奏流水

1. 无节奏流水的特征

(1) 每个施工过程在各个施工段上的流水节拍不尽相等。

(2) 各个施工过程之间的流水步距不完全相等且差异较大。

(3) 各施工作业队能够在施工段上连续作业，但有的施工段之间可能有空闲时间。

(4) 施工队组数（n_1）等于施工过程数（n）。

2. 无节奏流水参数的确定

(1) 流水步距的确定

无节奏流水步距通常采用"累加数列法"确定。

(2) 流水施工工期的确定

$$T = \Sigma K_{i,i+1} + T_n + \Sigma Z_{i,i+1} - \Sigma C_{i,i+1} \tag{2-17}$$

式中符号含义同前。

3. 无节奏流水施工的组织

无节奏流水施工的实质是：各工作队连续作业，流水步距经计算确定，使专业工作队之间在一个施工段内不相互干扰（不超前，但可能滞后），或做到前后工作队之间工作紧紧衔接。因此，组织无节奏流水的关键就是正确计算流水步距。组织无节奏流水施工的基本要求与异步距异节拍流水相同，即保证各施工过程的工艺顺序合理和各施工队组尽可能依次在各施工段上连续施工。

无节奏流水施工不像有节奏流水施工那样有一定的时间规律约束，在进度安排上比较灵活、自由，适用于分部工程和单位工程及大型建筑群的流水施工，实际运用比较广泛。

4. 无节奏流水施工案例

【例 2-5】 某工程有 A、B、C、D 四个施工过程，平面上划分成三个施工段，每个施工过程在各个施工段上的流水节拍见表 2-3。A 与 B 之间有 1 天的平行搭接时间。试编制流水施工方案。

某工程流水节拍　　　　　　　　　　表 2-3

施工过程 \ 施工段	Ⅰ	Ⅱ	Ⅲ
A	1	3	5
B	2	1	3
C	4	2	3
D	3	4	2

【解】　（1）确定流水步距

累加数列：

A：1，4，9

B：2，3，6

C：4，6，9

D：3，7，9

错位相减计算流水步距

A 与 B

```
    1  4  9
 -     2  3  6
 ─────────────
    1  2  6  -6
```

求得：$K_{A,B}=6$（天）

B 与 C

```
    2  3  6
  -    4  6  9
  ─────────────
    2 -1 -9
```

求得：$K_{B,C}=2$（天）

C 与 D

```
    4  6  9
  -    3  7  9
  ─────────────
    4  3  2  -9
```

求得：$K_{C,D}=4$（天）

(2) 确定流水工期

$$T = \Sigma K_{i,i+1} + T_n + \Sigma Z_{i,i+1} - \Sigma C_{i,i+1} = (6+2+4)+9+0-1 = 20(天)$$

(3) 用横道图绘制流水进度计划，如图 2-14 所示。

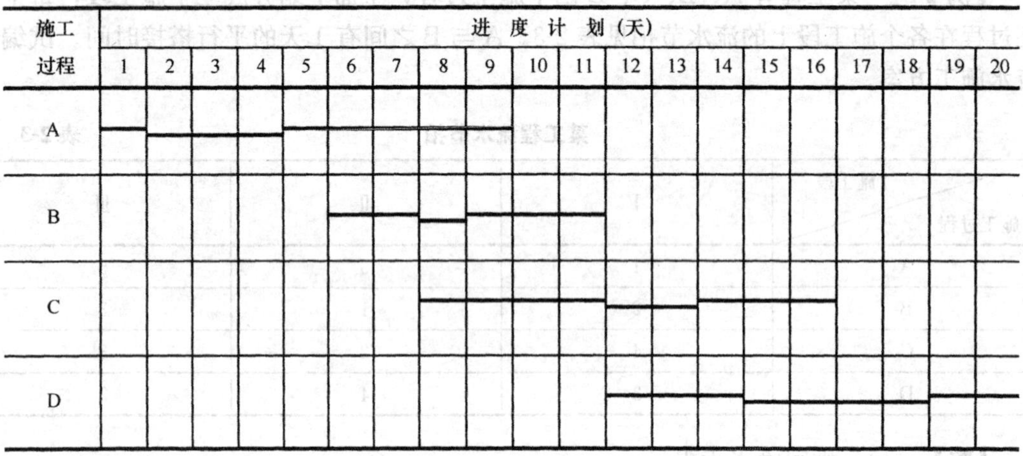

图 2-14 某工程无节奏流水进度计划

2.4 流水施工的具体应用与工程实例

2.4.1 流水施工的具体应用

流水施工是工程实践中常用的施工组织方式，那么如何对一个单位工程组织流水施工呢？首先，组织分部工程流水施工；然后，将分部工程的流水线搭接起来，形成单位工程流水。具体步骤如下：

1. 把单位工程划分为若干个分部工程

如，一栋房屋的土建工程一般可划分为基础工程、主体工程、屋面及防水工程和装饰工程四个分部工程。

2. 对分部工程组织施工

(1) 把分部工程划分为若干个施工过程（分项工程），并确定其施工顺序

需要注意的是，一个分部工程由多个细小的分项工程组成，如果把每一个分项工程都单独划分为一个施工过程，会使施工组织变得繁琐而复杂。因此，需要将一些作业性质相似的分项工程合并成一个大的施工过程，这样一个分部工程就可以从形式上划分为几个主要的施工过程，并根据这些施工过程的主要性质选取一个合适的名称，从而使施工组织变得简单明了。合并施工过程时应以方便施工组织为原则，同时结合定额分项和类似的施工经验来划分。如，我们一般把基础施工划分为挖基坑、做垫层、基础施工和回填土四个施工过程，其中做垫层这个施工过程往往是由原土打夯、灰土垫层、混凝土垫层等多个小的分项工程组成的。

一个分部工程划分为多少个施工过程并没有统一的规定，一般以既能表达一个工程完整的施工过程，又能做到简单明了为划分原则。

(2) 选择分部工程的施工组织方式

每一个分部工程都有自己的工艺特点，在组织分部工程流水时，应根据分部工程的工艺特点和工程的组织特点为各个分部工程选择相应的施工组织方式，如，依次施工、平行施工、流水施工。

如选择流水施工，还应选择相应工程的流水方式。

(3) 划分施工段

若分部工程采用流水施工或平行施工的方式，则应划分施工段。划分施工段的基本要求见本章第2节。

若采用依次施工，一般可不划分施工段。

(4) 组建施工队组

为每一个施工过程组织一个专业的施工队组（若采用平行施工或成倍节拍流水，每个施工过程的施工队组数目根据具体情况确定），并确定施工队组的人数。

施工队组人数的确定方法：最多人数≥合适人数≥最少人数

最多人数，是指施工段上在满足正常施工的情况下可容纳的最多人数，可按下式计算：

$$最多人数 = 最小施工段上的作业面 / 每个工人所需要的工作面 \quad (2-18)$$

最小施工段上的作业面是指分部工程所划分的施工段中整体工作面最小的施工段；每个工人所需要的工作面见表2-1。

最少人数，即最小劳动组合人数。

(5) 计算各分部工程的参数

如：流水节拍、流水步距、施工过程持续时间等。

(6) 为每个分部工程组织流水施工，并绘制横道进度计划

3. 将分部工程的流水线合并

分部工程之间的搭接，根据其工艺和组织特点可以组织流水施工、平行施工或依次施工。

2.4.2 流水施工综合实例

【例2-6】 某三层办公楼，基础为钢筋混凝土独立基础，主体工程为全现浇框架结

构。施工过程的划分即各分项工程的劳动量见表2-4。其中,分项工程楼地面及楼梯地砖与分项工程门扇、窗扇安装之间有4天的技术间歇。

某三层办公楼劳动量一览表　　　　　表2-4

序 号	分项工程名称	劳动量(工日或台班)
	基础工程	
1	机械开挖基础土方	6台班
2	混凝土垫层	30
3	绑扎基础钢筋	59
4	基础模板	73
5	基础混凝土	87
6	回填土	150
	主体工程	
7	柱筋	96
8	柱、梁、板模板(含楼梯)	1232
9	梁、板筋(含楼梯)	530
10	柱、梁、板混凝土(含楼梯)	1185
	屋面工程	
11	加气混凝土保温隔热层(含找坡)	236
12	屋面找平层	52
13	屋面防水层	49
	装饰工程	
14	外墙面砖	957
15	顶棚、墙面抹灰	1648
16	楼地面及楼梯地砖	929
17	门扇、窗扇安装	68
18	顶棚、墙面涂料	380
19	水、暖、电	

【解】 根据上述步骤,先分别组织各分部工程的流水施工,然后再考虑各分部之间的相互搭接施工。具体组织方法如下:

1. 基础工程

基础工程包括基槽挖土、混凝土垫层、绑扎基础钢筋、支设基础模板、浇筑基础混凝土、回填土等施工过程。其中基础挖土采用机械开挖,考虑到工作面及土方运输的需要,将机械挖土与其他手工操作的施工过程分开考虑,不纳入流水。混凝土垫层劳动量较小,为了不影响其他施工过程的流水施工,将其安排在挖土施工过程完成之后,也不纳入流水。其余施工过程组织流水施工。

基础工程平面上划分两个施工段组织流水施工,在6个施工过程中,参与流水的施工过程有4个,即$n=4$,组织全等节拍流水施工如下:

基础绑扎钢筋劳动量为59个工日,施工班组人数为10人,均采用一班制施工,其流水节拍为：
$$t_{筋} = \frac{59}{2 \times 10 \times 1} \doteq 3 \text{（天）}$$

其他施工过程的流水节拍均取 3 天，其中基础支模板 73 个工日，施工班组人数为：
$$R_{模} = \frac{73}{2 \times 3 \times 1} \doteq 12 \text{（人）}$$

浇筑混凝土劳动量为 87 个工日，施工班组人数为：
$$R_{混凝土} = \frac{87}{2 \times 3 \times 1} \doteq 15 \text{（人）}$$

回填土劳动量为 150 个工日，施工班组人数为：
$$R_{回填土} = \frac{150}{2 \times 3 \times 1} \doteq 25 \text{（人）}$$

流水工期计算如下：
$$T = (m + n - 1)K = (2 + 4 - 1) \times 3 = 15 \text{（天）}$$

土方机械开挖 6 个台班，用一台机械二班制施工，则作业持续时间为：
$$t_{土方} = \frac{6}{2 \times 1} = 3 \text{（天）}$$

混凝土垫层 30 个工日，15 人一班制施工，其作业持续时间为：
$$t_{垫层} = \frac{30}{15 \times 1} = 2 \text{（天）}$$

则基础工程的工期为：
$$T_{基础} = 3 + 2 + 15 = 20 \text{（天）}$$

2. 主体工程

主体工程包括立柱子钢筋，安装柱、梁、板模板，梁、板、楼梯钢筋绑扎，浇捣柱、梁、板、楼梯混凝土四个分项工程，四个分项工程全部纳入流水施工。

本工程中平面上划分为两个施工段，主体工程由于有层间关系，要保证施工过程不出现窝工现象，必须使 $m = n$，即 $n = 2$。根据本节前述施工过程的合并原则，结合本工程实际情况，把前三个施工过程合并为"主体模板、钢筋"施工过程，如此，主体工程分为主体模板、钢筋（1858 工日）和浇捣柱、梁、板、楼梯混凝土（1185 工日）两个施工过程。

主体模板、钢筋劳动量为 1858 个工日，施工班组人数为 36 人，两班制施工，划分为两段（三层共 6 段），则其流水节拍为：
$$t_{板,筋} = \frac{1858}{2 \times 2 \times 3 \times 36} \doteq 5 \text{（天）}$$

浇捣柱、梁、板、楼梯混凝土劳动量为 1185 个工日，施工班组人数为 20 人，三班制施工，划分为两段（三层共 6 段），则其流水节拍为：
$$t_{混凝土} = \frac{1185}{2 \times 3 \times 3 \times 20} \doteq 4 \text{（天）}$$

则主体阶段工期为：
$$T_{主体} = \Sigma K_{i,i+1} + m t_n = 10 + 24 = 34 \text{（天）}$$

3. 屋面工程

屋面工程包括屋面保温隔热层、找平层和防水层三个施工过程。考虑屋面防水要求高，所以不分段施工，即采用依次施工的方式。

屋面保温隔热层劳动量为 236 个工日，施工班组人数为 40 人，一班制施工，其施工持续时间为：

$$t_{保温} = \frac{236}{40 \times 1} \doteq 6（天）$$

屋面找平层劳动量为 52 个工日，18 人一班制施工，其施工持续时间为：

$$t_{找平} = \frac{52}{18 \times 1} \doteq 3（天）$$

屋面找平层完成后，安排 7 天的养护和干燥时间，方可进行屋面防水层的施工。SBS 改性沥青防水层劳动量为 49 个工日，安排 10 人一班制施工，其施工持续时间为：

$$t_{防水层} = \frac{49}{10 \times 1} \doteq 5（天）$$

则屋面工程工期为：

$$T_{屋面} = 6 + 3 + 7 + 5 = 21（天）$$

4. 装饰工程

装饰工程包括外墙面砖，顶棚墙面抹灰，楼地面及楼梯地砖，门扇、窗扇安装，顶棚墙面涂料。外墙面砖属外墙装饰，与室内装饰平行进行，因此参与流水的施工过程为 $n = 4$。

装修工程采用自上而下的施工起点流向。结合装修工程的特点，把每层房屋视为一个施工段，共 3 个施工段（$m = 3$），组织有节奏流水施工如下：

顶棚、墙面抹灰劳动量为 1648 个工日，施工班组人数为 66 人，一班制施工，其流水节拍为：

$$t_{抹灰} = \frac{1648}{3 \times 66 \times 1} \approx 9（天）$$

楼地面及楼梯地砖劳动量为 929 个工日，施工班组人数为 40 人，一班制施工，其流水节拍为：

$$t_{地砖} = \frac{929}{3 \times 40 \times 1} \approx 8（天）$$

楼地面及楼梯地砖完成 4 天后，相应施工段门、窗扇安装开始施工。门、窗扇安装 68 个工日，施工班组人数为 6 人，一班制施工，则流水节拍为：

$$t_{门窗} = \frac{68}{3 \times 6 \times 1} \approx 4（天）$$

内墙涂料劳动量为 380 个工日，施工班组人数为 32 人，一班制施工，其流水节拍为：

$$t_{涂料} = \frac{380}{3 \times 32 \times 1} \approx 4（天）$$

流水工期为：

$$T = \Sigma K_{i,i+1} + mt_n = 31 + 12 + 4 = 47（天）$$

外墙面砖劳动量为 957 个工日，施工班组人数为 34 人，一班制施工，则其持续时间为：

$$t_{外墙} = \frac{957}{34 \times 1} = 28（天） < 47（天）$$

不单独占用工期。

所以装饰工程工期为：

$$T_{装饰} = 47 \text{ 天}$$

5. 将分部工程的流水线合并

根据上述计算及本工程情况，基础工程与主体工程尽可能搭接施工（即基础工程与主体工程间组织流水施工）；主体工程完工后装饰工程和屋面工程才能开始（即主体工程与屋面工程和装饰工程间组织依次施工）；屋面工程和装饰工程相互不冲突，可同时进行（即屋面工程与装饰工程间组织平行施工）。因此，该工程总工期为：

$$T_{总} = T_{基础} + T_{主体} - 基础,主体搭接天数 + \max\{T_{屋面}、T_{装饰}\}$$
$$= 20 + 33 - 3 + \max\{21、47\} = 98(\text{天})$$

【本 章 小 结】

横道进度计划和网络进度计划是我国建设领域最常用的两种进度计划管理方法，是进行工程管理的一件重要的工具，特别是本章所讲述的横道进度计划，由于其直观易懂，在工程管理中得到了广泛的应用。本章主要简述了流水施工的基础知识、流水施工的参数计算及横道进度计划的绘制、流水施工的组织三大模块。通过这三大模块的学习，使读者相应具备横道进度计划的阅读能力、横道进度计划的计算编制能力和横道进度计划的实际应用能力。

本章可谓理论性与实践应用性兼备。其中，流水参数确定和横道图的绘制部分理论性强，要求读者严格按照既有规则来确定、绘制；而横道进度计划的应用部分实践性较强，要求读者能够根据不同工程的具体情况灵活运用理论知识编制出相应的横道进度计划。

【思 考 题】

1. 什么叫做"流水施工"？
2. 常用的施工组织方式有哪些？
3. 组织流水施工的条件有哪些？
4. 流水施工的主要参数有哪些？
5. 什么叫做流水节拍？
6. 什么叫做流水步距？
7. 什么叫做平行搭接时间？
8. 什么叫做技术与组织间歇时间？
9. 流水施工的方式有哪些？
10. 简述组织单位工程流水施工的步骤。

【习 题】

1. 已知某工程任务划分为 A、B、C、D、E 五个施工过程，分五段组织流水施工，流水节拍均为 2 天，在第 C 施工过程结束后有 4 天的技术与组织间歇时间。试计算其工期并绘制进度计划。
2. 某工程项目由 A、B、C、D 四个分项工程组成，划分为 6 个施工段。各分项工程在各个施工段上的持续时间依次为 6 天、3 天、4 天和 2 天。试编制异步距异节拍流水施工方案。

3. 某地下工程由挖基槽、做垫层、砌基础和回填土四个分项工程组成,在平面上划分为 6 个施工段。各分项工程在各个施工段上的流水节拍依次为:挖基槽 6 天、做垫层 2 天、砌基础 4 天、回填土 2 天。做垫层完成后,其相应施工段至少应有技术间歇时间 2 天。为了加快流水施工速度,试编制工期最短的流水施工方案。

4. 某施工项目由 A、B、C、D 四个施工过程组成,在平面上划分为 6 个施工段。各施工过程在各个施工段上的持续时间依次为 6 天、4 天、6 天和 2 天,施工过程完成后,其相应施工段至少应有组织间歇时间 1 天。试编制工期最短的流水施工方案。

5. 某施工项目由 A、B、C、D 四个分项工程组成,在平面上划分为 4 个施工段。各分项工程在各个施工段上的持续时间,见表 2-5。分项工程完成后,其相应施工段至少应有技术间歇时间 2 天;组织间歇时间 1 天。试编制该工程流水施工方案。

6. 某现浇钢筋混凝土工程由支模、绑钢筋、浇筑混凝土、拆模和回填土五个分项工程组成,在平面上划分为 6 个施工段。各分项工程在各个施工段上的施工持续时间,见表 2-6。在混凝土浇筑后至拆模板必须有养护时间 2 天。试编制该工程流水施工方案。

流水节拍表　　　　　　　　　　　　　　　　　　表 2-5

施工过程＼施工段	Ⅰ	Ⅱ	Ⅲ	Ⅳ
A	3	3	5	3
B	2	4	3	5
C	4	2	3	2
D	3	4	2	7

流水节拍表　　　　　　　　　　　　　　　　　　表 2-6

施工过程＼施工段	Ⅰ	Ⅱ	Ⅲ	Ⅳ	Ⅴ	Ⅵ
支模板	2	3	2	3	2	3
绑扎钢筋	3	3	4	4	3	3
浇筑混凝土	2	1	2	2	1	2
拆模板	1	2	1	1	2	1
回填土	2	3	2	2	3	2

第3章 网络计划技术

【教学目标】
➢ **学习目标**：熟悉网络计划的基本概念、分类及表示方法；掌握网络计划的绘制方法；掌握网络计划时间参数的概念、时间参数的计算，关键线路的确定方法；了解网络计划优化的基本概念、优化方法，网络图进度计划的控制方法。
➢ **能力目标**：能够根据工作的逻辑关系正确绘制网络图，并且进行时间参数的计算，确定关键线路；能够对比工期要求进行网络计划的优化。

【本章教学情景】
理论情景：网络计划技术就是将各工作的开展顺序及其相互间的关系用网络图表达出来，然后计算各工作的时间参数，以此控制工作，从而保证工期能够满足要求。

实例情景：某单位工程的施工工期已定，对此单位工程的进度计划如何编制？各项工作以什么顺序开展有何关系？各项工作持续多长时间？需要多少劳动力和机械设备？哪些工作的施工会影响到工期变化？如果某项工作发生时间的延长，怎样调整以后的工作？

3.1 网络计划的基本概念

随着生产的发展和科学技术的进步，自20世纪50年代以来，国外陆续出现了一些计划管理的新方法，总数不下四五十种之多，其中最基本的是关键线路法（CPM）和计划评审技术（PERT）。由于这些方法是建立在网络图的基础上，因此，统称为网络计划方法，在我国又称为统筹方法。

3.1.1 网络计划原理及表达方法

1. 网络计划原理

网络计划方法的基本原理是：首先，应用网络图形来表达一项计划（或工程）中各项工作的开展顺序及其相互间的关系；然后，通过计算找出计划中的关键工作及关键线路；继而，通过不断改进网络计划，寻求最优方案，并付诸实施；最后，在执行过程中进行有效的控制和监督。

在建筑施工中，网络计划方法主要是用来编制工程项目施工的进度计划和建筑施工企业的生产计划，并通过对计划的优化、调整和控制，达到缩短工期，提高效率，节约劳力，降低消耗的项目施工管理目标。

2. 网络计划的表达方法

网络计划的表达形式是网络图。所谓网络图是指由箭线和节点组成的，用来表示工作流程的有向、有序的网状图形。

网络图中，按节点和箭线所代表的含义不同，可分为双代号网络图和单代号网络图两大类，本书以双代号为主进行介绍。

(1) 双代号网络图

以箭线及其两端节点的编号表示工作的网络图称为双代号网络图。即用两个节点一根箭线代表一项工作，工作名称写在箭线上面，工作持续时间写在箭线下面，在箭线前后的衔接处画上节点并编上号码，并以节点编号 i 和 j 代表一项工作名称，如图3-1所示。

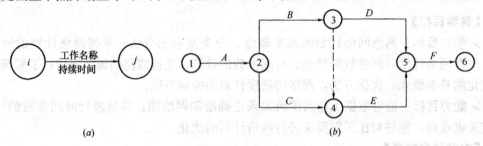

图 3-1 双代号网络图
(a) 工作的表示方法；(b) 工程的表示方法

(2) 单代号网络图

以节点及其编号表示工作，以箭线表示工作之间的逻辑关系的网络图称为单代号网络图。即每一个节点表示一项工作，节点所表示的工作名称、持续时间和工作代号等标注在节点内，如图3-2所示。

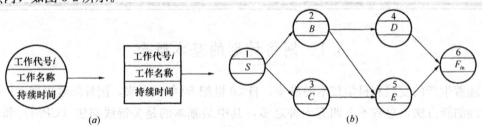

图 3-2 单代号网络图
(a) 工作的表示方法；(b) 工程的表示方法

3.1.2 双代号网络图基本要素

1. 基本符号

(1) 箭线

网络图中一端带箭头的实线即为箭线。在双代号网络图中，它与其两端的节点表示一项工作。箭线表达的内容有以下几个方面：

1) 一根箭线表示一项工作或表示一个施工过程。根据网络计划的性质和作用的不同，工作既可以是一个简单的施工过程，如挖土、垫层等分项工程或者基础工程、主体工程等分部工程；工作也可以是一项复杂的工程任务，如教学楼土建工程等单位工程或者教学楼工程等单项工程。如何确定一项工作的范围取决于所绘制的网络计划的作用（控制性或指导性）。

2) 一根箭线表示一项工作所消耗的时间和资源,分别用数字标注在箭线的下方和上方。一般而言,每项工作的完成都要消耗一定的时间和资源,如砌砖墙、浇筑混凝土等;也存在只消耗时间而不消耗资源的工作,如混凝土养护、砂浆找平层干燥等技术间歇,若单独考虑时,也应作为一项工作对待。

3) 在无时间坐标的网络图中,箭线的长度不代表时间的长短,画图时原则上是任意的,但必须满足网络图的绘制规则。在有时间坐标的网络图中,其箭线的长度必须根据完成该项工作所需时间长短按比例绘制。

4) 箭线的方向表示工作进行的方向和前进的路线,箭尾表示工作的开始,箭头表示工作的结束。

5) 箭线可以画成直线、折线或斜线。必要时,箭线也可以画成曲线,但应以水平直线为主,一般不宜画成垂直线。

(2) 节点

网络图中箭线端部的圆圈或其他形状的封闭图形即是节点。在双代号网络图中,它表示工作之间的逻辑关系,节点表达的内容有以下几个方面:

1) 节点表示前面工作结束和后面工作开始的瞬间,所以节点不消耗时间和资源。

2) 箭线的箭尾节点表示该工作的开始,箭线的箭头节点表示该工作的结束。

3) 根据节点在网络图中的位置不同可以分为起点节点、终点节点和中间节点。起点节点是网络图的第一个节点,表示一项任务的开始。终点节点是网络图的最后一个节点,表示一项任务的完成。除起点节点和终点节点以外的节点称为中间节点,中间节点都有双重的含义,既是前面工作的箭头节点,也是后面工作的箭尾节点。

(3) 节点编号

网络图中的每个节点都有自己的编号,以便赋予每项工作以代号,便于计算网络图的时间参数和检查网络图是否正确。

1) 节点编号必须满足两条基本规则,其一,箭头节点编号大于箭尾节点编号,因此节点编号顺序是:箭尾节点编号在前,箭头节点编号在后,凡是箭尾节点没有编号,箭头节点不能编号;其二,在一个网络图中,所有节点不能出现重复编号,编号的号码可以按自然数顺序进行,也可以非连续编号,以便适应网络计划调整中增加工作的需要,为编号留有余地。

2) 节点编号的方法有两种:一种是水平编号法,即从起点节点开始由上到下逐行编号,每行则自左到右按顺序编号,如图 3-3 所示;另一种是垂直编号法,即从起点节点开始自左到右逐列编号,每列则根据编号规则的要求进行编号,如图 3-4 所示。

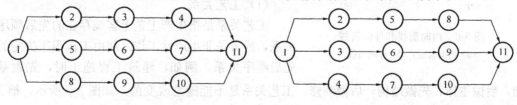

图 3-3 水平编号法　　　　　　　　图 3-4 垂直编号法

2. 紧前工作、紧后工作、平行工作

(1) 紧前工作

紧排在本工作之前的工作称为本工作的紧前工作。双代号网络图中，本工作和紧前工作之间可能有虚工作。如图 3-5 所示，槽 1 是槽 2 组织关系上的紧前工作；垫 1 和垫 2 之间虽有虚工作，但垫 1 仍然是垫 2 组织关系上的紧前工作；槽 1 则是垫 1 工艺关系上紧前工作。

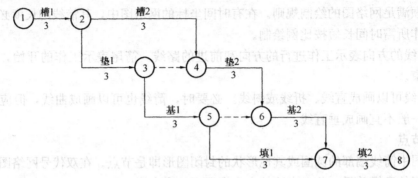

图 3-5 紧前工作、紧后工作、平行工作逻辑关系

(2) 紧后工作

紧排在本工作之后的工作称为本工作的紧后工作。双代号网络图中，本工作和紧后工作之间可能有虚工作。如图 3-5 所示，垫 2 是垫 1 组织关系上的紧后工作；垫 1 是槽 1 工艺关系上的紧后工作。

(3) 平行工作

可与本工作同时进行的工作称为本工作的平行工作，如图 3-5 所示，槽 2 是垫 1 的平行工作。

3. 内向箭线和外向箭线

(1) 内向箭线

指向某个节点的箭线称为该节点的内向箭线，如图 3-6 (a) 所示。

(2) 外向箭线

从某节点引出的箭线称为该节点的外向箭线，如图 3-6 (b) 所示。

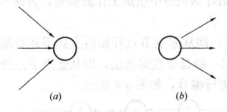

图 3-6 内向箭线和外向箭线
(a) 内向箭线；(b) 外向箭线

4. 逻辑关系

工作之间相互制约或依赖的关系称为逻辑关系。工作之间的逻辑关系包括工艺关系和组织关系。

(1) 工艺关系

工艺关系是指生产工艺上客观存在的先后顺序关系，或者是非生产性工作之间由工作程序决定的先后顺序关系。例如，建筑工程施工时，先做基础，后做主体；先做结构，后做装修。工艺关系是不能随意改变的。如图 3-5 所示，槽 1→垫 1→基 1→填 1 为工艺关系。

(2) 组织关系

组织关系是指在不违反工艺关系的前提下，人为安排工作的先后顺序关系。例如，建筑群中各个建筑物开工顺序的先后；施工对象的分段流水作业等。组织顺序可以根据具体情况，按安全、经济、高效的原则统筹安排。如图3-5所示，槽1→槽2；垫1→垫2等为组织关系。

5. 虚工作及其应用

双代号网络计划中，只表示前后相邻工作之间的逻辑关系，既不占用时间，也不耗用资源的虚拟的工作称为虚工作。虚工作用虚箭线表示，其表达形式可垂直向上或向下，也可水平向右，如图3-7所示。虚工作起着联系、区分、断路三个作用。

（1）联系作用

虚工作不仅能表达工作间的逻辑连接关系，而且能表达不同栋号的房屋之间的相互联系。例如，工作A、B、C、D之间的逻辑关系为：工作A完成后可同时进行B、D两项工作，工作C完成后进行工作D。不难看出，A完成后其紧后工作为B，C完成后其紧后工作为D，很容易表达，但D又是A的紧后工作，为把A和D联系起来，必须引入虚工作②-⑤，逻辑关系才能正确表达，如图3-8所示。

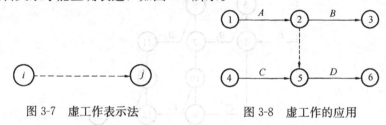

图3-7 虚工作表示法　　图3-8 虚工作的应用

（2）区分作用

双代号网络计划是用两个代号表示一项工作。如果两项工作用同一代号，则不能明确表示出该代号表示哪一项工作。因此，不同的工作必须用不同代号。如图3-9所示，图(a)出现"双同代号"的错误，图(b)、图(c)是两种不同的区分方式，图(d)则多画了一个不必要的虚工作。

（3）断路作用

如图3-10所示为某基础工程挖基槽（A）、垫层（B）、基础（C）、回填土（D）四项工作的流水施工网络图。该网络图中出现了A_2与C_1，B_2与D_1，A_3与C_2、D_1，B_3与D_2四处把并无联系的工作联系上了，即出现了多余联系的错误。

为了正确表达工作间的逻辑关系，在出现逻辑错误的圆圈（节点）之间增设新节点（即虚工作），切断毫无关系的工作之间的联系，这种方法称为断路法。如图3-11中，增设节点⑤，虚工作④-⑤切断了A_2与C_1之间的联系；同理，增设节点⑧、⑩、⑩，虚工作⑦-⑧、⑨-⑩、⑫-⑬等也都起到了相同的断路作用。然后，去掉多余的虚工作，经调整后的正确网络图，如图3-12所示。

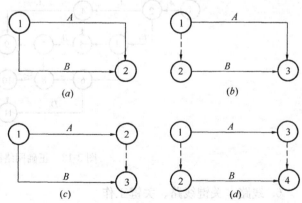

图3-9 虚工作的区分作用
(a) 错误；(b) 正确；(c) 正确；(d) 多余联系

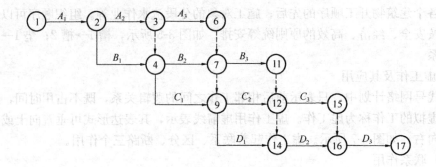

图 3-10 逻辑关系错误的网络图

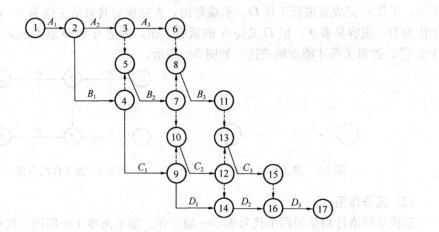

图 3-11 断路法

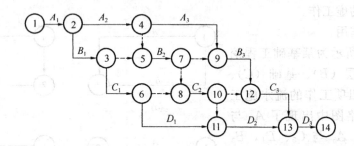

图 3-12 正确网络图

6. 线路、关键线路、关键工作

(1) 线路

网络图中从起点节点开始，沿箭头方向顺序通过一系列箭线与节点，最后达到终点节点的通路称为线路。一个网络图中，从起点节点到终点节点，一般都存在着许多条线路，如图 3-13 所示中有四条线路，每条线路都包含若干项工作，这些工作的持续时间之和就是该线路的时间长度，即线路上总的工作持续时间（表 3-1）。

线路的持续时间表　　　　　　　　表 3-1

线　　　路	总持续时间（天）	关键线路
①─A/2─②─C/2─③─E/1─⑤─G/4─⑥	9	9 天
①─A/2─②─D/2─④----⑤─G/4─⑥	8	
①─B/3─③─E/1─⑤─G/4─⑥	8	
①─A/2─②─D/2─④─F/2─⑥	6	

(2) 关键线路和关键工作

线路上总的工作持续时间最长的线路称为关键线路。如图 3-13 所示，线路 1-2-3-5-6 总的工作持续时间最长，即为关键线路。其余线路称为非关键线路。位于关键线路上的工作称为关键工作。关键工作完成快慢直接影响整个计划工期的实现。

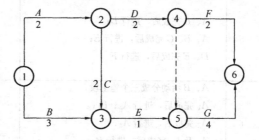

图 3-13　线路

一般来说，一个网络图中至少有一条关键线路。关键线路也不是一成不变的，在一定的条件下，关键线路和非关键线路会相互转化。例如，当采取技术组织措施，缩短关键工作的持续时间，或者非关键工作持续时间延长时，就有可能使关键线路发生变化。关键线路宜用粗箭线、双箭线或彩色箭线标注，以突出其在网络计划中的重要位置。

3.2　双代号网络图的绘制

3.2.1　双代号网络图的绘制规则

1. 双代号网络图必须正确表达已确定的逻辑关系。双代号网络图常用的逻辑关系模型见表 3-2。

网络图工作逻辑关系表示方法　　　　　　　　表 3-2

序号	各活动之间的逻辑关系	用双代号网络图的表达方式
1	A 完成后，进行 B 和 C	①─A─②，②─B─③，②----C─④

续表

序号	各活动之间的逻辑关系	用双代号网络图的表达方式
2	A、B完成后，进行C和D	
3	A、B完成后，进行C	
4	A完成后，进行C； A、B完成后，进行D	
5	A、B完成后，进行D； A、B、C完成后，进行E； D、E完成后，进行F	
6	A、B活动分成三个施工段； A_1完成后，进行A_2、B_1； A_2完成后，进行A_3； A_2及B_1完成后，进行B_2； A_3及B_2完成后，进行B_3	
7	A完成后，进行B； B、C完成后，进行D	

2. 双代号网络图中，严禁出现循环回路。所谓循环回路是指从一个节点出发，顺箭线方向又回到原出发点的循环线路。如图3-14所示，就出现了循环回路②→④→⑤→③→②，即为错误的网络图。

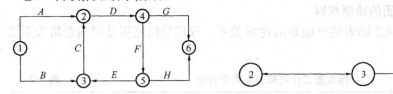

图3-14 出现循环回路　　　　图3-15 出现双向箭头连线和无箭头连线

3. 双代号网络图中，在节点之间严禁出现带双向箭头或无箭头的连线，如图3-15所示。

4. 双代号网络图中，严禁出现没有箭头节点或没有箭尾节点的箭线，如图3-16

所示。

5. 双代号网络图中，一条箭线只能代表一项工作，一条箭线箭头节点编号必须大于箭尾节点编号，如图3-17所示。

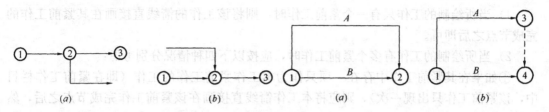

图3-16 双代号网络图
(a) 没有箭尾节点的箭线；(b) 没有箭头节点的箭线

图3-17 双代号网络图
(a) 错误；(b) 正确

6. 当网络图的某些节点有多条外向箭线或有多条内向箭线时，在保证一项工作应只有唯一的一条箭线和相应的一对节点的前提下，可用母线法绘制，如图3-18所示。

7. 绘制网络图时，尽可能在构图时避免交叉。当交叉不可避免且交叉少时，采用过桥法，当箭线交叉过多，使用指向法，如图3-19所示。采用指向法时应注意节点编号指向的大小关系，保持箭尾节点的编号小于箭头节点编号。

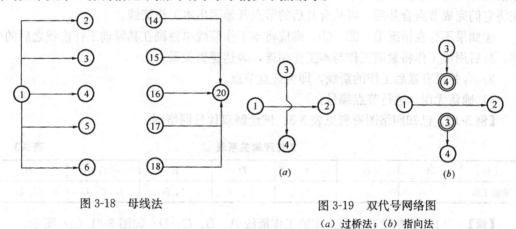

图3-18 母线法

图3-19 双代号网络图
(a) 过桥法；(b) 指向法

8. 双代号网络图中只允许有一个起点节点（该节点编号最小且没有内向箭线）；不是分期完成任务的网络图中，只允许有一个终点节点（该节点编号最大且没有外向工作）；而其他所有节点均是中间节点（既有内向箭线又有外向箭线），如图3-20所示。

3.2.2 双代号网络图的绘制方法

1. 双代号网络图的绘制方法

双代号网络图绘制方法很多，这里仅介绍逻辑草稿法。

先根据网络图的逻辑关系，绘制出网络图草图，再结合绘图规则进行调整布局，最后形成正式网络图。当已知每一项工作的紧前工作时，可按下述步骤绘制双代号网络图：

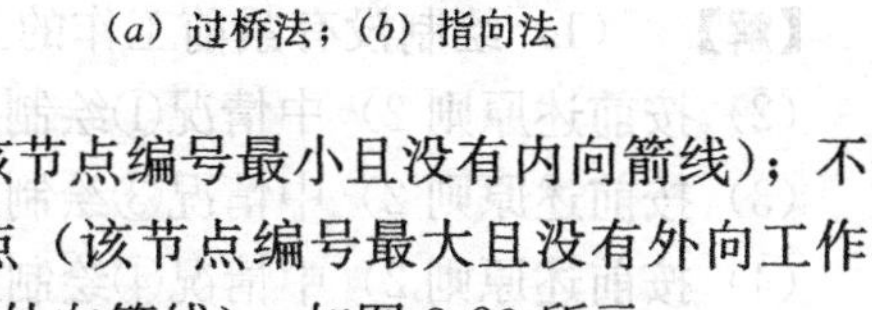

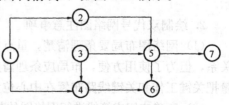

图3-20 出现多起点和多中点

（1）绘制没有紧前工作的工作，使它们具有相同的箭尾节点，即起点节点。

（2）依次绘制其他各项工作。这些工作的绘制条件是将其所有紧前工作都已经绘制出来。绘制原则为：

1）当所绘制的工作只有一个紧前工作时，则将该工作的箭线直接画在其紧前工作的完成节点之后即可。

2）当所绘制的工作有多个紧前工作时，应按以下四种情况分别考虑：

①如果在其紧前工作中存在一项只作为本工作紧前工作的工作（即在紧前工作栏目中，该紧前工作只出现一次），则应将本工作箭线直接画在该紧前工作完成节点之后，然后用虚箭线分别将其他紧前工作的完成节点与本工作的开始节点相连，以表达它们之间的逻辑关系。

②如果在紧前工作中存在多项只作为本工作紧前工作的工作，应先将这些紧前工作的完成节点合并（利用虚工作或直接合并），再从合并后的节点开始，画出本工作箭线，最后用虚箭线将其他紧前工作的箭头节点分别与工作开始节点相连，以表达它们之间的逻辑关系。

③如果不存在情况①、②，应判断本工作的所有紧前工作是否都同时作为其他工作的紧前工作（即紧前工作栏目中，这几项紧前工作是否均同时出现若干次）。如果这样，应先将它们完成节点合并后，再从合并后的节点开始画出本工作箭线。

④如果不存在情况①、②、③，则应将本工作箭线单独画在其紧前工作箭线之后的中部，然后用虚工作将紧前工作与本工作相连，表达逻辑关系。

3）合并没有紧后工作的箭线，即为终点节点。

4）确认无误，进行节点编号。

【例 3-1】 已知网络图资料见表 3-3。试绘制双代号网络图。

工作逻辑关系表　　　　　　　　　　　　　　表 3-3

工作	A	B	C	D	E	G	H
紧前工作					A、B	B、C、D	C、D

【解】 （1）绘制没有紧前工作的工作箭线 A、B、C、D，如图 3-21（a）所示。

（2）按前述原则 2）中情况①绘制工作 E，如图 3-21（b）所示。

（3）按前述原则 2）中情况③绘制工作 H，如图 3-21（c）所示。

（4）按前述原则 2）中情况④绘制工作 G，并将工作 E、G、H 合并，如 3-21（d）所示。

2. 绘制双代号网络图注意事项

（1）网络图布局要条理清楚，重点突出。虽然网络图主要用以表达各工作之间的逻辑关系，但为了使用方便，布局应条理清楚，层次分明，行列有序，同时还应突出重点，尽量把关键工作和关键线路布置在中心位置。

（2）正确应用虚箭线进行网络图的断路。应用虚箭线进行网络图断路，是正确表达工作之间逻辑关系的关键。如图 3-22 所示，某双代号网络图出现多余联系，可采用以下两种方法进行断路：一种是在横向用虚箭线切断无逻辑关系的工作之间的联系，称为横向断路法，如图 3-23 所示，这种方法主要用于无时间坐标的网络。另一种是在纵向用虚箭线切断无逻

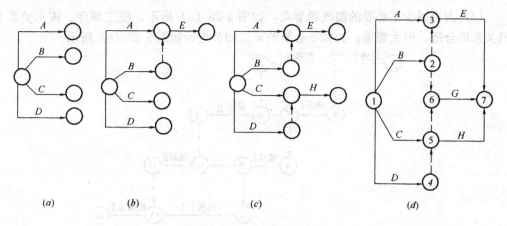

图 3-21 双代号网络图绘制

辑关系的工作之间的联系,称为纵向断路法,如图 3-24 所示,这种方法主要用于有时间坐标的网络图中。

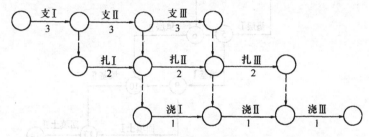

图 3-22 多余联系网络图

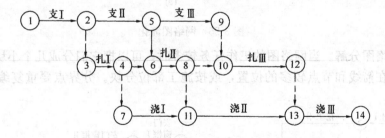

图 3-23 横向短路法

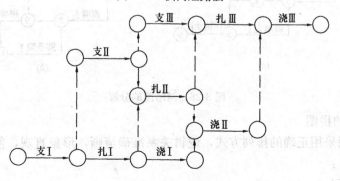

图 3-24 纵向断路法

(3) 力求减少不必要的箭线和节点,如图 3-25 (a) 所示,施工顺序、流水关系及逻辑关系均合理,但太繁琐,去掉不必要的箭线和节点后如图 3-25 (b) 所示。

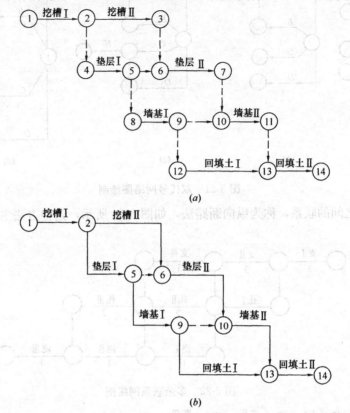

图 3-25 网络图简化

(4) 网络图分解。当网络图的工作任务较多时,可以把它们分成几个小块绘制。分界点一般选择在箭线和节点较多的位置,或按施工部位分块。分界点要重复编号,如图 3-26 所示。

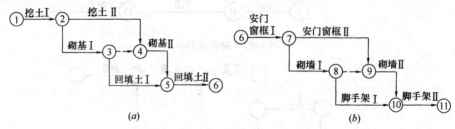

图 3-26 网络图的分解

3. 网络图的拼图

(1) 网络图采用正确的排列方式,逻辑关系准确清晰,形象直观,便于计算与调整。主要排列方式有:

1) 混合排列。

对于简单的网络图,可根据施工顺序和逻辑关系将各施工过程对称排列,如图 3-27

所示。其特点是构图美观、形象、大方。

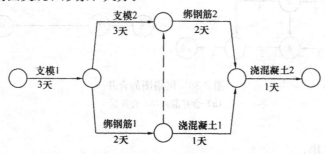

图 3-27 混合排列

2) 按施工过程排列。

根据施工顺序把各施工过程按垂直方向排列，施工段按水平方向排列，如图 3-28 所示。其特点是相同工种在同一水平线上，突出不同工种的工作情况。

3) 按施工段排列。

同一施工段上的相关施工过程按水平方向排列，施工段按垂直方向排列，如图 3-29 所示。其特点是同一施工段的工作在同一水平线上，反映出分段施工的特征，突出工作面的利用情况。

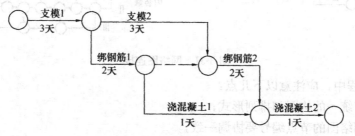

图 3-28 按施工过程排列

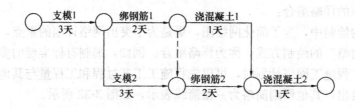

图 3-29 按施工段排列

（2）网络图的工作合并：

为了简化网络图，可将较详细的、相对独立的局部网络图变为较概括的少箭线的网络图。

网络图工作合并的基本方法是：保留局部网络图中与外部工作相联系的节点，合并后箭线所表达的工作持续时间为合并前该部分网络图中相应最长线路的工作时间之和，如图 3-30 所示。

网络图的合并主要适用于群体工程施工控制网络图和施工单位的季度、年度控制网络

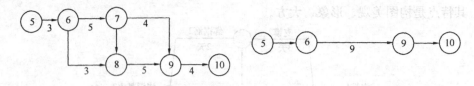

图 3-30　网络图的合并
(a) 合并前；(b) 合并后

图的编制。

(3) 网络图连接：

绘制较复杂的网络图时，往往先将其分解成若干个相对独立的部分，然后各自分头绘制，最后按逻辑关系进行连接，形成一个总体网络图，如图 3-31 所示。

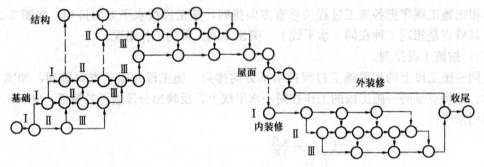

图 3-31　网络图连接

在连接过程中，应注意以下几点：

1) 必须有统一的构图和排列形式；
2) 整个网络图的节点编号要协调一致；
3) 施工过程划分的粗细程度应一致；
4) 各分部工程之间应预留连接节点。

(4) 网络图的详略组合：

在网络图的绘制中，为了简化网络图，更是为了突出网络计划的重点，常常采取"局部详细、整体简略"的绘制方式，称为详略组合。例如，编制有标准层的多高层住宅或公寓、写字楼等工程施工网络计划时，可以先将施工工艺过程和工程量与其他楼层均相同的标准层网络图绘出，其他层则简略为一根箭线表示，如图 3-32 所示。

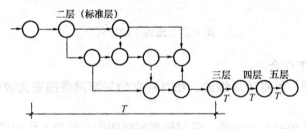

图 3-32　网络图的详略组合

3.3 双代号网络计划时间参数的计算

根据工程对象各项工作的逻辑关系和绘图规则绘制网络图是一种定性的过程，只有进行时间参数的计算这样一个定量的过程，才能使网络计划具有实际应用价值。计算网络计划时间参数的目的主要有三个：第一，确定关键线路和关键工作，便于施工中抓住重点，向关键线路要时间；第二，明确非关键工作及其在施工中时间上有多大的机动性，便于挖掘潜力，统筹全局，部署资源；第三，确定总工期，做到工程进度心中有数。

3.3.1 双代号网络计划时间参数的概念及符号

1. 工作持续时间

工作持续时间是指一项工作从开始到完成的时间，用 D 表示。其主要计算方法有：

(1) 参照以往实践经验估算；
(2) 经过试验推算；
(3) 有标准可查，按定额计算。

2. 工期

工期是指完成一项任务所需要的时间，一般有以下三种工期：

(1) 计算工期：是指根据时间参数计算所得到的工期，用 T_c 表示；
(2) 要求工期：是指任务委托人提出的指令性工期，用 T_r 表示；
(3) 计划工期：是指根据要求工期和计算工期所确定的作为实施目标的工期，用 T_p 表示。

当规定了要求工期时：$T_p \leqslant T_r$

当未规定要求工期时：$T_p = T_c$

3. 网络计划中工作的时间参数

网络计划中的时间参数有六个：最早开始时间、最早完成时间、最迟完成时间、最迟开始时间、总时差、自由时差。

(1) 最早开始时间和最早完成时间

最早开始时间是指各紧前工作全部完成后，本工作有可能开始的最早时刻。工作的最早开始时间用 ES 表示。

最早完成时间是指各紧前工作全部完成后，本工作有可能完成的最早时刻。工作的最早完成时间用 EF 表示。

这类时间参数的实质是提出了紧后工作与紧前工作的关系，即紧后工作若提前开始，也不能提前到其紧前工作未完成之前。就整个网络图而言，受到起点节点的控制。因此，其计算程序为：自起点节点开始，顺着箭线方向，用累加的方法计算到终点节点。

(2) 最迟完成时间和最迟开始时间

最迟完成时间是指在不影响整个任务按期完成的前提下，工作必须完成的最迟时刻。工作的最迟完成时间用 LF 表示。

最迟开始时间是指在不影响整个任务按期完成的前提下，工作必须开始的最迟时刻。工作的最迟开始时间用 LS 表示。

这类时间参数的实质是提出紧前工作与紧后工作的关系，即紧前工作要推迟开始，不能影响其紧后工作的按期完成。就整个网络图而言，受到终点节点（即计算工期）的控制。因此，其计算程序为：自终点节点开始，逆着箭线方向，用累减的方法计算到起点节点。

（3）总时差和自由时差

总时差是指在不影响总工期的前提下，本工作可以利用的机动时间。工作的总时差用 TF 表示。

自由时差是指在不影响其紧后工作最早开始时间的前提下，本工作可以利用的机动时间。工作的自由时差用 FF 表示。

4. 网络计划中节点的时间参数及其计算程序

（1）节点最早时间

双代号网络计划中，以该节点为开始节点的各项工作的最早开始时间，称为节点最早时间。节点 i 的最早时间用 ET_i 表示。计算程序为：自起点节点开始，顺着箭线方向，用累加的方法计算到终点节点。

（2）节点最迟时间

双代号网络计划中，以该节点为完成节点的各项工作的最迟完成时间，称为节点的最迟时间，节点 i 的最迟时间用 LT_i 表示。其计算程序为：自终点节点开始，逆着箭线方向，用累减的方法计算到起点节点。

5. 常用符号

设有线路⑤—④—①—⑧，则：

D_{i-j} ——工作 $i-j$ 的持续时间；

D_{h-i} ——工作 $i-j$ 的紧前工作 $h-i$ 的持续时间；

D_{j-k} ——工作 $i-j$ 紧后工作 $j-k$ 的持续时间；

ES_{i-j} ——工作 $i-j$ 的最早开始时间；

EF_{i-j} ——工作 $i-j$ 的最早完成时间；

LF_{i-j} ——在总工期已经确定的情况下，工作 $i-j$ 的最迟完成时间；

LS_{i-j} ——在总工期已经确定的情况下，工作 $i-j$ 的最迟开始时间；

ET_i ——节点 i 的最早时间；

LT_i ——节点 i 的最迟时间；

TF_{i-j} ——作 $i-j$ 的总时差；

FF_{i-j} ——作 $i-j$ 的自由时差。

3.3.2 双代号网络计划时间参数的计算

双代号网络计划时间参数的计算方法通常有工作计算法、节点计算法、图上计算法和表上计算法四种。

1. 工作计算法

按工作计算法计算时间参数应在确定了各项工作的持续时间之后进行。虚工作也必须视同工作进行计算，其持续时间为零。时间参数的计算结果应标注在箭线之上。

下面以某双代号网络计划（图3-33）为例，说明其计算步骤。

（1）计算各工作的最早开始时间和最早完成时间

各项工作的最早完成时间等于其最早开始时间加上工作持续时间，即

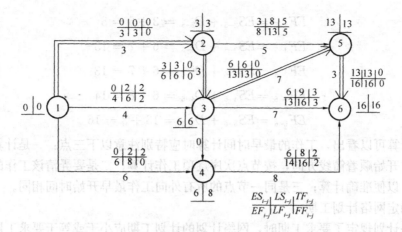

图 3-33 双代号网络计划时间参数

$$EF_{i-j} = ES_{i-j} + D_{i-j} \tag{3-1}$$

计算工作最早时间参数时，一般有以下三种情况：

1) 当工作以起点节点为开始节点时，其最早开始时间为零（或规定时间），即：

$$ES_{i-j} = 0 \tag{3-2}$$

2) 当工作只有一项紧前工作时，该工作的最早开始时间应为其紧前工作的最早完成时间，即：

$$ES_{i-j} = EF_{h-i} = ES_{h-i} + D_{h-i} \tag{3-3}$$

3) 当工作有多个紧前工作时，该工作的最早开始时间应为其所有紧前工作最早完成时间最大值，即：

$$ES_{i-j} = \max(EF_{h-i}) = \max(ES_{h-i} + D_{h-i}) \tag{3-4}$$

如图 3-32 所示的网络计划中，各工作的最早开始时间和最早完成时间计算如下：

工作的最早开始时间：

$ES_{1-2} = ES_{1-3} = ES_{1-4} = 0$

$ES_{2-3} = ES_{1-2} + D_{1-2} = 0 + 3 = 3$

$ES_{2-5} = ES_{2-3} = 3$

$ES_{3-4} = \max(ES_{2-3} + D_{2-3}, ES_{1-3} + D_{1-3}) = \max(3+3, 0+4) = 6$

$ES_{3-6} = ES_{3-5} = ES_{3-4} = 6$

$ES_{4-6} = \max(ES_{1-4} + D_{1-4}, ES_{3-4} + D_{3-4}) = \max(0+6, 6+0) = 6$

$ES_{5-6} = \max(ES_{2-5} + D_{2-5}, ES_{3-5} + D_{3-5}) = \max(3+5, 6+7) = 13$

工作的最早完成时间：

$EF_{1-2} = ES_{1-2} + D_{1-2} = 0 + 3 = 3$

$EF_{1-3} = ES_{1-3} + D_{1-3} = 0 + 4 = 4$

$EF_{1-4} = ES_{1-4} + D_{1-4} = 0 + 6 = 6$

$EF_{2-3} = ES_{2-3} + D_{2-3} = 3 + 3 = 6$

$EF_{3-4} = ES_{3-4} + D_{3-4} = 6 + 0 = 6$

$$EF_{2-5} = ES_{2-5} + D_{2-5} = 3 + 5 = 8$$

$$EF_{3-5} = ES_{3-5} + D_{3-5} = 6 + 7 = 13$$

$$EF_{3-6} = ES_{3-6} + D_{3-6} = 6 + 7 = 13$$

$$EF_{4-6} = ES_{4-6} + D_{4-6} = 6 + 8 = 14$$

$$EF_{5-6} = ES_{5-6} + D_{5-6} = 13 + 3 = 16$$

上述计算可以看出，工作的最早时间计算时应特别注意以下三点：一是计算程序，即从起点节点开始顺着箭线方向，按节点次序逐项工作计算；二是要弄清该工作的紧前工作是哪几项，以便准确计算；三是同一节点的所有外向工作最早开始时间相同。

(2) 确定网络计划工期

当网络计划规定了要求工期时，网络计划的计划工期应小于或等于要求工期，即

$$T_\mathrm{p} \leqslant T_\mathrm{r} \tag{3-5}$$

当网络计划未规定要求工期时，网络计划的计划工期应等于计算工期，即以网络计划的终点节点为完成节点的各项工作的最早完成时间的最大值，如网络计划的终点节点的编号为 n，则计算工期 T_c 为：

$$T_\mathrm{p} = T_\mathrm{c} = \max(EF_{i-n}) \tag{3-6}$$

如图 3-32 所示，网络计划的计算工期为：

$$T_\mathrm{c} = \max(EF_{5-6}, EF_{3-6}, EF_{4-6}) = \max(16, 13, 14) = 16$$

(3) 计算各工作的最迟完成时间和最迟开始时间

各工作的最迟开始时间等于其最迟完成时间减去工作持续时间，即

$$LS_{i-j} = LF_{i-j} - D_{i-j} \tag{3-7}$$

计算工作最迟完成时间参数时，一般有以下三种情况：

1) 当工作的终点节点为完成节点时，其最迟完成时间为网络计划的计划工期，即

$$LF_{i-n} = T_\mathrm{p} \tag{3-8}$$

2) 当工作只有一项紧后工作时，该工作的最迟完成时间应为其紧后工作的最迟开始时间，即：

$$LF_{i-j} = LS_{j-k} = LF_{j-k} - D_{j-k} \tag{3-9}$$

3) 当工作有多项紧后工作时，该工作的最迟完成时间应为其多项紧后工作最迟开始时间的最小值，即：

$$LF_{i-j} = \min(LS_{j-k}) = \min(LF_{j-k} - D_{j-k}) \tag{3-10}$$

如图 3-32 所示的网络计划中，各工作的最迟完成时间和最迟开始时间计算如下：

工作的最迟完成时间：

$$LF_{3-6} = LF_{4-6} = LF_{5-6} = T_\mathrm{c} = 16$$

$$LF_{3-5} = LF_{5-6} - D_{5-6} = 16 - 6 = 13$$

$$LF_{2-5} = LF_{3-5} = 13$$

$$LF_{1-4} = LF_{4-6} - D_{4-6} = 16 - 8 = 8$$

$$LF_{3-4} = LF_{1-4} = 16$$

$$LF_{2-3} = \min(LF_{3-5} - D_{3-5}, LF_{3-6} - D_{3-6}, LF_{3-4} - D_{3-4}) = (13-7, 16-7, 8-0) = 6$$

$$LF_{1-3}=LF_{2-3}=6$$

$$LF_{1-2}=\min(LF_{2-3}-D_{2-3}、LF_{2-5}-D_{2-5})=\min(6-3、13-8)=3$$

工作的最迟开始时间：

$$LS_{4-6}=LF_{4-6}-D_{4-6}=16-8=8$$

$$LS_{5-6}=LF_{5-6}-D_{5-6}=16-3=13$$

$$LS_{3-6}=LF_{3-6}-D_{3-6}=16-7=9$$

$$LS_{3-5}=LF_{3-5}-D_{3-5}=13-7=6$$

$$LS_{2-5}=LF_{2-5}-D_{2-5}=13-5=8$$

$$LS_{3-4}=LF_{3-4}-D_{3-4}=8-0=8$$

$$LS_{1-3}=LF_{1-3}-D_{1-3}=6-4=2$$

$$LS_{2-3}=LF_{2-3}-D_{2-3}=6-3=3$$

$$LS_{1-2}=LF_{1-2}-D_{1-2}=3-3=0$$

$$LS_{1-4}=LF_{1-4}-D_{1-4}=8-6=2$$

上述计算可以看出，工作的最迟时间计算时应特别注意以下三点：一是计算程序，即从终点节点开始逆着箭线方向，按节点次序逐项工作计算；二是要弄清该工作紧后工作有哪几项，以便正确计算；三是同一节点的所有内向工作最迟完成时间相同。

（4）计算各工作的总时差

在不影响总工期的前提下，一项工作可以利用的时间范围是从该工作最早开始时间到最迟完成时间，即工作从最早开始时间或最迟开始时间开始，均不会影响总工期，而工作实际需要的持续时间是 D_{i-j}，扣去 D_{i-j} 后，余下的一段时间就是工作可以利用的机动时间，即为总时差。所以总时差等于最迟开始时间减去最早开始时间，或最迟完成时间减去最早完成时间，即：

$$TF_{i-j}=LS_{i-j}-ES_{i-j} \tag{3-11}$$

或

$$TF_{i-j}=LF_{i-j}-EF_{i-j} \tag{3-12}$$

如图 3-32 所示的网络图中，各工作的总时差计算如下：

$$TF_{1-2}=LS_{1-2}-ES_{1-2}=0-0=0$$

$$TF_{1-3}=LS_{1-3}-ES_{1-3}=2-0=2$$

$$TF_{1-4}=LS_{1-4}-ES_{1-4}=2-0=2$$

$$TF_{2-3}=LS_{2-3}-ES_{2-3}=3-3=0$$

$$TF_{2-5}=LS_{2-5}-ES_{2-5}=8-3=5$$

$$TF_{3-4}=LS_{3-4}-ES_{3-4}=8-4=4$$

$$TF_{3-5}=LS_{3-5}-ES_{3-5}=6-6=0$$

$$TF_{4-6}=LS_{4-6}-ES_{4-6}=8-6=2$$

$$TF_{5-6}=LS_{5-6}-ES_{5-6}=13-13=0$$

通过计算不难看出总时差有如下特性：

1）凡是总时差为最小的工作就是关键工作；由关键工作连接构成的线路为关键线路；关键线路上各工作时间之和即为总工期。如图 3-32 所示，工作①—②、②—③、③—⑤、⑤—⑥为关键工作，线路①—②—③—⑤—⑥为关键线路。

2) 当网络计划的计划工期等于计算工期时，凡总时差大于零的工作为非关键工作，凡是有非关键工作的线路即为非关键线路。非关键线路与关键线路相交时的相关节点把非关键线路划分成若干个非关键线路段，各段有各段的总时差，相互没有关系。

3) 总时差的使用具有双重性，它既可以被该工作使用，但又属于某非关键线路所共有。当某项工作使用了全部或部分总时差时，则将引起通过该工作的线路上所有工作的总时差重新分配。

(5) 计算各工作的自由时差

在不影响其紧后工作最早开始时间的前提下，一项工作可以利用的时间范围是从该工作最早开始时间至其紧后工作最早开始时间。而工作实际需要的持续时间是 D_{i-j}，那么扣去 D_{i-j} 后，尚有的一段时间就是自由时差。其计算如下：

当工作有紧后工作时，该工作的自由时差等于紧后工作的最早开始时间减本工作最早完成时间，即：

$$FF_{i-j}=ES_{j-k}-EF_{i-j} \tag{3-13}$$

或

$$FF_{i-j}=ES_{j-k}-ES_{i-j}-D_{i-j} \tag{3-14}$$

当以终点节点（$j=n$）为箭头节点的工作，其自由时差应按网络计划的计划工期 T_p 确定，即：

$$FF_{i-n}=T_p-EF_{i-n} \tag{3-15}$$

或

$$FF_{i-n}=T_p-ES_{i-n}-D_{i-n} \tag{3-16}$$

如图 3-32 所示的网络图中，各工作的自由时差计算如下：

$$FF_{1-2}=ES_{2-3}-EF_{1-2}=3-3=0$$
$$FF_{1-3}=ES_{3-5}-EF_{1-3}=6-4=2$$
$$FF_{2-3}=ES_{3-5}-EF_{2-3}=6-6=0$$
$$FF_{1-4}=ES_{4-6}-EF_{1-4}=6-6=0$$
$$FF_{3-4}=ES_{4-6}-EF_{3-4}=6-4=2$$
$$FF_{2-5}=ES_{5-6}-EF_{2-5}=13-8=5$$
$$FF_{3-5}=ES_{5-6}-EF_{3-5}=13-13=0$$
$$FF_{4-6}=T_p-EF_{4-6}=16-14=2$$
$$FF_{3-6}=T_p-EF_{3-6}=16-13=3$$

通过计算可得出自由时差有如下特性：

(1) 自由时差为某非关键工作独立使用的机动时间，利用自由时差，不会影响其紧后工作的最早开始时间。例如，图 3-32 中，工作②—⑤有 5 天自由时差，如果使用了 5 天机动时间，也不影响紧后工作⑤—⑥的最早开始时间。

(2) 非关键工作的自由时差必小于或等于其总时差。

2. 节点计算法

按节点计算法计算时间参数，其计算结果应标注在节点之上，如图 3-34 所示。

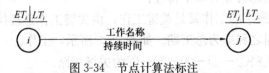

图 3-34 节点计算法标注

(1) 计算各节点最早时间

节点的最早时间是以该节点为开始节点的工作的最早开始时间，其计算有三种情况：

1）起点节点 i 如未规定最早时间，其值应等于零，即：

$$ET_i = 0 (i=1) \tag{3-17}$$

2）当节点 j 只有一条内向箭线时，最早时间应为：

$$ET_j = ET_i + D_{i-j} \tag{3-18}$$

3）当节点有多条内向箭线时，其最早时间应为：

$$ET_j = \max(ET_i + D_{i-j}) \tag{3-19}$$

终点节点 n 的最早时间即为网络计划的计算工期，即：$T_c = ET_n$ (3-20)

(2) 计算各节点最迟时间

节点最迟时间是以该节点为完成节点的工作的最迟完成时间，其计算有两种情况：

1）终点节点的最迟时间应等于网络计划的计划工期，即：

$$LT_n = T_p \tag{3-21}$$

若分期完成的节点，则最迟时间等于该节点规定的分期完成的时间。

2）当节点 i 只有一个外向箭线时，最迟时间为：

$$LT_i = LT_j - D_{i-j} \tag{3-22}$$

3）当节点 i 有多条外向箭线时，其最迟时间为：

$$LT_i = \min(LT_j - D_{i-j}) \tag{3-23}$$

如图 3-35 所示的网络计划，计算各节点时间如下：

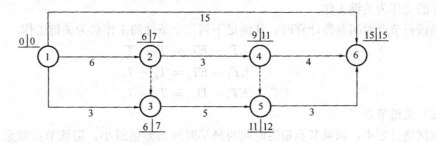

图 3-35 节点时间参数计算

$ET_1 = 0$
$ET_2 = ET_1 + D_{1-2} = 0 + 6$
$ET_3 = \max(ET_2 + D_{2-3}、ET_1 + D_{2-3}) = \max(6+0,0+3) = 6$
$ET_4 = ET_2 + D_{2-4} = 6 + 3 = 9$
$ET_5 = \max(ET_4 + D_{4-5}、ET_3 + D_{3-5}) = \max(9+0,6+5) = 11$
$ET_6 = \max(ET_{41} + D_{1-6}、ET_4 + D_{4-6}、ET_5 + D_{5-6}) = \max(0+15,9+4,11+3) = 15$
$LT_6 = T_p = T_c = ET_6 = 15$
$LT_5 = LT_6 - D_{5-6} = 15 - 3 = 12$
$LT_4 = \min(LT_6 - D_{4-6}、LT_5 - D_{4-5}) = \min(15-4,12-0) = 11$
$LT_3 = LT_5 - D_{3-5} = 12 - 5 = 7$
$LT_2 = \min(LT_4 - D_{2-4}、LT_3 - D_{2-3}) = \min(11-3,7-0) = 7$

$$LT_1 = \min(LT_6 - D_{1-6}、LT_2 - D_{1-2}、LT_3 - D_{1-3}) = \min(15-15、7-6、7-3) = 0$$

(3) 根据节点时间参数计算工作时间参数

1) 工作最早开始时间等于该工作的开始节点的最早时间。

$$ES_{i-j} = ET_i \tag{3-24}$$

2) 工作的最早完成时间等于该工作的开始节点的最早时间加上持续时间。

$$EF_{i-j} = ET_i + D_{i-j} \tag{3-25}$$

3) 工作最迟完成时间等于该工作的完成节点的最迟时间。

$$LF_{i-j} = LT_j \tag{3-26}$$

4) 工作最迟开始时间等于该工作的完成节点的最迟时间减去持续时间。

$$LS_{i-j} = LT_j - D_{i-j} \tag{3-27}$$

5) 工作总时差等于该工作的完成节点最迟时间减去该工作开始节点的最早时间再减去持续时间。

$$TF_{i-j} = LT_j - ET_i - D_{i-j} \tag{3-28}$$

6) 工作自由时差等于该工作的完成节点最早时间减去该工作开始节点的最早时间再减去持续时间。

$$FF_{i-j} = ET_j - ET_i - D_{i-j} \tag{3-29}$$

3. 关键工作和关键线路的确定

(1) 关键工作

在网络计划中，总时差为最小的工作为关键工作；当计划工期等于计算工期时，总时差为零的工作为关键工作。

当进行节点时间参数计算时，凡满足下列三个条件的工作必为关键工作：

$$\begin{aligned} LT_i - ET_i &= T_p - T_c \\ LT_j - ET_j &= T_p - T_c \\ LT_j - ET_i - D_{i-j} &= T_p - T_c \end{aligned} \tag{3-30}$$

(2) 关键节点

在网络计划中，如果节点最迟时间与最早时间的差值最小，则该节点就是关键节点。当网络计划的计划工期等于计算工期时，凡是最早时间等于最迟时间的节点就是关键节点。

在网络计划中，当计划工期等于计算工期时，关键节点具有如下特性：

1) 关键工作两端的节点必为关键节点，但两关键节点之间的工作不一定是关键工作。

2) 以关键节点为完成节点的工作总时差和自由时差相等。

3) 当关键节点间有多项工作，且工作间的非关键节点无其他内向箭线和外向箭线时，则该线路上的各项工作的总时差相等，除了以关键节点为完成节点的工作自由时差等于总时差外，其他工作的自由时差均为零。

4) 当关键节点间有多项工作，且工作间的非关键节点存在外向箭线或内向箭线时，该线路段上各项工作的总时差不一定相等，若多项工作间的非关键节点只有外向箭线而无其他内向箭线，则除了以关键节点为完成节点的工作自由时差等于总时差外，其他工作的自由时差为零。

(3) 关键线路的确定方法

1）利用关键工作判断。

网络计划中，自始至终全部由关键工作（必要时经过一些虚工作）组成或线路上总的工作持续时间最长的线路应为关键线路。

2）用关键节点判断。

由关键节点的特性可知，在网络计划中，关键节点必然处在关键线路上。

3）用网络破圈判断。

从网络计划的起点到终点顺着箭线方向，对每个节点进行考察，凡遇到节点有两个以上的内向箭线时，都可以按线路工作时间长短，采取留长去短而破圈，从而得到关键线路。如图3-36所示，通过考察节点③、⑤、⑥、⑦、⑨、⑧、⑥，去掉每个节点内向箭线所在线路段工作时间之和较短的工作，余下的工作即为关键工作，如图3-35中粗线所示。

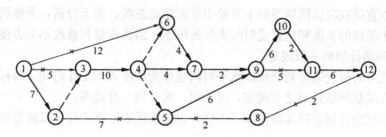

图3-36 网络破圈法

3.3.3 双代号时标网络计划

1. 绘制方法

双代号时标网络计划是综合应用横道图的时间坐标和网络计划的原理，在横道图基础上引入网络计划中各工作之间逻辑关系的表达方法。如图3-37所示的双代号网络计划，若改画为时标网络计划，如图3-38所示。采用时标网络计划，既解决了横道计划中各项工作不明确，时间指标无法计算的缺点，又解决了双代号网络计划时间不直观，不能明确看出各工作开始和完成的时间等问题。它的特点是：

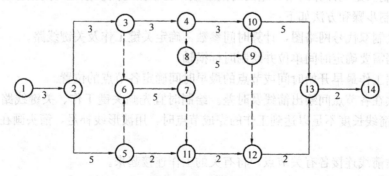

图3-37 双代号网络计划

（1）时标网络计划中，箭线的长短与时间有关。

（2）可直接显示各工作的时间参数和关键线路，不必计算。

（3）由于受到时间坐标的限制，所以时标网络计划不会产生闭合回路。

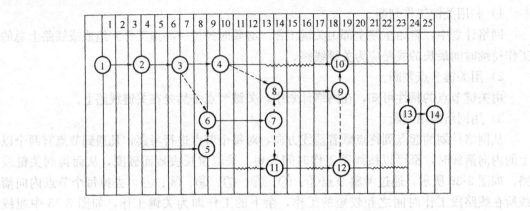

图 3-38 时标网络计划

(4) 可以直接在时标网络图的下方绘出资源动态曲线,便于分析,平衡调度。

(5) 由于箭线的长度和位置受时间坐标的限制,因而调整和修改不太方便。

2. 时标网络计划的一般规定

(1) 双代号时标网络计划必须以水平时间坐标为尺度表示工作时间。时标的时间单位应根据需要在编制网络计划之前确定,可为时、天、周、月或季。

(2) 时标网络计划应以实箭线表示工作,以虚箭线表示虚工作,以波形线表示工作的自由时差。

(3) 时标网络计划中所有在时间坐标上的水平投影,都必须与其时间参数相对应。节点中心必须对准相应的时标位置。虚工作必须以垂直方向的虚箭线表示,由自由时差加波形线表示。

3. 时标网络计划的绘制方法

时标网络计划一般按工作的最早开始时间绘制。其绘制方法有间接绘制法和直接绘制法。

(1) 间接绘制法

间接绘制法是先计算网络计划的时间参数,再根据时间参数在时间坐标上进行绘制的方法。其绘制步骤和方法如下:

1) 先绘制双代号网络图,计算时间参数,确定关键工作及关键线路。

2) 根据需要确定时间单位并绘制时标横轴。

3) 根据工作最早开始时间或节点的最早时间确定各节点的位置。

4) 依次在各节点间绘出箭线及时差。绘制时宜先画关键工作、关键线路,再画非关键工作。如箭线长度不足以达到工作的完成节点时,用波形线补足,箭头画在波形线与节点连接处。

5) 用虚箭线连接各有关节点,将有关的工作连接起来。

(2) 直接绘制法

直接绘制法是不计算网络计划时间参数,直接在时间坐标上进行绘制的方法。其绘制步骤和方法可归纳为如下绘图口诀:"时间长短坐标限,曲直斜平利相连;箭线到齐画节点,画完节点补波线;零线尽量拉垂直,否则安排有缺陷。"

1) 时间长短坐标限:箭线的长度代表着具体的施工时间,受到时间坐标的制约。

2）曲直斜平利相连：箭线的表达方式可以是直线、折线、斜线等，但布图应合理，直观清晰。

3）箭线到齐画节点：工作的开始节点必须在该工作的全部紧前工作都画出后，定位在这些紧前工作最晚完成的时间刻度上。

4）画完节点补波线：某些工作的箭线长度不足以达到其完成节点时，用波形线补足。

5）零线尽量拉垂直：虚工作持续时间为零，应尽可能让其为垂直线。

6）否则安排有缺陷：若出现虚工作占据时间的情况，其原因是工作面停歇或施工作业队组工作不连续。

【**例 3-2**】 某双代号网络计划如图 3-39 所示。试绘制其时标网络图。

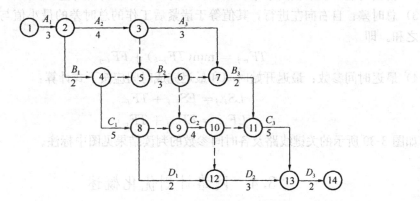

图 3-39 双代号网络计划

【**解**】 按直接绘制的方法，绘制出的时标网络计划，如图 3-40 所示。

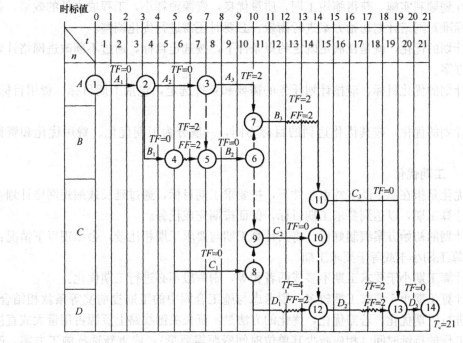

图 3-40 时标网络计划

4. 关键线路的确定和时间参数的判读

（1）关键线路的确定。自终点节点逆箭线方向朝起点节点观察，自始至终不出现波形线的线路为关键线路。

（2）工期的确定。时标网络计划的计算工期，应是其终点节点与起点节点所在位置的时标值之差。

（3）时间参数的判读：

1）最早时间参数：按最早时间绘制的时标网络计划，每条箭线的箭尾和箭头所对应的时标值应为该工作的最早开始时间和最早完成时间。

2）自由时差：波形线的水平投影长度即为该工作的自由时差。

3）总时差：自右向左进行，其值等于诸紧后工作的总时差的最小值与本工作的自由时差之和。即

$$TF_{i-j} = \min(TF_{j-k}) + FF_{i-j} \tag{3-31}$$

4）最迟时间参数：最迟开始时间和最迟完成时间应按下式计算：

$$LS_{i-j} = ES_{i-j} + TF_{i-j}$$
$$LF_{i-j} = EF_{i-j} + TF_{i-j}$$

如图 3-39 所示的关键线路及各时间参数的判读结果见图中标注。

3.4 网络计划优化概述

经过调查研究，确定施工方案，划分施工过程，分析施工过程间的逻辑关系，编制施工过程一览表，绘制网络图，计算时间参数等步骤，可以确定网络计划的初始方案。然而要使工程计划顺利实施，获得缩短工期，质量优良，资源消耗小，工程成本低的效果，就要按一定标准对网络计划初始方案进行衡量，必要时还需进行优化调整。

网络计划的优化，就是在满足既定约束条件下，按选定目标，通过不断改进网络计划寻求满意方案。

网络计划的优化目标，应按计划任务的需要和条件选定，包括工期目标、费用目标、资源目标。

网络计划的优化，按其优化达到的目标不同，一般分为工期优化、费用优化和资源优化。

3.4.1 工期优化

工期优化是指在满足既定约束条件下，按要求工期目标，通过延长或缩短网络计划初始方案的计算工期，以达到要求工期目标，保证按期完成任务。

网络计划的初始方案编制好后，将其计算工期与要求工期相比较，会出现以下情况：

1. 计算工期小于或等于要求工期

如果计算工期小于要求工期不多或两者相等，则一般不必进行工期优化。

如果计算工期小于要求工期较多，则考虑与施工合同中的工期提前奖等条款相结合，确定是否进行工期优化。若需优化，优化的方法是：延长关键线路上资源占用量大或直接费用高的工作的持续时间（相应减少其单位时间资源需要量）；或重新选择施工方案，改变施工机械，调整施工顺序，再重新分析逻辑关系，编制网络图，计算时间参数，反复多

次进行，直至满足要求工期。

2. 计算工期大于要求工期

当计算工期大于要求工期，可以在不改变网络计划中各项工作之间的逻辑关系的前提下，通过压缩关键工作的持续时间来满足要求工期。压缩关键工作持续时间的方法有"顺序法"、"加数平均法"和"选择法"等。"顺序法"是按关键工作开工时间来确定需压缩的工作，先干的先压缩。"加数平均法"是按关键工作持续时间的百分比压缩。这两种方法虽然简单，但没有考虑压缩的关键工作所需的资源是否有保证及相应的费用增加幅度。"选择法"更接近实际需要，下面重点介绍。

（1）选择应缩短持续时间的关键工作时，应考虑下列因素：

1）缩短持续时间对质量和安全影响不大的工作；

2）有充足备用资源的工作；

3）缩短持续时间所需增加费用最小的工作。

将所有工作按其是否满足上述三方面要求，确定优选系数，优选系数小的工作较适宜压缩。选择关键工作并压缩其持续时间时，应选择优选系数最小的关键工作。若需要同时压缩多个关键工作的持续时间时，则它们的优选系数之和（组合优选系数）最小者应优先作为压缩对象。

（2）工期优化的计算，应按下述步骤进行：

1）计算并找出初始网络计划的计算工期 T_c、关键线路及关键工作。

2）按要求工期 T_r 计算应缩短的时间 ΔT，$\Delta T = T_c - T_r$。

3）确定各关键工作能缩短的持续时间。

4）按前述要求的因素选择关键工作，压缩其持续时间，并重新计算网络计划的计算工期。此时，要注意，不能将关键工作压缩成非关键工作；当出现多条关键线路时，必须将平行的各关键线路的持续时间压缩相同的数值；否则，不能有效地缩短工期。

5）当计算工期仍超过要求工期时，则重复以上步骤，直到满足要求工期或工期不能再缩短为止。

6）当所有关键工作的持续时间都已达到其能缩短的极限而工期仍不能满足要求工期时，应对计划的原技术方案、组织方案进行调整，或对要求工期重新审定。

【例 3-3】 已知某工程双代号网络计划如图 3-41 所示，图中箭线上下方标注内容，箭线上方括号外为工作名称，括号内为优选系数；箭线下方括号外为工作正常持续时间，括号内为最短持续时间。现假定要求工期为 30 天，试对其进行工期优化。

【解】 该工程双代号网络计划工期优化可按以下步骤进行：

（1）用简捷方法计算工作正常持续时间时，网络计划的时间参数如图 3-42 所示，标注工期、关键线路，其中关键线路用粗箭线表示。计算工期 $T_c = 46$ 天。

（2）按要求工期 T_r 计算应缩短的时间 ΔT。

$$\Delta T = T_c - T_r = 46 - 30 = 16 \text{ 天}$$

（3）选择关键线路上优选系数较小的工作，依次进行压缩，直到满足要求工期，每次压缩后的网络计划如图 3-43～图 3-48 所示。

1）第一次压缩，根据图 3-42 中数据，选择关键线路上优选系数最小的工作为⑨—⑩工作，可压缩 4 天，压缩后网络计划如图 3-43 所示。

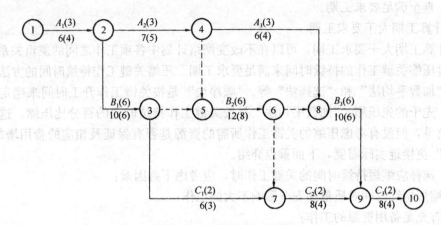

图 3-41 双代号网络计划

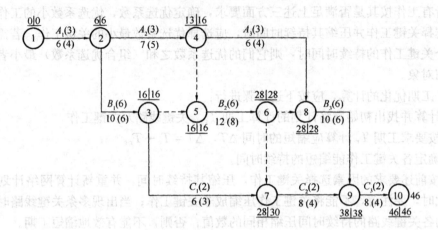

图 3-42 确定初始网络计划时间参数

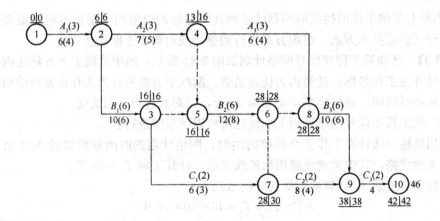

图 3-43 第一次压缩后

2）第二次压缩，根据图 3-43 中数据，选择关键线路上优选系数最小的工作为①—②工作，可压缩 2 天，压缩后网络计划如图 3-44 所示。

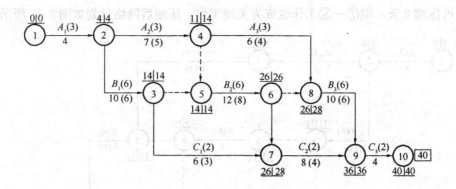

图 3-44 第二次压缩后

3) 第三次压缩，根据图 3-44 中数据，选择关键线路上优选系数最小的工作为②—③工作，可压缩 3 天，则②—④工作也成为关键工作，压缩后网络计划如图 3-45 所示。

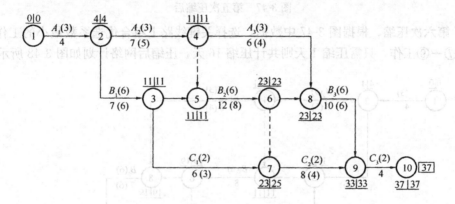

图 3-45 第三次压缩后

4) 第四次压缩，根据图 3-45 中数据，选择关键线路上优选系数最小的工作为⑤—⑥工作，可压缩 4 天，压缩后网络计划如图 3-46 所示。

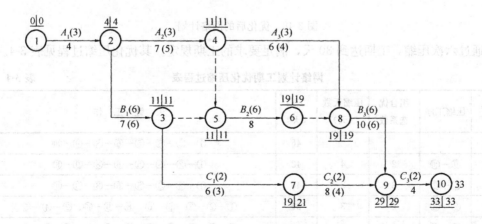

图 3-46 第四次压缩后

5) 第五次压缩，根据图 3-46 中数据，选择关键线路上优选系数最小的工作为⑧—⑨

工作，可压缩2天，则⑦—⑨工作也成为关键工作，压缩后网络计划如图3-47所示。

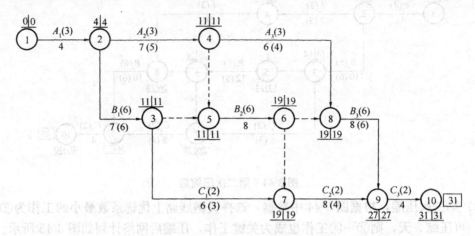

图 3-47 第五次压缩后

6) 第六次压缩，根据图3-47中数据，选择关键线路上组合优选系数最小的工作为⑧—⑨和⑦—⑨工作，只需压缩1天则共计压缩16天，压缩后网络计划如图3-48所示。

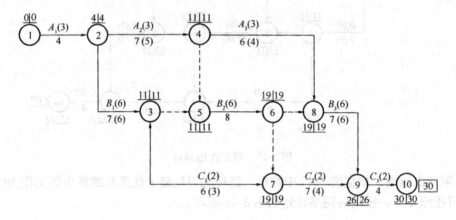

图 3-48 优化后的网络计划

通过六次压缩，工期达到30天，满足要求的工期规定。其优化压缩过程见表3-4。

网络计划工期优化压缩过程表　　　　　　　　　　　表 3-4

优化次数	压缩工序	组合优选系数	压缩天数（天）	工期（天）	关　键　工　作
0				46	①—②—③—⑤—⑥—⑧—⑨—⑩
1	⑨—⑩	2	4	42	①—②—③—⑤—⑥—⑧—⑨—⑩
2	①—②	3	2	40	①—②—③—⑤—⑥—⑧—⑨—⑩
3	②—③	6	3	37	①—②—③—⑤—⑥—⑧—⑨—⑩、②—④—⑤
4	⑤—⑥	6	4	33	①—②—③—⑤—⑥—⑧—⑨—⑩、②—④—⑤
5	⑧—⑨	6	2	31	①—②—③—⑤—⑥—⑧—⑨—⑩、②—④—⑤、⑥—⑦—⑨

3.4.2 费用优化

费用优化又称工期成本优化或时间成本优化,是指寻求工程总成本最低时的工期安排,或按要求工期寻求最低成本的计划安排过程。

1. 费用和时间的关系

工程项目的总费用由直接费用和间接费用组成。直接费用由人工费、材料费、机械使用费及现场经费等组成。施工方案不同,则直接费用不同,即使施工方案相同,工期不同,直接费用也不同。间接费用包括企业经营管理的全部费用。

一般情况下,缩短工期会引起直接费的增加和间接费的减少,延长工期会引起直接费的减少和间接费的增加。在考虑工程总费用时,还应考虑工期变化带来的其他损益,包括因拖延工期而罚款的损失或提前竣工而得的奖励,甚至也考虑因提前投产而获得的收益和资金的时间价值等。

工期与费用的关系如图 3-49 所示。图中工程成本曲线是由直接费曲线和间接费曲线叠加而成。曲线上的最低点就是工程计划的最优方案之一,此方案工程成本最低,相对应的工程持续时间称为最优工期。

(1) 直接费曲线

直接费曲线通常是一条由左上向右下的下凹曲线,如图 3-50 所示。因为直接费总是随着工期的缩短而更快增加的,在一定范围内与时间成反比关系。如果缩短时间,即加快施工速度,要采取加班加点和多班作业,采用高价的施工方法和机械设备等,直接费用也跟着增加。然而工作时间缩短至某一极限,则无论增加多少直接费,也不能再缩短工期,此极限称为临界点,此时的时间为最短持续时间,此时费用为最短时间直接费。反之,如果延长时间,则可减少直接费。然而时间延长至某一极限,则无论将工期延至多长,也不能再减少直接费。此极限为正常点,此时的时间称为正常持续时间,此时的费用称为正常时间直接费。

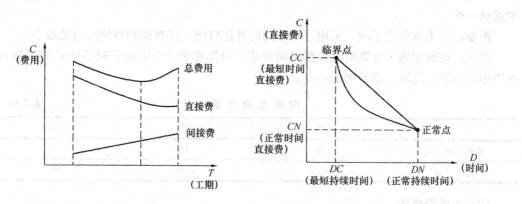

图 3-49 工期—费用关系曲线图　　图 3-50 时间与直接费关系图

连接正常点与临界点的曲线,称为直接费曲线。直接费曲线实际并不像图中那样圆滑,而是由一系列线段组成的折线并且越接近最高费用极限费用其曲线越陡。为了计算方便,可以近似地将它假定为一条直线,如图 3-50 所示。我们把因缩短工作持续时间(赶工)每一单位时间所需增加的直接费,简称为直接费用率,按如下公式计算:

$$\Delta C_{i-j} = (CC_{i-j} - CN_{i-j})/(DN_{i-j} - DC_{i-j}) \tag{3-32}$$

式中 ΔC_{i-j}——工作 $i-j$ 的直接费用率;

CC_{i-j}——将工作 $i-j$ 持续时间缩短为最短持续时间后,完成该工作所需的直接费用;

CN_{i-j}——在正常条件下完成工作 $i-j$ 所需的直接费用;

DN_{i-j}——工作 $i-j$ 的正常持续时间;

DC_{i-j}——工作 $i-j$ 的最短持续时间。

从公式（3-32）中可以看出,工作的直接费用率越大,则将该工作的持续时间缩短一个时间单位,相应增加的直接费就越多;反之,工作的直接费用率越小,则将该工作的持续时间缩短一个时间单位,相应增加的直接费就越少。

根据各工作的性质不同,其工作持续时间和费用之间的关系通常有以下两种情况：

1) 连续变化型关系。有些工作的直接费用随着工作持续时间的改变而改变,如图3-49所示。介于正常持续时间和最短（极限）时间之间的任意持续时间的费用可根据其费用斜率,用数学方法推算出来。这种时间和费用之间的关系是连续变化的,称为连续型变化关系。

例如,某工作经过计算确定其正常持续时间为10天,所需费用1200元,在考虑增加人力、材料、机具设备和加班的情况下,其最短时间为6天,而费用为1500元,则其单位变化率为：

$$\Delta C_{i-j} = (CC_{i-j} - CN_{i-j})/(DN_{i-j} - DC_{i-j}) = \frac{1500 - 1200}{10 - 6} = 75 \text{元}/\text{天}$$

即每缩短一天,其费用增加75元。

2) 非连续型变化关系。有些工作的直接费用与持续时间之间的关系是根据不同施工方案分别估算的,因此,介于正常持续时间与最短持续时间之间的关系不能用线性关系表示,不能通过数学方法计算,工作不能逐天缩短,在图上表示为几个点,只能在几种情况中选择一种。

例如,某土方开挖工程,采用三种不同的开挖机械,其费用和持续时间见表3-5。

因此,在确定施工方案时,根据工期要求,只能在表3-5中的三种不同机械中选择。在图中也就是只能取三点其中的一点。

时间及费用表　　　　　　　　表3-5

	A	B	C
持续时间（天）	8	12	15
费用（元）	7200	6100	4800

（2）间接费曲线

表示间接费用与时间成正比关系的曲线,通常用直线表示。其斜率表示间接费用在单位时间内的增加或减少值。间接费用与施工单位的管理水平、施工条件和施工组织等有关。

2. 费用优化的方法步骤

费用优化的基本方法：不断地在网络计划中找出直接费用率（或组合直接费用率）最小的关键工作,缩短其持续时间,同时考虑间接费随工期缩短而减少的数值,最后求得工程总成本最低时的最优工期安排或按要求工期求得最低成本的计划安排。费用优化的基本方法可简化为以下口诀：不断压缩关键线路上有压缩可能且费用最少的工作。

按照上述基本方法，费用优化可按以下步骤进行：

（1）按工作的正常持续时间确定计算关键线路、工期、总费用。

（2）按式（3-32）计算各项工作的直接费用率。

（3）当只有一条关键线路时，应找出直接费用率最小的一项关键工作，作为缩短持续时间的对象；当有多条关键线路时，应找出组合直接费用率最小的一组关键工作，作为缩短持续时间的对象。

（4）对于选定的压缩对象（一项关键工作或一组关键工作），首先比较其直接费用率或组合直接费用率与工程间接费用率的大小：

1）如果被压缩对象的直接费用率或组合直接费用率小于工程间接费用率，说明压缩关键工作的持续时间会使工程总费用减少，故应缩短关键工作的持续时间。

2）如果被压缩对象的直接费用率或组合直接费用率等于工程间接费用率，说明压缩关键工作的持续时间不会使工程总费用增加，故应缩短关键工作的持续时间。

3）如果被压缩对象的直接费用率或组合直接费用率大于工程间接费用率，说明压缩关键工作的持续时间会使工程总费用增加，此时应停止缩短关键工作的持续时间，在此之前的方案即为优化方案。

（5）当需要缩短关键工作的持续时间时，其缩短值的确定必须符合下列两条原则：

1）缩短后工作的持续时间不能小于其最短持续时间。

2）缩短持续时间的工作不能变成非关键工作。

（6）计算关键工作持续时间缩短后相应的总费用变化。

（7）重复上述（3）～（6）步，直至计算工期满足要求工期，或被压缩对象的直接费用率或组合费用率大于工程间接费用率为止（表3-6）。

费用优化过程　　　　　　　　　　　表3-6

压缩次数	被压缩工作代号	缩短时间（天）	直接费率或组合直接率（万元/天）	费率差（正或负）（万元/天）	压缩需用总费用（正或负）（万元）	总费用（万元）	工期（天）	备注

下面结合示例说明费用优化的计算步骤：

【例3-4】 已知某工程计划网络如图3-51所示，图中箭线上方为工作的正常时间的直接费和最短时间的直接费（以万元为单位），箭线下方为工作的正常持续时间和最短持续时间（天）。其中②—⑤工作的时间与直接费为非连续型变化关系，其正常时间及直接费用为（8天，5.5万元），最短时间及直接费用为（6

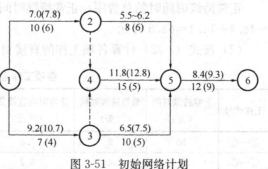

图3-51　初始网络计划

天，6.2万元）。整个工程计划的间接费率为0.35万元/天，最短工期时的间接费为8.5万元。试对此计划进行费用优化，确定工期费用关系曲线，求出费用最少的相应工期。

【解】 （1）按各项工作的正常持续时间，用简捷方法确定计算工期、关键线路、总费用，如图3-52所示。计算工期为37天，关键线路为①—②—④—⑤—⑥。

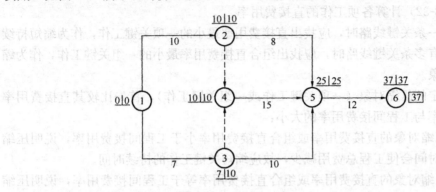

图3-52

按各项工作的最短持续时间，用简捷方法确定计算工期，如图3-53所示。计算工期为21天。

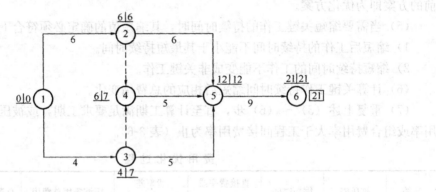

图3-53

正常持续时间时的总直接费用＝各项工作的正常持续时间时的直接费用之和＝7.0＋9.2＋5.5＋11.8＋6.5＋8.4＝48.4万元

正常持续时间时的总间接费用＝最短工期时的间接费＋（正常工期－最短工期）×间接费率＝8.5＋0.35×（37－21）＝14.1万元

正常持续时间时的总费用＝正常持续时间时总直接费用＋正常持续时间时总间接费用＝48.4＋14.1＝62.5万元

（2）按式（3-32）计算各项工作的直接费用率，见表3-7。

各项工作直接费用率 表3-7

工作代号	正常持续时间（天）	最短持续时间（天）	正常时间直接费用（万元）	最短时间直接费用（万元）	直接费用率（万元/天）
①—②	10	6	7.0	7.8	0.2
①—③	7	4	9.2	10.7	0.5

续表

工作代号	正常持续时间（天）	最短持续时间（天）	正常时间直接费用（万元）	最短时间直接费用（万元）	直接费用率（万元/天）
②—⑤	8	6	5.5	6.2	
④—⑤	15	5	11.8	12.8	0.1
③—⑤	10	5	6.5	7.5	0.2
⑤—⑥	12	9	8.4	9.3	0.3

(3) 不断压缩关键线路上有压缩可能且费用最少的工作，进行费用优化，压缩过程的网络图如图 3-54～图 3-59 所示。

1) 第一次压缩：

从图 3-52 可知，该网络计划的关键线路上有三项工作，有三个压缩方案：

a. 压缩工作①—②，直接费用率为 0.2 万元/天；
b. 压缩工作④—⑤，直接费用率为 0.1 万元/天；
c. 压缩工作⑤—⑥，直接费用率为 0.3 万元/天。

在上述方案中，由于工作④—⑤的直接费用率最小，所以选择工作④—⑤作为压缩对象。工作④—⑤直接费用率为 0.1 万元/天，小于间接费用率 0.35 万元/天，说明压缩工作④—⑤可以使总费用降低。将工作④—⑤的工作时间缩短 7 天，则工作②—⑤也成为关键工作，第一次压缩后如图 3-54 所示。

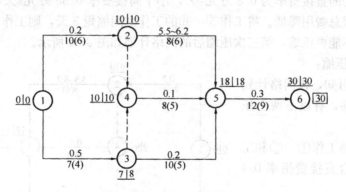

图 3-54 第一次压缩后

2) 第二次压缩：

从图 3-54 可知，该网络计划有两条关键线路，为了缩短工期，有以下两个压缩方案：

a. 压缩工作①—②，直接费用率为 0.2 万元/天；
b. 压缩工作⑤—⑥，直接费用率为 0.3 万元/天。

而同时压缩工作②—⑤和工作④—⑤，只能一次压缩 2 天，且经分析会使原关键线路变为非关键线路，故不可取。

上述两个压缩方案中，工作①—②的直接费用率较小，故应选择工作①—②为压缩对象。工作①—②的直接费率为 0.2 万元/天，小于间接费率 0.35 万元/天，说明压缩工作①—②可使工程总费用降低，将工作①—②的工作时间缩短 1 天，则工作①—③和工作③—⑤也成为关键工作。第二次压缩后的网络计划如图 3-55 所示。

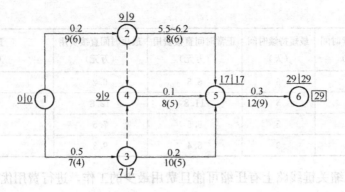

图 3-55 第二次压缩后

3) 第三次压缩：

从图 3-55 可知，该网络计划有 3 条关键线路，为了缩短工期，有以下三个压缩方案。

a. 压缩工作⑤-⑥，直接费用率为 0.3 万元/天；

b. 同时压缩工作①-②和工作③-⑤，组合直接费用率为 0.4 万元/天；

c. 同时压缩工作①-③和工作②-⑤及工作④-⑤，只能一次压缩 2 天，共增加直接费 1.9 万元，平均每天直接费为 0.95 万元。

上述三个方案中，工作⑤-⑥的直接费用率较小，故应选择工作⑤-⑥作为压缩对象。工作⑤-⑥的直接费率为 0.3 万元/天，小于间接费率 0.35 万元/天，说明压缩工作⑤-⑥可使工程总费用降低。将工作⑤-⑥的工作时间缩短 3 天，则工作⑤-⑥的持续时间已达最短，不能再压缩，第三次压缩后的网络计划如图 3-56 所示。

4) 第四次压缩：

从图 3-56 可知，该网络计划有 3 条关键线路，有以下两个压缩方案。

a. 同时压缩工作①-②和工作③-⑤，组合直接费用率 0.4 万元/天；

b. 同时压缩工作①-③和工作②-⑤及工作④-⑤，只能一次压缩 2 天，共增加直接费 1.9 万元，平均每天直接费为 0.95 万元。

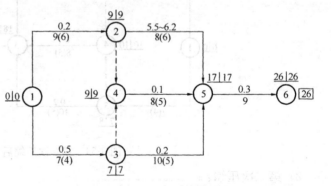

图 3-56 第三次压缩后

上述两个方案中，工作①-②和工作③-⑤的组合直接费用率较小，故应选择工作①-②和工作③-⑤同时压缩。但是由于其组合直接费率为 0.4 万元/天，大于间接费率 0.35 万元/天，说明此次压缩会使工程总费用增加。因此，优化方案在第三次压缩后已得到，如图 3-56 所示即为优化后费用最小的网络计划，其相应工期为 26 天，将工作①-②和工作③-⑤的工作时间同时缩短 2 天。第四次压缩后的网络计划如图 3-57 所示。

5) 第五次压缩：

从图 3-57 可知，该网络计划有以下四个压缩方案。

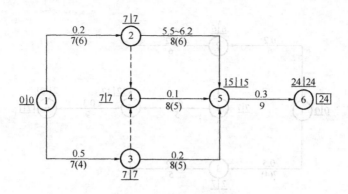

图 3-57 第四次压缩后

a. 同时压缩工作①—②和工作①—③，组合直接费率为 0.7 万元/天；

b. 同时压缩工作②—⑤、工作④—⑤和工作③—⑤，只能一次压缩 2 天，共增加直接费 1.3 万元，平均每天直接费为 0.65 万元；

c. 同时压缩工作①—②和工作④—⑤、工作③—⑤，组合直接费率为 0.5 万元/天；

d. 同时压缩工作①—③和工作②—⑤、工作④—⑤，只能一次压缩 2 天，共增加直接费 1.9 万元，平均每天直接费为 0.95 万元。

上述四个方案中，同时压缩工作①—②和工作④—⑤、工作③—⑤的组合直接费用率较小，所以选择此方案；但由于其组合直接费用率为 0.5 万元/天，大于间接费用率 0.35 万元/天，说明此次压缩总费用增加。第五次压缩后的网络计划如图 3-58 所示。

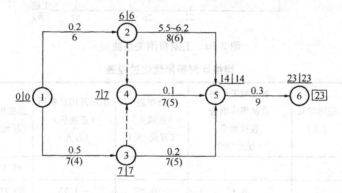

图 3-58 第五次压缩后

6）第六次压缩：

从图 3-58 可知，该网络计划有以下两个压缩方案。

a. 同时压缩工作①—③和工作②—⑤，只能一次压缩 2 天，且会使原关键线路变为非关键线路，故不可取；

b. 同时压缩工作②—⑤、工作④—⑤和工作③—⑤，只能一次压缩 2 天，共增加直接费 1.3 万元。

故选择第二个方案进行压缩，将该三项工作同时缩短 2 天，此时工作②—⑤、工作④—⑤和工作③—⑤工作的持续时间均已达到极限，不能再压缩，第六次压缩后的网络计划如图 3-59 所示。

优化到此，可以看出只有工作①—③工作还可以继续缩短，但即使将其缩短只能增加

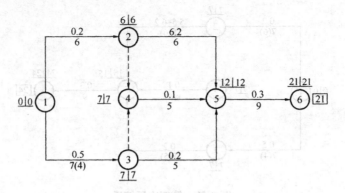

图 3-59 第六次压缩后

费用而不能压缩工期,所以缩短工作①—③徒劳无益。

该工程优化的工期费用关系曲线如图 3-60 所示,压缩优化过程见表 3-8。

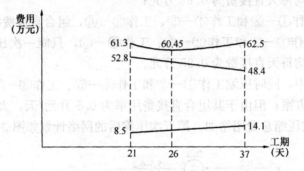

图 3-60 工期费用关系曲线

网络计划费用优化过程表 表 3-8

压缩次数	被压缩工作代号	缩短时间(天)	被压缩工作的直接率或组合直接费率(万元/天)	费率差(正或负)(万元/天)	压缩需用总费用(正或负)(万元)	总费用(万元)	工期(天)	备注
0						62.5	37	
1	④—⑤	7	0.1	−0.25	−1.75	60.75	30	
2	①—②	1	0.2	−0.15	−0.15	60.60	29	
3	⑤—⑥	3	0.3	−0.05	−0.15	60.45	26	优化方案
4	①—② ③—⑤	2	0.4	+0.05	+0.10	60.55	24	
5	①—② ④—⑤ ③—⑤	1	0.5	+0.15	+0.15	60.70	23	
6	②—⑤ ④—⑤ ③—⑤	2			+0.60	61.30	21	

3.5 网络图进度计划的控制

网络图进度计划的控制主要包括网络计划的检查和网络计划的调整两个方面。

3.5.1 网络计划的检查

对网络计划的检查应定期进行。检查周期的长短应视计划工期的长短和管理的需要确定，一般可按天、周、旬、月、季等为周期。在计划执行过程中突然出现意外情况时，可进行"应急检查"，以便采取应急调整措施。检查网络计划时，首先必须收集网络计划的实际执行情况，并进行记录。

网络计划的检查内容主要有：关键工作进度，非关键工作进度及时差利用，工作之间的逻辑关系。网络计划的检查方法较多，这里主要介绍前锋线比较法和列表比较法。

1. 前锋线比较法

前锋线比较法是通过绘制某检查时刻工程项目实际进度前锋线，进行工程实际进度与计划进度比较的方法，它主要适用于时标网络计划。所谓前锋线，是指在原时标网络计划上，从检查时刻的时标点出发，用点画线依次将各项工作实际进展位置点连接而成的折线，如图3-61所示。

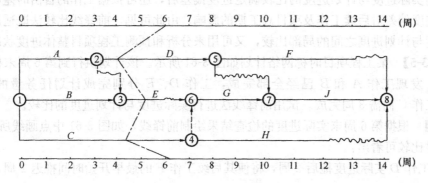

图 3-61 前锋线比较图

前锋线比较法就是通过实际进度前锋线与原进度计划中各工作箭线交点的位置来判断工作实际进度与计划进度的偏差，进而判定该偏差对后续工作及总工期影响程度的一种方法。

采用前锋线比较法进行实际进度与计划进度的比较，其步骤如下：

（1）绘制时标网络计划图

工程项目实际进度前锋线是在时标网络计划图上标示，为清楚起见，可在时标网络计划图的上方和下方各设一时间坐标。

（2）绘制实际进度前锋线

一般从时标网络计划图上方时间坐标的检查日期开始绘制，依次连接相邻工作的实际进展位置点，最后与时标网络计划图下方坐标的检查日期相连接。

工作实际进展位置点的标定方法有两种：

1）按该工作已完任务量比例进行标定。

假设工程项目中各项工作均为匀速进展，根据实际进度检查时刻该工作已完任务量占其计划完成总任务量的比例,在工作箭线上从左至右按相同的比例标定其实际进展位置点。

2) 按尚需作业时间进行标定。

当某些工作的持续时间难以按实物工程量来计算而只能凭经验估算时,可以先估算出检查时刻到该工作全部完成尚需作业的时间,然后在该工作箭线上从右向左逆向标定其实际进展位置点。

(3) 进行实际进度与计划进度的比较

前锋线可以直观地反映出检查日期有关工作实际进度与计划进度之间的关系。对某项工作来说,其实际进度与计划进度之间的关系可能存在以下三种情况:

1) 工作实际进展位置点落在检查日期的左侧,表明该工作实际进度拖后,拖后的时间为二者之差。

2) 工作实际进展位置点与检查日期重合,表明该工作实际进度与计划进度一致。

3) 工作实际进展位置点落在检查日期的右侧,表明该工作实际进度超前,超前的时间为二者之差。

(4) 预测进度偏差对后续工作及总工期的影响

通过实际进度与计划进度的比较确定进度偏差后,还可根据工作的自由时差和总时差预测该进度偏差对后续工作及项目总工期的影响。由此可见,前锋线比较法既适用于工作实际进度与计划进度之间的局部比较,又可用来分析和预测工程项目整体进度状况。

【例3-5】 某工程项目时标网络计划如图3-61所示。该计划执行到第6周末检查实际进度时,发现工作 A 和 B 已经全部完成,工作 D、E 分别完成计划任务量的20%和50%,工作 C 尚需3周完成。试用前锋线法进行实际进度与计划进度的比较。

【解】 根据第6周末实际进度的检查结果绘制前锋线,如图3-61中点画线所示。

通过比较可看出:

1) 工作 D 实际进度拖后2周,将使其后续工作 F 的最早开始时间推迟2周,并使总工期延长1周;

2) 工作 E 实际进度拖后1周,既不影响总工期,也不影响其后续工作的正常进行;

3) 工作 C 实际进度拖后2周,将使其后续工作 G、H,的最早开始时间推迟2周,由于工作 G、J,开始时间的推迟,从而使总工期延长2周。

综上所述,如果不采取措施加快进度,该工程项目的总工期将延长2周。

2. 列表比较法

当采用时标网络计划时也可以采用列表比较法。即记录检查时正在进行的工作名称和已进行的天数,然后列表计算有关时间参数,根据原有总时差和尚有总时差,判断实际进度与计划进度的比较方法。

列表比较法步骤为(表3-9):

列 表 比 较 法   表3-9

工作代号	工作名称	检查计划时尚需作业天数	到计划最迟完成时尚有天数	原有总时差	尚有总时差	情况判断
①	②	③	④	⑤	⑥	⑦

1) 在①、②栏内分别填写工作代号和工作名称。
2) 计算检查时正在进行的工作 $i-j$ 尚需作业时间 T^2_{i-j} 填在③栏内，其计算公式为：

$$T^2_{i-j}=D_{i-j}-T^1_{i-j} \tag{3-33}$$

式中　D_{i-j}——工作 $i-j$ 的计划持续时间；

　　　T^1_{i-j}——工作 $i-j$ 检查时已经进行的时间。

3) 计算工作 $i-j$ 检查时至最迟完成时间的尚有时间 T^3_{i-j}，填在④栏内，其计算公式为：

$$T^3_{i-j}=LF_{i-j}-T^2 \tag{3-34}$$

式中　LF_{i-j}——工作 $i-j$ 的最迟完成时间；

　　　T^2——检查时间。

4) 计算工作 $i-j$ 总时差 TF_{i-j}，填在⑤栏内。
5) 计算工作 $i-j$ 尚有总时差 TF^1_{i-j}，填在⑥栏内，其计算公式为：

$$TF^1_{i-j}=TF^3_{i-j}-TF^2_{i-j} \tag{3-35}$$

式中　T^3_{i-j}——至最迟完成时间尚有时间。

6) 分析工作实际进度与计划进度的偏差，填在⑦栏内，可能有以下几种情况：

①若工作尚有总时差与原有总时差相等，则说明该工作的实际进度与计划进度一致；

②若工作尚有总时差小于原有总时差，但仍为正值，则说明该工作的实际进度比计划进度拖后，产生偏差值为二者之差，但不影响总工期；

③若尚有总时差为负值，则说明对总工期有影响，应当调整。

【例 3-6】 已知网络计划如图 3-62 所示，在第 5 天检查时，发现 A 工作已完成，B 工作已进行 1 天，C 工作进行为 2 天，D 工作尚未开始。用前锋线法和列表比较法，记录和比较进度情况。

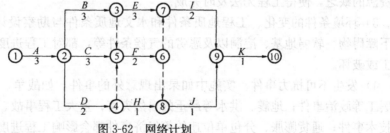

图 3-62　网络计划

【解】 (1) 计算时间参数。

(2) 根据上述公式计算有关参数，见表 3-10。

网络计划检查结果分析表　　　　表 3-10

工作代号	工作名称	检查计划时尚需作业天数	到计划最迟完成时尚有天数	原有总时差	尚有总时差	情况判断
①	②	③	④	⑤	⑥	⑦
2—3	B	2	1	0	−1	影响工期 1 天
2—5	C	1	2	1	1	正常
2—4	D	2	2	2	0	正常

(3) 根据尚有总时差的计算结果，判断工作实际进度情况见表 4—12。

3.5.2 网络计划的调整

网络计划的调整时间一般应与网络计划的检查时间一致，根据计划检查结果可进行调整。

1. 分析进度偏差的原因

由于工程项目的工程特点，尤其是较大和复杂的工程项目，工期较长，影响进度因素较多。编制计划、执行和控制工程进度计划时，必须充分认识和估计这些因素，才能克服其影响，使工程进度尽可能按计划进行，当出现偏差时，应考虑有关影响因素，分析产生的原因。其主要影响因素有：

(1) 工期及相关计划的失误

1) 计划时遗漏部分必需的功能或工作。

2) 计划值（例如计划工作量、持续时间）不足，相关的实际工作量增加。

3) 资源或能力不足，例如计划时没考虑到资源的限制或缺陷，没有考虑如何完成工作。

4) 出现了计划中未能考虑到的风险或状况，未能使工程实施达到预定的效率。

5) 在现代工程中，上级（业主、投资者、企业主管）常常在一开始就提出很紧迫的工期要求，使承包商或其他设计人、供应商的工期太紧。而且许多业主为了缩短工期，常常压缩承包商的做标期、前期准备的时间。

(2) 工程条件的变化

1) 工作量的变化。可能是由于设计的修改、设计的错误、业主新的要求、修改项目的目标及系统范围的扩展造成的。

2) 外界（如政府、上层系统）对项目新的要求或限制，设计标准的提高可能造成项目资源的缺乏，使得工程无法及时完成。

3) 环境条件的变化。工程地质条件和水文地质条件与勘察设计不符，如地质断层、地下障碍物、软弱地基、溶洞以及恶劣的气候条件等，都对工程进度产生影响，造成临时停工或破坏。

4) 发生不可抗力事件。实施中如果出现意外的事件，如战争、动乱、拒付债务、工人罢工等政治事件；地震、洪水等严重的自然灾害；重大工程事故、试验失败、标准变化等技术事件；通货膨胀、分包单位违约等经济事件都会影响工程进度计划。

(3) 管理过程中的失误

1) 计划部门与实施者之间，总分包商之间，业主与承包商之间缺少沟通。

2) 工程实施者缺乏工期意识，例如，管理者拖延了图纸的供应和批准，任务下达时缺少必要的工期说明和责任落实，拖延了工程活动。

3) 项目参加单位对各个活动（各专业工程和供应）之间的逻辑关系（活动链）没有清楚地了解，下达任务时也没有作详细的解释，同时对活动的必要的前提条件准备不足，各单位之间缺少协调和信息沟通，许多工作脱节，资源供应出现问题。

4) 由于其他方面未完成项目计划规定的任务造成拖延。例如，设计单位拖延设计、运输不及时、上级机关拖延批准手续、质量检查拖延、业主不果断处理问题等。

5) 承包商没有集中力量施工，材料供应拖延，资金缺乏，工期控制不紧，这可能是由于承包商同期工程太多,力量不足造成的。

6)业主没有集中资金的供应,拖欠工程款,或业主的材料、设备供应不及时。

(4)其他原因

例如,由于采取其他调整措施造成工期的拖延,如设计的变更,质量问题的返工,实施方案的修改。

2. 分析进度偏差对后续工作及总工期的影响

在工程项目实施过程中,当通过实际进度与计划进度的比较,发现有进度偏差时,需要分析该偏差对后续工作及总工期的影响,从而采取相应的调整措施对原进度计划进行调整,以确保工期目标的顺利实现。进度偏差的大小及其所处的位置不同,对后续工作和总工期的影响程度是不同的,分析时需要利用网络计划中工作总时差和自由时差的概念进行判断。分析步骤如下:

(1)分析出现进度偏差的工作是否为关键工作

如果出现进度偏差的工作为关键工作,则无论其偏差有多大,都将对后续工作和总工期产生影响,必须采取相应的调整措施;如果出现偏差的工作是非关键工作,则需要根据进度偏差值与总时差和自由时差的关系作进一步分析。

(2)分析进度偏差是否超过总时差

如果工作的进度偏差大于该工作的总时差,则此进度偏差必将影响其后续工作和总工期,必须采取相应的调整措施;如果工作的进度偏差未超过该工作的总时差,则此进度偏差不影响总工期。至于对后续工作的影响程度,还需要根据偏差值与其自由时差的关系作进一步分析。

(3)分析进度偏差是否超过自由时差

如果工作的进度偏差大于该工作的自由时差,则此进度偏差将对其后续工作产生影响,此时应根据后续工作的限制条件确定调整方法;如果工作的进度偏差未超过该工作的自由时差,则此进度偏差不影响后续工作,原进度计划可以不作调整。

通过进度偏差的分析,进度控制人员可以根据进度偏差的影响程度,制定相应的纠偏措施进行调整,以获得符合实际进度情况和计划目标的新进度计划。

3. 施工进度计划的调整方法

(1)增加资源投入

通过增加资源投入,缩短某些工作的持续时间,使工程进度加快,并保证实现计划工期。这些被压缩持续时间的工作是位于由于实际进度的拖延而引起总工期增长的关键线路和某些非关键线路上的工作,同时这些工作又是可压缩持续时间的工作。它会带来如下问题:

1)造成费用的增加,如增加人员的调遣费用、周转材料一次性费用、设备的进出场费。

2)由于增加资源,造成资源使用效率的降低。

3)加剧资源供应的困难。如有些资源没有增加的可能性,加剧项目之间或工序之间对资源激烈的竞争。

(2)改变某些工作间的逻辑关系

在工作之间的逻辑关系允许改变的条件下,可改变逻辑关系,达到缩短工期的目的。例如,可以把依次进行的有关工作改成平行的或互相搭接的,以及分成几个施工段进行流水施工等,都可以达到缩短工期的目的。这可能产生如下问题:

1) 工作逻辑上的矛盾性。
2) 资源的限制，平行施工要增加资源的投入强度。
3) 工作面限制及由此产生的现场混乱和低效率问题。

（3）资源供应的调整

如果资源供应发生异常，应采用资源优化方法对计划进行调整，或采取应急措施，使其对工期影响最小。例如，将服务部门的人员投入到生产中去，投入风险准备资源，采用加班或多班制工作。

（4）增减工作范围

包括增减工作量或增减一些工作包（或分项工程）。增减工作内容应做到不打乱原计划的逻辑关系，只对局部逻辑关系进行调整。在增减工作内容以后，应重新计算时间参数，分析对原网络计划的影响。当对工期有影响时，应采取调整措施，保证计划工期不变。但这可能产生如下影响：

1) 损害工程的完整性、经济性、安全性和运行效率，或提高项目运行费用。
2) 必须经过上层管理者，如投资者、业主的批准。

（5）提高劳动生产率

改善工具、器具以提高劳动效率；通过辅助措施和合理的工作过程，提高劳动生产率。要注意如下问题：

1) 加强培训，且应尽可能的提前。
2) 注意工人级别与工人技能的协调。
3) 工作中的激励机制，例如，奖金、小组精神发扬、个人负责制、目标明确。
4) 改善工作环境及项目的公用设施。
5) 项目小组时间上和空间上合理的组合和搭接。
6) 多沟通，避免项目组织中的矛盾。

（6）将部分任务转移

如分包、委托给另外的单位，将原计划由自己生产的结构构件改为外购等。当然这不仅有风险，产生新的费用，而且需要增加控制和协调工作。

（7）将一些工作包合并

特别是在关键线路上按先后顺序实施的工作包合并，与实施者一道研究，通过局部地调整实施过程和人力、物力的分配，达到缩短工期。

4. 施工进度控制的措施

施工进度控制采取的主要措施有组织措施、技术措施、合同措施、经济措施和信息管理措施等。

1) 组织措施。主要是指落实各层次的进度控制的人员、具体任务和工作责任；建立进度控制的组织系统；按工程项目的结构、进展的阶段或合同结构等进行项目分解，确定其进度目标，建立控制目标体系；确定进度控制工作制度，如检查时间、方法、协调会议时间、参加人员等；对影响进度的因素分析和预测。
2) 技术措施。主要是采取加快工程进度的技术方法。
3) 合同措施。是指对分包单位签订工程合同的合同工期与有关进度计划目标相协调。
4) 经济措施。是指实现进度计划的资金保证措施。

5) 信息管理措施。是指不断地收集工程实际进度的有关资料进行整理统计与计划进度比较，定期地向建设单位提供比较报告。

5. 工程项目进度控制的总结

项目经理部应在进度计划完成后，及时进行工程进度控制总结，为进度控制提供反馈信息。总结时应依据以下资料：
1) 工程项目进度计划；
2) 工程项目进度计划执行的实际记录；
3) 工程项目进度计划检查结果；
4) 工程项目进度计划的调整资料。

工程项目进度控制总结应包括：
1) 合同工期目标和计划工期目标完成情况；
2) 工程项目进度控制经验；
3) 工程项目进度控制中存在的问题；
4) 科学的工程进度计划方法的应用情况；
5) 工程项目进度控制的改进意见。

【本 章 小 结】

本章主要介绍网络计划技术基本概念，双代号网络图的绘制方法和规则，网络计划时间参数的计算方法，以及网络计划的优化内容和方法，通过以上过程形成的网络计划在执行当中检查以及调整的方法。

【思 考 题】

1. 什么是网络图？什么是双代号网络图？
2. 虚工作的作用是什么？
3. 什么叫做逻辑关系？有何作用？
4. 什么叫做线路、关键线路、关键工作？
5. 简述网络图绘制原则和方法。
6. 什么叫做网络计划优化？分几种？
7. 计划进度检查和调整的方法有哪些？
8. 根据表 3-11 绘制网络图。

表 3-11

工作	A	B	C	D	E	G	H
紧前工作	D、C	E、H	/	/	/	H、D	/

9. 根据表 3-12、表 3-13 制作只有竖向虚工作的双代号网络图。

表 3-12

工作	A	B	C	D	E	G
紧前工作	/	/	/	/	B、C、D	A、B、C

表 3-13

工作	A	B	C	D	E	H	G	I	J
紧前工作	E	H、A	J、G	H、I、A	/	/	H、A	/	E

10. 根据表 3-14，绘制双代号网络图，并计算工作时间参数。

表 3-14

工作代号	持续时间	工作代号	持续时间
①—②	4	③—④	0
①—③	2	③—⑤	4
①—④	5	③—⑥	5
②—③	3	④—⑥	7
②—⑤	3	⑤—⑥	4

【工程实例】

1. 工程总况

(1) 基本信息

1) 工程名称：××市××小学工程施工。
2) 招标单位：××市教育局。
3) 设计单位：××市××建筑设计院。
4) 地质勘探单位：××市勘测设计研究院。
5) 合同工期：245 日历天。
6) 质量要求：符合国家施工验收规范规定的合格标准。

(2) 工程概况

××市××小学工程 1 号、2 号教学楼建造位置位于××市田园区块，机场路南侧，规划光明路东侧，南临柳汀河。总建筑面积为 7410.8m²。

(3) 场地及地质情况

本工程现为空地，场地南侧 4 号楼离柳汀河约 36m。场内目前已经平整，地坪标高相对于±0.000 标高为−0.800m。本场地地下水主要为赋存在浅部填土与黏土层中的空隙潜水，地下水位在地表下 0.7～2.8m 之间，受大气降水影响。

本工程地质勘探深度范围内，地层可分为八大层，细分为 16 亚层，主要土层自上而下如下：

①—1 杂填土：杂色，湿，松散。含有少量植物根茎，含较多砾石。
②—2 素填土：灰黄色，松散。含有少量植物根茎，含少量砾石。
③黏土：灰黄色，可塑。含少量云母片，局部含少量砾石，干强度高。
④淤泥质黏土及淤泥：灰色，流塑，含腐殖质、有机质，夹少量粉土。
⑤黏土夹砾石：黄绿色，硬可塑，含氧化铁质，砾石含量约 20%～30%。

其余层土层情况详见《岩土勘察报告》(略)。

(4) 建筑设计

本工程为教学用房，建筑层数为 4 层，楼号与楼号间有连廊相接。具体各单体建筑参数见表 3-15。

表 3-15

楼号	功能	结构	层数	层高 (m)	建筑高度 (m)	建筑面积 (m²)
1号、2号	教室	框架	4	3.9	16.2	7410.8

本工程各单体抗震设防烈度为6度;建筑消防和耐火等级为地上二级、地下一级;建筑防水等级为Ⅱ级。

(5) 结构设计

本工程各单体主体结构均为现浇钢筋混凝土框架结构。

1) 桩基础设计:

各单体桩基础均采用钻孔灌注桩,桩型为 ZKZ-D600-21-16(B1)-C35,以 7-1、10-3(中风化泥岩)土层为桩尖持力层。1号、2号楼桩数为 171 根。

2) 基础设计:

1号、2号楼为浅基础,为柱下桩承台加地梁连系。

(6) 装饰装修

本工程外观设计简洁、实用。外立面采用文化石结合涂料,内设 25mm 厚挤塑聚苯乙烯泡沫塑料保温板。内部装饰根据使用功能不同采用了多种装饰材料,其中内墙饰面有瓷砖、乳胶漆等,楼地面为防滑地砖、花岗岩、抛光砖、水磨石、强化地板等,顶篷为内墙涂料、轻钢龙骨纤维吸音板吊顶。门窗采用铝合金中空断桥隔热门窗等。

(7) 建筑节能设计

①屋面:采用 40mm 厚挤塑聚苯乙烯泡沫塑料保温板隔热层;

②外墙:采用 25mm 厚挤塑聚苯乙烯泡沫塑料保温板隔热层;

③门窗:采用铝合金断热型材推拉(平开)门窗,玻璃采用 6+12A+6 中透低辐射中空玻璃。

2. 施工总体安排

(1) 施工规划

根据××市××小学工程的结构特点,在工程实际施工中时间、空间立体交叉,特别要保证人力、物力、财力的投入。按照工程实际情况,将1号、2号楼划分两个施工段,组织流水施工,混凝土工程将全部采用商品混凝土泵送,这大大缩短了施工作业时间;垂直运输机械准备投入1台QTZ60型塔吊、2台型钢井架以提高垂直运输的工作效率;公司配备多名高级和中级专业技术人员给予工程技术管理,配备一名二级项目经理进行施工管理;资金投入采用专款专用,项目部配备专业财务会计及项目工程核算人员。确保基础工程与主体工程早日结顶,留有较充足的时间保证装饰工程精工细作。

施工过程中将科学合理地安排各工序的先后搭接关系,其他附属分项工程依次穿插施工,计划 2010年6月17日完成1号、2号楼,确保本工程管理目标的全面实现。

(2) 施工段的划分

本工程分为两个施工段,分别是1号楼为第1施工段,2号楼为第2施工段。施工段间相互搭接,结构施工时充分考虑时空效应,对各种要素资源配置如劳动力、机具、材料、机械设备、周转材料等进行平行配置,确保结构施工时进行平行的流水施工。

(3) 施工顺序

总体施工顺序为:1号楼→2号楼

单体施工流程为:施工准备→工程桩施工→土方开挖→桩基验收→上部主体结构→组织中间结构验收→屋面工程→内外粉刷→内外装饰→安装(与土建同步)→调试→修整扫尾→竣工。

施工顺序遵循先地下后地上,先主体后装饰,先建筑物后总图,抓紧主体施工进度,提前进入装饰施工阶段,为确保工程质量提供条件。

装饰施工阶段,由上至下的施工顺序,先顶棚,后墙面,再楼地面,室内室外同时进行。

(4) 合理穿插搭接

施工过程中将科学合理地安排各工序的先后搭接关系,紧抓结构工程的施工,给水、电、暖等专业单位的施工留出较为充裕的时间精工细作,保证工程质量和进度目标的实现。水电、暖通等安装要紧密配合,预制、预埋与土建穿插交叉。多工种有条不紊地组织,关键在于准备充分,指挥有力,统一协调。

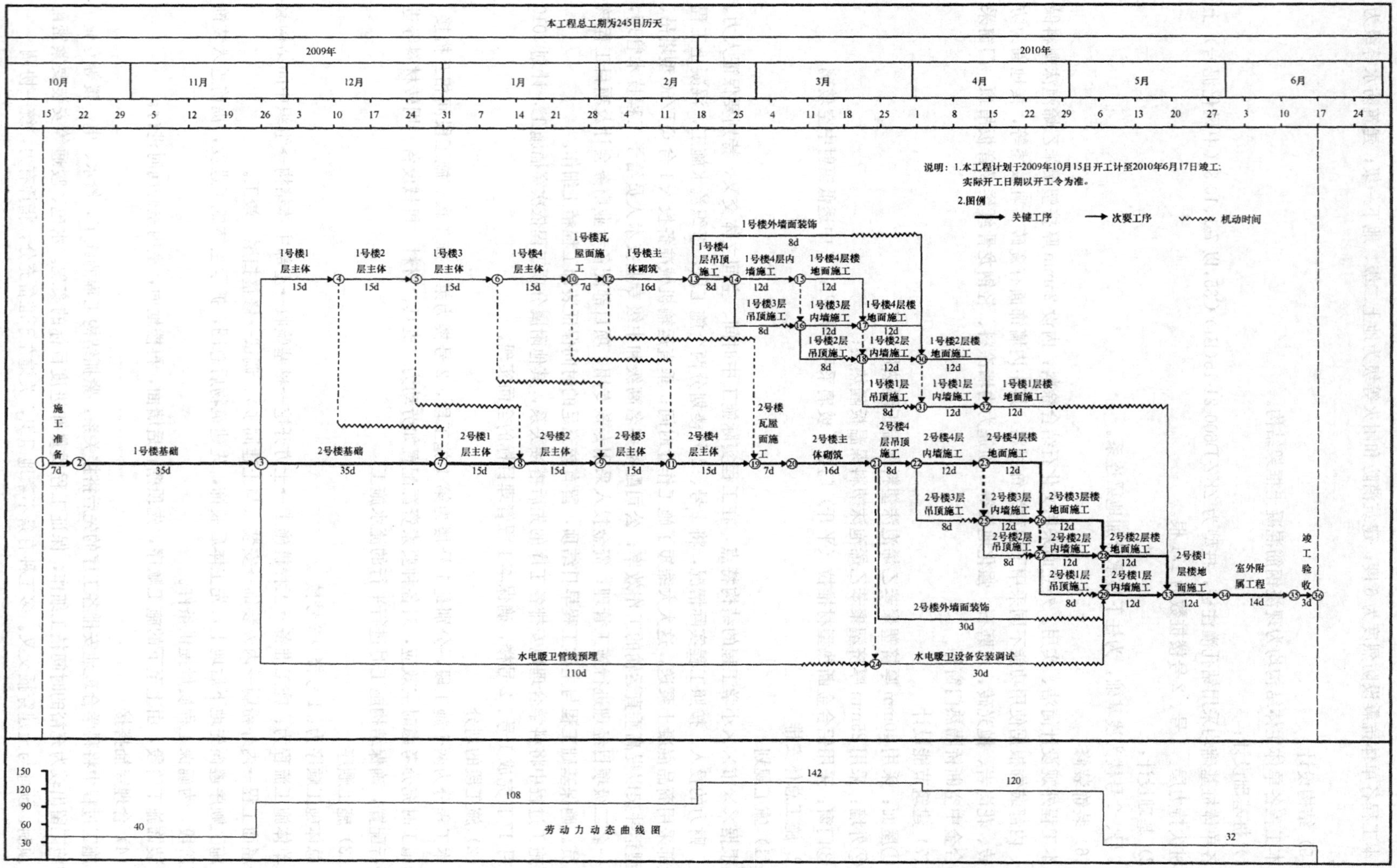

图 3-63 ××市××小学项目施工总进度计划双代号网络图

(5) 工期总目标和阶段目标

本工程为学校教学用房，其虽然没有工艺复杂的结构体系，但具有很强的社会关注度，故在具体施工时要着重突出其施工重点，先确定施工总目标，再施行阶段性目标。

根据合同要求本工程目标为工期245天，计划于2009年10月15日开工计至2010年6月17日竣工（实际开工日期以开工令为准）。各单体阶段性目标见表3-16。

表 3-16

单体	桩基完工	主体结构封顶	安装基本完工	装饰基本完工	竣 工
1号、2号楼	2009年12月30日	2010年3月23日	2010年5月6日	2010年5月30日	2010年6月17日

具体详见图3-63。

第4章 施工准备工作

【教学目标】
➤ **学习目标**：了解施工准备工作的意义、分类及要求；掌握施工准备工作的内容及方法；熟悉施工准备工作计划的制定。
➤ **能力目标**：了解各阶段施工准备工作的不同内容；明确各管理主体施工准备工作的范围及内容；能够根据建设工程项目的特点进行有针对性的准备工作，同时能够根据建设过程中的具体变化相应地进行准备工作的调整。

【本章教学情景】
理论情景：施工准备工作贯穿于整个工程建设的全过程中，因此，必须要有组织、有计划、按顺序地进行，那么在工程建设的各个阶段各有哪些准备工作？如何组织安排这些工作？这些工作又由谁来完成？

实例情景：某建设项目已取得立项，接下来建设单位应进行哪些正式开工前的准备工作？施工单位应进行哪些正式开工前的准备工作？工程开工后，施工单位在各分部分项工程施工前应做哪些技术准备和现场准备工作？

4.1 施工准备工作的意义、内容与要求

4.1.1 施工准备工作的意义与内容

1. 施工准备工作的意义

（1）施工准备工作是建筑业企业生产经营管理的重要组成部分。现代企业管理理论认为，企业管理的重点是生产经营，而生产经营的核心是决策。施工准备工作作为生产经营管理的重要组成部分，对拟建工程目标、资源供应和施工方案及其空间布置和时间排列等诸方面进行了选择和作出了施工决策。它有利于企业搞好目标管理，推行技术经济责任制。

（2）施工准备工作是建筑施工程序的重要阶段。现代工程施工是十分复杂的生产活动，其技术规律和市场经济规律要求工程施工必须严格按照建筑施工程序进行。施工准备工作是保证整个工程施工和安装顺利进行的重要环节，可以为拟建工程的施工建立必要的技术和物质条件，统筹安排施工力量和施工现场。

（3）做好施工准备工作，降低施工风险。由于建筑产品及其施工生产的特点，其生产过程受外界干扰及自然因素的影响较大，因而施工中可能遇到的风险较多。只有根据周密的分析和多年积累的施工经验，采取有效防范控制措施，充分做好施工准备工作，才能加强应变能力，从而降低风险损失。

(4) 做好施工准备工作，提高企业综合经济效益。认真做好施工准备工作，有利于发挥企业优势，合理供应资源，加快施工进度，提高工程质量，降低工程成本，增加企业经济效益，赢得企业社会信誉，实现企业管理现代化，从而提高企业综合经济效益。

实践证明，只有重视且认真细致地做好施工准备工作，积极为工程项目创造一切施工条件，才能保证施工顺利进行。否则，就会给工程的施工带来麻烦和损失，以致施工停顿，发生质量安全事故等。

2. 施工准备工作的内容

施工准备工作的内容一般可以归纳为以下几个方面：调查研究与收集资料、技术资料准备、资源准备、施工现场准备、季节施工准备。本教材从第4.2节开始作详细叙述。

4.1.2　施工准备工作的分类与要求

1. 施工准备工作的分类

(1) 按施工准备工作的范围不同进行分类

1) 施工总准备（全场性施工准备）。它是以整个建设项目为对象而进行的各项施工准备。其作用是为整个建设项目的顺利施工创造条件，既为全场性的施工活动服务，也兼顾单位工程施工条件的准备。

2) 单项（单位）工程施工条件准备。它是以一个建筑物或构筑物为对象而进行的各项施工准备。其作用是为单项（单位）工程的顺利施工创造条件，既要为单项（单位）工程做好一切准备，又要为分部（分项）工程施工进行作业条件的准备。

3) 分部（分项）工程作业条件准备。它是以一个分部（分项）工程或冬、雨期施工工程为对象而进行的作业条件准备。

(2) 按工程所处的施工阶段不同进行分类

1) 开工前的施工准备工作。它是在拟建工程正式开工之前所进行的带有全局性和总体性的施工准备。其作用是为工程开工创造必要的施工条件。它既包括全场性的施工准备，又包括单项单位工程的施工条件准备。

2) 各阶段施工前的施工准备。它是在工程开工后，某一单位工程或某个分部（分项）工程或某个施工阶段、某个施工环节施工前所进行的带有局部性或经常性的施工准备。其作用是为每个施工阶段创造必要的施工条件，它一方面是开工前施工准备工作的深化和具体化；另一方面，要根据各施工阶段的实际需要和变化情况，随时作出补充修正与调整。如一般框架结构建筑的施工，可以分为地基基础工程、主体结构工程、屋面工程、装饰装修工程等施工阶段，每个施工阶段的施工内容不同，所需要的技术条件、物资条件、组织措施要求和现场平面布置等方面也就不同。因此，在每个施工阶段开始之前，都必须做好相应的施工准备。

因此，施工准备工作具有整体性与阶段性，且体现出连续性，必须有计划、有步骤、分期、分阶段地进行。

2. 施工准备工作的要求

(1) 施工准备工作应有组织、有计划、分阶段、有步骤地进行

1) 建立施工准备工作的组织机构，明确相应管理人员；

2) 编制施工准备工作计划表，保证施工准备工作按计划落实；

3) 将施工准备工作按工程的具体情况划分为开工前、地基基础工程、主体工程、屋

85

面与装饰装修工程等时间区段，分期、分阶段、有步骤地进行。

(2) 建立严格的施工准备工作责任制及相应的检查制度

由于施工准备工作项目多、范围广，因此必须建立严格的责任制和检查制度。

1) 建立施工准备工作责任制。

按施工准备工作计划将责任落实到有关部门和人员，明确各级技术负责人在施工准备工作中应负的责任，使各级技术负责人认真做好施工准备工作。

2) 建立施工准备工作检查制度。

施工准备工作不仅要有计划和分工，而且要有布置和检查，这样有利于发现问题和及时解决。

(3) 坚持按基本建设程序办事，严格执行开工报告制度

当施工准备工作情况达到开工条件要求时，应向监理工程师报送工程开工报审表及开工报告等有关资料，由总监理工程师签发，并报建设单位后，在规定的时间内开工。

(4) 施工准备工作必须贯穿施工全过程

施工准备工作不仅要在开工前集中进行，而且工程开工后，也要及时、全面地做好各施工阶段的准备工作，它贯穿在整个施工过程中。

(5) 施工准备要做好以下两个结合

1) 施工与设计结合。施工单位应在总体规划、平面布置、结构造型、构件选择、新材料和新技术的采用以及出图等方面与设计单位的一致，便于以后施工。

2) 室内与室外准备工作结合。室内准备工作指各种技术资料的编制和汇集；室外准备工作指施工现场和物资准备。室内准备对室外准备起指导作用，而室外准备是室内准备的具体落实。

(6) 施工准备工作要取得各协作相关单位的支持与配合

由于施工准备工作涉及面广，因此，除了施工单位自身努力做好外，还要与建设单位、监理单位、设计单位、供应单位、银行、行政主管部门、交通运输等单位协作，取得相关单位的大力支持，步调一致，分工负责，共同做好施工准备工作，以缩短开工施工准备工作的时间，争取早日开工，施工中密切配合，关系融洽，保证整个施工过程顺利进行。

4.2 调查研究与收集资料

对一项工程所涉及的自然条件和技术经济条件等施工资料进行调查研究与收集整理，是施工准备工作的一项重要内容，也是编制施工组织设计的重要依据。尤其是当施工单位进入一个新的城市或地区，对建设地区的技术经济条件、场地特征和社会情况等不太熟悉时，此项工作显得尤为重要。调查时，除向建设单位、勘察设计单位、当地气象台（站）及有关部门和单位收集资料及有关规定外，还应到实地勘测，并向当地居民了解。对调查、收集到的资料应注意整理归纳、分析研究，对其中特别重要的资料，必须复查其数据的真实性和可靠性。

4.2.1 原始资料的调查

1. 对建设单位与设计单位的调查（见表 4-1）

向建设单位与设计单位调查的项目　　　　　　　　　　　表 4-1

序号	调查单位	调查内容	调查目的
1	建设单位	1. 建设项目设计任务书、有关文件 2. 建设项目性质、规模、生产能力 3. 生产工艺流程、主要工艺设备名称及来源、供应时间、分批和全部到货时间 4. 建设期限、开工时间、交工先后顺序、竣工投产时间 5. 总概算投资、年度建设计划 6. 施工准备工作的内容、安排、工作进度表	1. 施工依据 2. 项目建设部署 3. 制定主要工程施工方案 4. 规划施工总进度 5. 安排年度施工计划 6. 规划施工总平面 7. 确定占地范围
2	设计单位	1. 建设项目总平面规划 2. 工程地质勘察资料 3. 水文地质勘察资料 4. 项目建筑规模，建筑、结构、装修概况，总建筑面积、占地面积 5. 单项（单位）工程个数 6. 设计进度安排 7. 生产工艺设计、特点 8. 地形测量图	1. 规划施工总平面图 2. 规划生产施工区、生活区 3. 安排大型临建工程 4. 概算施工总进度 5. 规划施工总进度 6. 计算平整场地土石方量 7. 确定地基、基础的施工方案

2. 自然条件调查分析

包括对建设地区的气象资料、工程地形地质、工程水文地质、周围民宅的坚固程度及其居民的健康状况等项调查。为制定施工方案、分项技术组织措施、冬雨期施工措施，进行施工平面规划布置等提供依据；为编制现场"七通一平"提供依据，如地上建筑物的拆除，高压电线的搬迁，地下构筑物的拆除和各种管线的搬迁等项工作；为了减少施工公害，如打桩工程在打桩前，对居民的危房和居民中的心脏病患者，采取保护性措施。自然条件调查的项目见表 4-2。

自然条件调查项目　　　　　　　　　　　　　　　表 4-2

序号	项目	调查内容	调查目的
1		气象资料	
(1)	气温	1. 全年各月平均温度 2. 最高温度、月份，最低温度、月份 3. 冬天、夏季室外计算温度 4. 霜、冻、冰雹期 5. 小于 $-3℃$、$0℃$、$5℃$ 的天数，起止日期	1. 防暑降温 2. 全年正常施工天数 3. 冬期施工措施 4. 估计混凝土、砂浆强度增长
(2)	降雨	1. 雨季起止时间 2. 全年降水量、一日最大降水量 3. 全年雷暴天数、时间 4. 全年各月平均降水量	1. 雨期施工措施 2. 现场排水、防洪 3. 防雷 4. 雨天天数估计
(3)	风	1. 主导风向及频率（风玫瑰图） 2. 大于或等于 8 级风的全年天数、时间	1. 布置临时设施 2. 高空作业及吊装措施

87

续表

序号	项目	调查内容	调查目的
2	工程地形、地质		
(1)	地形	1. 区域地形图 2. 工程位置地形图 3. 工程建设地区的城市规划 4. 控制桩、水准点的位置 5. 地形、地质的特征 6. 勘察文件、资料等	1. 选择施工用地 2. 合理布置施工总平面图 3. 计算现场平整土方量 4. 障碍物及其数量 5. 拆迁和清理施工现场
(2)	地质	1. 钻孔布置图 2. 地质剖面图（各层土的特征、厚度） 3. 土质稳定性：滑坡、流砂、冲沟 4. 地基土强度的结论，各项物理力学指标：天然含水量、孔隙比、渗透性、压缩性指标、塑性指数、地基承载力 5. 软弱土、膨胀土、湿陷性黄土分布情况；最大冻结深度 6. 防空洞、枯井、土坑、古墓、洞穴，地基土破坏情况 7. 地下沟渠管网、地下构筑物	1. 土方施工方法的选择 2. 地基处理方法 3. 基础、地下结构施工措施 4. 障碍物拆除计划 5. 基坑开挖方案设计
(3)	地震	抗震设防烈度的大小	对地基、结构影响，施工注意事项
3	工程水文地质		
(1)	地下水	1. 最高、最低水位及时间 2. 流向、流速、流量 3. 水质分析 4. 抽水试验、测定水量	1. 土方施工及基础施工方案的选择 2. 降低地下水位方法、措施 3. 判定侵蚀性质及施工注意事项 4. 使用、饮用地下水的可能性
(2)	地面水 （地面河流）	1. 邻近的江河、湖泊及距离 2. 洪水、平水、枯水时期，其水位、流量、流速、航道深度，通航可能性 3. 水质分析	1. 临时给水 2. 航运组织 3. 水工工程
(3)	周围环境及障碍物	1. 施工区域现有建筑物、构筑物、沟渠、水流、树木、土堆、高压输变电线路等 2. 邻近建筑坚固程度及其中人员工作、生活、健康状况	1. 及时拆迁、拆除 2. 保护工作 3. 合理布置施工平面 4. 合理安排施工进度

4.2.2 收集相关信息与资料

1. 技术经济条件调查分析

包括地方建筑材料、构件生产企业、地方资源交通运输，水、电及其他能源，主要设备、三大材料和特殊材料，以及它们的生产能力等项调查。调查的项目见表4-3～表4-9。

地方建筑材料及构件生产企业情况调查内容　　　　　　　表 4-3

序号	企业名称	产品名称	规格质量	单位	生产能力	供应能力	生产方式	出厂价格	运距	运输方式	单位运价	备注

注：1. 名称按照构件厂、木工厂、金属结构厂、商品混凝土厂、砂石厂、建筑设备厂、砖、瓦、石灰厂等填列。
　　2. 资料来源：当地计划、经济、建筑主管部门。
　　3. 调查明细：落实物资供应。

地方资源情况调查内容　　　　　　　表 4-4

序号	材料名称	产地	储存量	质量	开采（生产）量	开采费	出厂价	运距	运费	供应的可能性

注：1. 材料名称栏按照块石、碎石、砾石、砂、工业废料（包括冶金矿渣、炉渣、电站粉煤灰）填列。
　　2. 调查目的：落实地方物资准备工作。

地区交通运输条件调查内容　　　　　　　表 4-5

序号	项目	调查内容	调查目的
1	铁路	1. 邻近铁路专用线、车站至工地的距离及沿途运输条件 2. 站场卸货路线长度，起重能力和储存能力 3. 装载单个货物的最大尺寸、重量的限制 4. 支费、装卸费和装卸力量	1. 选择施工运输方式 2. 拟定施工运输计划
2	公路	1. 主要材料产地至工地的公路等级，路面构造宽度及完好情况，允许最大载重量 2. 途经桥涵等级，允许最大载重量 3. 当地专业机构及附近村镇能提供的装卸、运输能力，汽车、畜力、人力车的数量及运输效率，运费、装卸费 4. 当地有无汽车修配厂、修配能力和至工地距离、路况 5. 沿途架空电线高度	
3	航运	1. 货源、工地至邻近河流、码头渡口的距离，道路情况 2. 洪水、平水、枯水期和封冻期通航的最大船只及吨位，取得船只的可能性 3. 码头装卸能力，最大起重量，增设码头的可能性 4. 渡口的渡船能力，同时可载汽车、马车数，每日次数，能为施工提供的能力 5. 运费、渡口费、装卸费	

供水、供电、供气条件调查内容　　　　　　　　　　　　　　　　　　　表 4-6

序号	项目	调查内容
1	给水排水	1. 与当地现有水源连接的可能性，可供水量，接管地点、管径、管材、埋深、水压、水质、水费，至工地距离，地形地物情况 2. 临时供水源：利用江河、湖水的可能性，水源、水量、水质，取水方式，至工地距离，地形地物情况，临时水井位置、深度、出水量、水质 3. 利用永久排水设施的可能性，施工排水去向、距离、坡度，有无洪水影响，现有防洪设施、排洪能力
2	供电与通信	1. 电源位置，引入的可能，允许供电容量、电压、导线截面、距离、电费、接线地点，至工地距离，地形地物情况 2. 建设单位、施工单位自有发电、变电设备的规格型号、台数、能力、燃料、资料及可能性 3. 利用邻近电信设备的可能性，电话、电报局至工地距离，增设电话设备和计算机等自动化办公设备和线路的可能性
3	供气	1. 蒸汽来源，可供能力、数量，接管地点、管径、埋深，至工地距离，地形地物情况，供气价格，供气的正常性 2. 建设单位、施工单位自有锅炉型号、台数、能力、所需燃料、用水水质、投资费用 3. 当地单位、建设单位提供压缩空气、氧气的能力，至工地的距离

注：1. 资料来源：当地城建、供电局、水厂等单位及建设单位。
　　2. 调查目的：选择给水排水、供电、供气方式，作出经济比较。

三大材料、特殊材料及主要设备调查内容　　　　　　　　　　　　　　表 4-7

序号	项目	调查内容	调查目的
1	三大材料	1. 钢材订货的规格、牌号、强度等级、数量和到货时间 2. 木材料订货的规格、等级、数量和到货时间 3. 水泥订货的品种、强度等级、数量和到货时间	1. 确定临时设施和堆放场地 2. 确定木材加工计划 3. 确定水泥储存方式
2	特殊材料	1. 需要的品种、规格、数量 2. 试制、加工和供应情况 3. 进口材料和新材料	1. 制订供应计划 2. 确定储存方式
3	主要设备	1. 主要工艺设备的名称、规格、数量和供货单位 2. 分批和全部到货时间	1. 确定临时设施和堆放场地 2. 拟定防雨措施

建设地区社会劳动力和生活设施的调查内容　　　　　　　　　　　　表 4-8

序号	项目	调查内容	调查目的
1	社会劳动力	1. 少数民族地区的风俗习惯 2. 当地能提供的劳动力人数、技术水平、工资费用和来源 3. 上述人员的生活安排	1. 拟订劳动力计划 2. 安排临时设施

续表

序号	项目	调查内容	调查目的
2	房屋设施	1. 必须在工地居住的单身人数和户数 2. 能作为施工用的现有的房屋栋数、每栋面积、结构特征、总面积、位置、水、暖、电、卫、设备状况 3. 上述建筑物的适宜用途，用作宿舍、食堂、办公室的可能性	1. 确定现有房屋为施工服务的可能性 2. 安排临时设施
3	周围环境	1. 主副食品供应，日用品供应，文化教育，消防、治安等机构能为施工提供的支援能力 2. 邻近医疗单位至工地的距离，可能就医情况 3. 当地公共汽车、邮电服务情况 4. 周围是否存在有害气体、污染情况，有无地方病	安排职工生活基地，解除后顾之忧

参加施工的各单位能力调查内容　　　　　表4-9

序号	项目	调查内容
1	工人	1. 工人数量、分工种人数，能投入本工程施工的人数 2. 专业分工及一专多能的情况、工人队组形式 3. 定额完成情况、工人技术水平、技术等级构成
2	管理人员	1. 管理人员总数，所占比例 2. 其中技术人员数，专业情况，技术职称，其他人员数
3	施工机械	1. 机械名称、型号、能力、数量、新旧程度、完好率，能投入本工程施工的情况 2. 总装备程度（马力/全员） 3. 分配、新购情况
4	施工经验	1. 历年曾施工的主要工程项目、规模、结构、工期 2. 习惯施工方法，采用过的先进施工方法，构件加工、生产能力、质量 3. 工程质量合格情况，科研、革新成果
5	经济指标	1. 劳动生产率，年完成能力 2. 质量、安全、降低成本情况 3. 机械化程度 4. 工业化程度设备、机械的完好率、利用率

注：1. 来源：参加施工的各单位。
　　2. 目的：明确施工力量、技术素质，规划施工任务分配、安排。
　　2. 其他相关信息与资料的收集。

2. 其他相关信息与资料的收集

其他相关信息与资料包括：现行的国家技术规范、规程及有关技术规定，如《建筑工程施工质量验收统一标准》(GB 50300—2001)及相关专业工程施工质量验收规范,《建筑施工安全检查标准》(JGJ 59—2011)及有关专业工程安全技术规范规程,《建筑工程项目管理规范》(GB/T 50326—2006),《建筑工程文件归档整理规范》(GB/T 50328—2001),《建筑工程冬期施工规程》(JGJ 104—2011),各专业工程施工技术规范等;企业现有的施工定额、施工手册、类似工程的技术资料及平时施工实践活动中所积累的资料等。收集这些相关信息与资料,是进行施工准备工作和编制施工组织设计的依据之一,可为其提供有价值的参考。

4.3 施工技术资料准备

技术资料准备是施工准备的核心,对于保证建筑产品质量,实现安全生产,加快工程进度,提高经济效益都具有十分重要的意义。任何技术差错和隐患都可能引起人身安全和质量事故,造成生命财产和经济的巨大损失,因此,必须重视做好技术资料准备。其主要内容包括:熟悉和会审图纸,编制施工预算,编制中标后施工组织设计等。

4.3.1 熟悉和会审图纸

1. 熟悉和会审图纸的依据

(1) 建设单位和设计单位提供的初步设计或扩大初步设计(技术设计)、施工图设计、建筑总平面图、土方竖向设计和城市规划等资料文件。

(2) 调查、收集的原始资料和其他相关信息与资料。

(3) 施工验收规范、规程和有关技术规定。

2. 熟悉和会审图纸的目的

(1) 保证按图纸要求建造出符合设计的建筑产品。

(2) 在工程开工前,使参与施工的人员掌握施工图的内容、要求和特点。

(3) 通过对设计图纸进行学习和会审工作,发现施工图中的问题,以便及时解决施工图中存在的问题,确保工程施工顺利进行。

3. 熟悉图纸的组织及要求

(1) 熟悉图纸的组织

由施工单位该工程项目经理部组织有关工程技术人员认真熟悉图纸,了解设计意图与建设单位要求以及施工应达到的技术标准,明确工程流程。

(2) 熟悉图纸的要求

1) 先粗后细。就是先看平面图、立面图、剖面图,对整个工程的概貌有一个了解,对总的长、宽尺寸,轴线尺寸、标高、层高、总高有一个大体的印象。然后再看细部做法,核对总尺寸与细部尺寸、位置、标高是否相符,门窗表中的门窗型号、规格、形状、数量是否与结构相符等。

2) 先小后大。就是先看小样图,后看大样图。核对在平面图、立面图、剖面图中标注的细部做法,与大样图的做法是否相符;所采用的标准构件图集编号、类型、型号,与设计图纸有无矛盾,索引符号有无漏标之处,大样图是否齐全等。

3) 先建筑后结构。就是先看建筑图,后看结构图。把建筑图与结构图互相对照,核对其轴线尺寸、标高是否相符,有无矛盾,查对有无遗漏尺寸,有无构造不合理之处。

4) 先一般后特殊。就是先一般的部位和要求，后看特殊的部位和要求。特殊部位一般包括地基处理方法、变形缝的设置、防水处理要求和抗震、防火、保温、隔热、防尘、特殊装修等技术要求。

5) 图纸与说明结合。就是要在看图时对照设计总说明和图中的细部说明，核对图纸和说明有无矛盾，规定是否明确，要求是否可行，做法是否合理等。

6) 土建与安装结合。就是看土建图时，有针对性地看一些安装图，核对与土建有关的安装图有无矛盾，预埋件、预留洞、槽的位置、尺寸是否一致，了解安装对土建的要求，以便考虑在施工中的协作配合。

7) 图纸要求与实际情况结合。就是核对图纸有无不符合施工实际之处，建筑物相对位置、场地标高、地质情况等是否与设计图纸相符；对一些特殊的施工工艺，施工单位能否做到等。

4. 自审图纸的组织及要求

(1) 自审图纸的组织

由施工单位该项目经理部组织各工种人员对本工种的有关图纸进行审查，掌握和了解图纸中的细节；在此基础上，由总承包单位内部的土建与水、暖、电等专业，共同核对图纸，消除差错，协商施工配合事项；最后，总承包单位与外分包单位（如，桩基施工、装饰工程施工、设备安装施工等）在各自审查图纸基础上，共同核对图纸中的差错及协商有关施工配合问题。

(2) 自审图纸的要求

1) 审查拟建工程的地点，建筑总平面图同国家、城市或地区规划是否一致，以及建筑物或构筑物的设计功能和使用要求是否符合环卫、防火及美化城市方面的要求。

2) 审查设计图纸是否完整齐全以及设计图纸和资料是否符合国家有关技术规范要求。

3) 审查建筑、结构、设备安装图纸是否相符，有无"错、漏、碰、缺"，内部结构和工艺设备有无矛盾。

4) 审查地基处理与基础设计同拟建工程地点的工程地质和水文地质等条件是否一致，以及建筑物或构筑物与原地下构筑物及管线之间有无矛盾。深基础的防水方案是否可靠，材料设备能否解决。

5) 明确拟建工程的结构形式和特点，复核主要承重结构的承载力、刚度和稳定性是否满足要求，审查设计图纸中的形体复杂、施工难度大和技术要求高的分部分项工程或新结构、新材料、新工艺，在施工技术和管理水平上能否满足质量和工期要求，选用的材料、构配件、设备等能否解决。

6) 明确建设期限，分期分批投产或交付使用的顺序和时间，以及工程所用的主要材料和设备的数量、规格、来源和供货日期。

7) 明确建设单位、设计单位和施工单位等之间的协作、配合关系，以及建设单位可以提供的施工条件。

8) 审查设计是否考虑了施工的需要，各种结构的承载力、刚度和稳定性是否满足设置内爬、附着、固定式塔式起重机等使用的要求。

5. 图纸会审的组织与要求

(1) 图纸会审的组织

一般工程由建设单位组织并主持会议，设计单位交底，施工单位、监理单位参加。重点工程或规模较大及结构、装修较复杂的工程，如有必要可邀请各主管部门、消防、防疫与协作单位参加。

会审的程序是：设计单位做设计交底，施工单位对图纸提出问题，有关单位发表意见，与会者讨论、研究、协商，逐条解决问题达成共识，组织会审的单位汇总成文，各单位会签，形成图纸会审纪要，会审纪要作为与施工图纸具有同等法律效力的技术文件使用。

(2) 图纸会审的要求

1) 设计是否符合国家有关方针、政策和规定。

2) 设计规模、内容是否符合国家有关技术规范的要求，尤其是强制性标准的要求，是否符合环境保护和消防安全的要求。

3) 建筑设计是否符合国家有关的技术规范要求，尤其是强制性标准的要求，是否符合环境保护和消防安全的要求。

4) 建筑平面布置是否符合核准的按建筑红线划定的详图和现场实际情况；是否提供符合要求的永久水准点或临时水准点位置。

5) 图纸及说明是否齐全、清楚、明确。

6) 结构、建筑、设备等图纸本身及相互之间是否有错误和矛盾，图纸与说明之间有无矛盾。

7) 有无特殊材料（包括新材料）要求，其品种、规格、数量能否满足需要。

8) 设计是否符合施工技术装备条件，如需采取特殊技术措施时，技术上有无困难，能否保证安全施工。

9) 地基处理及基础设计有无问题，建筑物与地下构筑物、管线之间有无矛盾。

10) 建（构）筑物及设备的各部位尺寸、轴线位置、标高、预留孔洞及预埋件、大样图及做法、说明有无错误和矛盾。

4.3.2 编制施工图预算和施工预算

1. 编制施工图预算

施工图预算是施工单位先按照施工图计算工程量，然后套用有关的单价及其取费标准编制的建筑安装工程造价的经济文件。它是施工单位签订承包合同、工程结算和进行成本核算的依据。

2. 编制施工预算

施工预算是施工单位根据施工合同价款、施工图纸、施工组织设计或施工方案、施工定额等文件进行编制的企业内部经济文件。它直接受施工合同中合同价款的控制，是施工前的一项重要准备工作。它是施工企业内部控制各项成本支出、考核用工、签发施工任务书、限额领料，基层进行经济核算、进行经济活动分析的依据。

4.3.3 编制中标后施工组织设计

中标后施工组织设计是施工单位在施工准备阶段编制的指导拟建工程从施工准备到竣工验收乃至保修回访的技术经济、组织的综合性文件，也是编制施工预算、实行项目管理的依据，是施工准备工作的主要文件。

施工单位必须在约定的时间内完成中标后施工组织设计的编制与自审工作，并填写施工组织设计报审表,报送项目监理机构。总监理工程师应在约定的时间内,组织专业监理工程师审查,提出审查意见后,由总监理工程师审定批准,需要施工单位修改时,由总监理工程师签发书面意见,退回施工单位修改后再报审,总监理工程师应重新审定,已审定的施工组织设计由项目监理机构报送建设单位。施工单位应按审定的施工组织设计文件组织施工,如需对其内容做较大变更,应在实施前将变更书面内容报送项目监理机构重新审定。对规模大、结构复杂或属新结构、特种结构的工程,专业监理工程师提出审查意见后,由总监理工程师签发审查意见,必要时与建设单位协商,组织有关专家会审。

4.3.4 技术、安全交底

技术、安全交底的时间在拟建工程开工前或各施工阶段开工前进行,以保证工程按施工组织设计、安全操作规程和施工规范等要求进行施工。

技术、安全交底的内容,包括:

(1) 工程施工进度计划、施工组织设计、质量标准、安全措施、降低成本措施等。
(2) 采用新结构、新材料、新工艺、新技术的保证措施。
(3) 有关图纸设计变更和技术核定等事项。

4.3.5 "四新"试验、试制的技术标准

按照施工图纸和施工组织设计的要求,认真进行新结构、新材料、新工艺、新技术等项目试验和试制。

4.4 施工现场准备

施工现场的准备工作,主要是为了给施工项目创造有利的施工条件,是保证工程按计划开工和顺利进行的重要环节。

4.4.1 现场准备工作的范围及各方职责

施工现场准备工作由两个方面组成,一是建设单位应完成的施工现场准备工作;二是施工单位应完成的施工现场准备工作。建设单位与施工单位的施工现场准备工作均就绪时,施工现场就具备了施工条件。

1. 建设单位施工现场准备工作

建设单位要按合同条款中约定的内容和时间完成以下工作:

(1) 办理土地征用、拆迁补偿、平整施工场地等工作,使施工场地具备施工条件,在开工后继续负责解决以上事项遗留问题。
(2) 将施工所需水、电、电信线路从施工场地外部接至专用条款约定地点,保证施工期间的需要。
(3) 开通施工场地与城乡公共道路的通道,以及专用条款约定的施工场地内的主要道路,满足施工运输的需要,保证施工期间的畅通。
(4) 向承包人提供施工场地的工程地质和地下管线资料,对资料的真实准确性负责。
(5) 办理施工许可证及其他施工所需证件、批件和临时用地、停水、停电、中断道路交通、爆破作业等的申请批准手续(证明承包人自身资质的证件除外)。
(6) 确定水准点与坐标控制点,以书面形式交给承包人,进行现场交验。
(7) 协调处理施工场地周围的地下管线和邻近建筑物、构筑物(包括文物保护建筑)、

古树名木的保护工作，承担有关费用。

上述施工现场准备工作，发、承包双方也可在合同专用条款内及交由施工单位完成，其费用由建设单位承担。

2. 施工单位现场准备工作

施工单位现场准备工作即通常所说的室外准备，施工单位应按合同条款中约定的内容和施工组织设计的要求完成以下工作：

(1) 根据工程需要，提供和维修非夜间施工使用的照明、围栏设施，并负责安全保卫。

(2) 按专用条款约定的数量和要求，向发包人提供施工场地办公和生活的房屋及设施，发包人承担由此发生的费用。

(3) 遵守政府有关主管部门对施工场地交通、施工噪声以及环境保护和安全生产等的管理规定，按规定办理有关手续，并以书面形式通知发包人，发包人承担由此发生的费用，因承包人责任造成的罚款除外。

(4) 按专用条款约定做好施工场地地下管线和邻近建筑物、构筑物（包括文物保护建筑）、古树名木的保护工作。

(5) 保证施工场地清洁符合环境卫生管理的有关规定。

(6) 建立测量控制网。

(7) 工程用地范围内的"七通一平"，其中平整场地工作应由其他单位承担，但建设单位也可要求施工单位完成，费用仍由建设单位承担。

(8) 搭设现场生产和生活用的临时设施。

4.4.2 拆除障碍物

施工现场内的一切地上、地下障碍物，都应在开工前拆除。这项工作一般是由建设单位来完成，但也有委托施工单位来完成的。如果由施工单位来完成这项工作，一定要事先摸清现场情况，尤其是在城市的老区中，由于原有建筑物和构筑物情况复杂，而且往往资料不全，在拆除前需要采取相应的措施，防止发生事故。

(1) 对于房屋的拆除，一般只要把水源、电源切断后即可进行拆除。若房屋较大、较坚固，若采用爆破的方法时，必须经有关部门批准，需要由专业的爆破作业人员来承担。

(2) 架空电线（电力、通信）、地下电缆（包括电力、通信）的拆除，要与电力部门或通信部门联系并办理有关手续后方可进行。

(3) 自来水、污水、燃气、热力等管线的拆除，都应与有关部门取得联系，办好手续后由专业公司来完成。

(4) 场地内若有树木，需报园林部门批准后方可砍伐。

(5) 拆除障碍物留下的渣土等杂物都应清除出场外。运输时，应遵守交通、环保部门的有关规定，运土的车辆要按指定的路线和时间行驶，并采取封闭运输车或在渣土上直接洒水等措施，以免渣土飞扬而污染环境。

4.4.3 "七通一平"

"七通一平"包括在工程用地范围内，接通施工用水、用电、道路、电信及燃气，施工现场排水及排污畅通和平整场地的工作。

(1) 平整场地。清除障碍物后，即可进行场地平整工作，按照建筑施工总平面、勘测地形图和场地平整施工方案等技术文件的要求，通过测量，计算出填挖土方工程量，设计土方调配方案，确定平整场地的施工方案，组织人力和机械进行平整场地的工作。应尽量做到挖填方量趋于平衡。总运输量最小，便于机械施工和充分利用建筑物挖方填土。并应防止利用地表土、软润土层、草皮、建筑垃圾等做填方。

(2) 路通。施工现场的道路是组织物资进场的动脉，拟建工程开工前，必须按照施工总平面图的要求，修建必要的临时性道路，为节约临时工程费用，缩短施工准备工作时间，尽量利用原有道路设施或拟建永久性道路解决现场道路问题，形成畅通的运输网络，使现场施工用道路的布置确保运输和消防用车等的行驶畅通。临时道路的等级，可根据交通流量和所用车确定。

(3) 给水通。施工用水包括生产、生活与消防用水，应按施工总平面图的规划进行安排，施工给水尽可能与永久性的给水系统结合起来。临时管线的铺设，既要满足施工用水的需用量，又要施工方便，并且尽量缩短管线的长度，以降低工程的成本。

(4) 排水通。施工现场的排水也十分重要，特别在雨期，如场地排水不畅，会影响到施工和运输的顺利进行，高层建筑的基坑深、面积大，施工往往要经过雨期，应做好基坑周围的挡土支护工作，防止坑外雨水向坑内汇流，并做好基坑底部雨水的排放工作。

(5) 排污通。施工现场的污水排放，直接影响到城市的环境卫生，由于环境保护的要求，有些污水不能直接排放，而需进行处理以后方可排放。因此，现场的排污也是一项重要的工作。

(6) 电及电信通。电是施工现场的主要动力来源，施工现场中电包括施工生产用电和生活用电。由于建筑工程施工供电面积大、起动电流大、负荷变化多和手持式用电机具多，施工现场临时用电要考虑安全和节能措施。开工前，要按照施工组织设计的要求，接通电力和电信设施，电源首先应考虑从建设单位给定的电源上获得，如其供电台电力不能满足施工用电需要，则应考虑在现场建立自备发电系统，确保施工现场动力设备和通信设备的正常运行。

(7) 蒸汽及燃气通。施工中如需要通蒸汽、燃气，应按施工组织设计的要求进行安排，以保证施工的顺利进行。

4.4.4 搭设临时设施

现场生活和生产用的临时设施，应按照施工平面布置图的要求进行，临时建筑平面图及主要房屋结构图都应报请城市规划、市政、消防、交通、环境保护等有关部门审查批准。

为了施工方便和行人的安全及文明施工，应用围墙将施工用地围护起来，围墙的形式、材料和高度应符合市容管理的有关规定和要求，并在主要出入口设置标牌挂图，标明工程项目名称、施工单位、项目负责人等。

所有生产及生活用临时设施，包括各种仓库、搅拌站、加工厂作业棚、宿舍、办公用房、食堂、文化生活设施等，均应按批准的施工组织设计的要求组织搭设，并尽量利用施工现场或附近原有设施（包括要拆迁但可暂时利用的建筑物）和在建工程本身供施工使用的部分用房，尽可能减少临时设施的数量，以便节约用地、节省投资。

4.5 施工生产要素准备

4.5.1 劳动力组织准备

劳动力组织准备包括施工管理层和作业层两大部分,这些人员的合理选择和配备,将直接影响到工程质量与安全、施工进度及工程成本,因此,劳动组织准备是开工前施工准备的一项重要内容。

1. 项目组织机构建设

对于实行项目管理的工程,建立项目组织机构就是建立项目经理部。高效率的项目组织机构的建立,是为建设单位服务的,是为项目管理目标服务的。施工企业建立项目经理部,要针对工程特点和建设单位要求,根据有关规定进行精心组织安排。

(1) 项目组织机构的设置应遵循的原则

1) 用户满意原则。施工单位要根据单位要求组建项目经理部,让建设单位满意放心。

2) 全能配套原则。项目经理要会安全管理、善经营、懂技术,能担任公关,且要具有较强的适应能力与应变能力和开拓进取精神。项目经理部成员要有施工经验、创造精神、工作效率高。项目经理部既合理分工又密切协作,人员配置应满足施工项目管理的需要,如大型项目,管理人员必须具有一级建造师(项目经理)资质,管理人员中的高级职称人员不应低于10%。

3) 精干高效原则。施工管理机构要尽量压缩管理层次,因事设职,因职选人,做到管理人员精干、一职多能、人尽其才、恪尽职守,以适应市场变化要求。避免松散、重叠、人浮于事。

4) 管理跨度原则。管理跨度过大,鞭长莫及且心有余而力不足;管理跨度过小,人员增多,造成资源浪费。因此,施工管理机构各层面设置是否合理,要看确定的管理跨度是否科学,也就是应使每一个管理层面都保持适当工作幅度,以使其各层面管理人员在职责范围内实施有效的控制。

5) 系统化管理原则。建设项目是由许多子系统组成的有机整体,系统内部存在大量的"结合"部,各层次的管理职能的设计要形成一个相互制约、相互联系的完整体系。

(2) 项目经理部的设立步骤

1) 根据企业批准的"项目管理规划大纲",确定项目经理部的管理任务和组织形式。

2) 确定项目经理部的层次,设立职能部门与工作岗位。

3) 确定人员、职责、权限。

4) 由项目经理根据"项目管理目标责任书"进行目标分解。

5) 组织有关人员制定规章制度和目标责任考核、奖惩制度。

(3) 项目经理部的组织形式

应根据施工项目的规模、结构复杂程度、专业特点、人员素质和地域范围确定,并应符合下列规定:

1) 大中型项目宜按矩阵式项目管理组织设置项目经理部。

2) 远离企业管理层的大中型项目宜按事业部式项目管理组织设置项目经理部。

3) 小型项目宜按直线职能式项目管理组织设置项目经理部。

2. 组织精干的施工队伍

(1) 组织施工队伍。要认真考虑专业工程的合理配合,技工和普工的比例要满足合理的劳动组织要求。按组织施工方式的要求,确定建立混合施工队组或是专业施工队组及其数量。组建施工队组,要坚持合理、精干的原则,同时制订出该工程的劳动力需用量计划。

(2) 集结施工力量,组织劳动力进场。项目经理部确定之后,按照开工日期和劳动力需要量计划组织劳动力进场。

3. 优化劳动组合与技术培训

针对工程施工要求,强化各工种的技术培训,优化劳动组合,主要抓好以下几个方面的工作:

(1) 针对工程施工难点,组织工程技术人员和工人队组中的骨干力量,进行类似工程的考察学习。

(2) 做好专业工程技术培训,提高对新工艺、新材料使用操作的适应能力。

(3) 强化质量意识,抓好质量教育,增强质量观念。

(4) 工人队组实行优化组合、双向选择、动态管理,最大限度地调动职工的积极性。

(5) 认真全面地进行施工组织设计的落实和技术交底工作。

(6) 切实抓好施工安全、安全防火和文明施工等方面的教育。

4. 建立健全各项管理制度

工地的各项管理制度是否建立、健全,直接影响其各项施工活动的顺利进行。有章不循,其后果是严重的,而无章可循更是危险的。为此必须建立、健全工地的各项管理制度。通常,其内容包括:

(1) 项目管理人员岗位责任制度。

(2) 项目技术管理制度。

(3) 项目质量管理制度。

(4) 项目安全管理制度。

(5) 项目计划、统计与进度管理制度。

(6) 项目成本核算制度。

(7) 项目材料、机械设备管理制度。

(8) 项目现场管理制度。

(9) 项目分配与奖励制度。

(10) 项目例会及施工日志制度。

(11) 项目分包及劳务管理制度。

(12) 项目组织协调制度。

(13) 项目信息管理制度。

项目经理部自行制定的规章制度与企业现行的有关规定不一致时,应报送企业或其授权的职能部门批准。

5. 做好分包安排

对于本企业难以承担的一些专业项目,如深基础开挖和支护、大型结构安装和设备安装等项目,应及早做好分包或劳务安排,与有关单位协调,签订分包合同或劳务合同,以保证按计划施工。

6. 组织好科研攻关

凡工程中采用带有试验性质的一些新材料、新产品、新工艺项目，应在建设单位、主管部门的参加下，组织有关设计、科研、教学单位共同进行科研工作。要明确相互承担的试验项目、工作步骤、时间要求、经费来源和职责分工。所有科研项目，必须经过技术鉴定后，再用于施工。

4.5.2 物资准备

物资准备的具体内容有材料准备、构（配）件及设备加工订货准备、施工机具准备、生产工艺设备准备、运输设备和施工物质价格管理等。

1. 材料准备

(1) 根据施工方案中的施工进度计划和施工预算中的工料分析，编制工程所需材料用量计划，作为备料、供料和确定仓库、堆场面积及组织运输的依据。

(2) 根据材料需用量计划，做好材料的申请、订货和采购工作，使计划得到落实。

(3) 组织材料按计划进场，按施工平面图和相应位置堆放，并做好合理储备、保管工作。

(4) 严格验收、检查、核对材料的数量和规格，做好材料试验和检验工作，保证施工质量。

2. 构配件及设备加工订货准备

(1) 根据施工进度计划及施工预算所提供的各种构配件及设备数量，做好加工翻样工作，并编制相应的需用量计划。

(2) 根据需用量计划，向有关厂家提出加工订货计划要求，并签订订货合同。

(3) 组织构配件和设备按计划进场，按施工平面布置图做好存放及保管工作。

3. 施工机具准备

(1) 各种土方机械，混凝土、砂浆搅拌设备，垂直及水平运输机械，钢筋加工设备、木工机械，焊接设备，打夯机、排水设备等应根据施工方案，对施工机具配备的要求、数量以及施工进度安排，编制施工机具需用量计划。

(2) 拟由本企业内部负责解决的施工机具，应根据需用量计划组织落实，确保按期供应。

(3) 对施工企业缺少且需要的施工机具，应与有关方面签订订购和租赁合同，以保证施工需要。

(4) 对于大型施工机械（如塔式起重机、挖土机、桩基设备等）的需求量和时间，应向有关方面（如专业分包单位）联系，提出要求，在落实后签订有关分包合同，并为大型机械按期进场做好现场有关准备工作。

(5) 安装、调试施工机具，按照施工机具需要量计划，组织施工机具进场，根据施工总平面图将施工机具安置在规定的地方或仓库。对于施工机具要进行就位、搭棚、接电源、保养、调试工作。对所有施工机具都必须在使用前进行检查和试运转。

4. 生产工艺设备准备

订购生产用的生产工艺设备，要注意交货时间与土建进度密切配合，因为，某些庞大设备的安装往往要与土建施工穿插进行，如果土建全部完成或封顶后，安装会有困难，故各种设备的交货时间要与安装时间密切配合,它将直接影响建设工期。准备时按照施工项目工艺流程及工艺设备的布置图,提出工艺设备的名称、型号、生产能力和需要量,确定分期分批进场时间和保管方式,编制工艺设备需要量计划,为组织运输、确定堆场面积提供依据。

5. 运输准备

(1) 根据上述四项需用量计划,编制运输需用量计划,并组织落实运输工具。

(2) 按照上述四项需用量计划明确的进场日期,联系和调配所需运输工具,确保材料、构(配)件和机具设备按期进场。

6. 强化施工物资价格管理

(1) 建立市场信息制度,定期收集、披露市场物资价格信息,提高透明度。

(2) 在市场价格信息指导下,"货比三家",选优进货;对大宗物资的采购要采取招标采购方式,在保证物资质量和工程质量的前提下,降低成本、提高效益。

4.6 冬雨期施工准备

建筑工程施工绝大部分工作是露天作业,受气候影响比较大,因此,在冬期、雨期施工中,必须从具体条件出发,正确选择施工方法,做好季节性施工准备工作,以保证按期、保质、安全地完成施工任务,取得较好的技术经济效果。

4.6.1 冬期施工准备

1. 组织措施

(1) 合理安排施工进度计划,冬期施工条件差,技术要求高,费用增加,因此,要合理安排施工进度计划,尽量安排保证施工质量且费用增加不多的项目在冬期施工。

(2) 进行冬期施工的工程项目,在入冬前应组织编制冬期施工方案,结合工程实际及施工经验等进行,编制可依据《建筑工程冬期施工规程》(JGJ 104—2011)的规定。编制的原则是:1)确保工程质量,经济合理,使增加的费用为最少。2)所需的热源和材料有可靠的来源,并尽量减少能源消耗。3)确保能缩短工期。冬期施工方案应包括:施工程序,施工方法,现场布置,设备、材料、能源、工具的供应计划,安全防火措施,测温制度和质量检查制度等。方案确定后,要组织有关人员学习,并向队组进行交底。

(3) 组织人员培训。进入冬期施工前,对掺外加剂人员、测温保温人员、锅炉司炉工和火炉管理人员,应专门组织技术业务培训,学习本工作范围内的有关知识,明确职责,经考试合格后,方准上岗工作。

(4) 与当地气象台(站)保持联系,及时接收天气预报,防止寒流突然袭击。

(5) 安排专人测量施工期间的室外气温、暖棚内气温、砂浆温度、混凝土的温度并做好记录。

2. 图纸准备

凡进行冬期施工的工程项目,必须复核施工图纸,查对其是否能适应冬期施工要求。如墙体的高厚比、横墙间距等有关的结构稳定性,现浇改为预制以及工程结构能否在寒冷状态下安全过冬等问题,应通过图纸会审解决。

3. 现场准备

(1) 根据实物工程量提前组织有关机具、外加剂和保温材料、测温材料进场。

(2) 搭建加热用的锅炉房、搅拌站，敷设管道，对锅炉进行点火试压，对各种加热的材料、设备要检查其安全可靠性。

(3) 计算变压器容量，接通电源。

(4) 对工地的临时给水排水管道及石灰膏等材料做好保温防冻工作，防止道路积水成冰，及时清扫积雪，保证运输顺利。

(5) 做好冬期施工混凝土、砂浆及掺外加剂的试配试验工作，提出施工配合比。

(6) 做好室内施工项目的保温，如先完成供热系统，安装好门窗玻璃等，以保证室内其他项目能顺利施工。

4. 安全与防火

(1) 冬期施工时，要采取防滑措施。

(2) 大雪后必须将架子上的积雪清扫干净，并检查马道，如有松动下沉现象，务必及时处理。

(3) 施工时如接触汽源、热水，要防止烫伤；使用氯化钙、漂白粉时，要防止腐蚀皮肤。

(4) 亚硝酸钠有剧毒，要严加保管，防止突发性误食中毒。

(5) 对现场火源要加强管理，使用天然气、煤气时，要防止爆炸；使用焦炭炉、煤炉或天然气、煤气时，应注意通风换气，防止煤气中毒。

(6) 电源开关、控制箱等设施要加锁，并设专人负责管理，防止漏电、触电。

4.6.2 雨期施工准备

(1) 合理安排雨期施工。为避免雨期窝工造成的损失，一般情况下，在雨期到来之前，应多安排完成基础、地下工程、土方工程、室外及屋面工程等不宜在雨期施工的项目；多留些室内工作在雨期施工。

(2) 加强施工管理，做好雨期施工的安全教育。要认真编制雨期施工技术措施（如：雨期前后的沉降观测措施，保证防水层雨期施工质量的措施，保证混凝土配合比、浇筑质量的措施，钢筋除锈的措施等），认真组织贯彻实施。加强对职工的安全教育，防止各种事故发生。

(3) 防洪排涝，做好现场排水工作。工程地点若在河流附近，上游有大面积山地丘陵，应有防洪排涝准备。施工现场雨期来临前，应做好排水沟渠的开挖，准备好抽水设备，防止场地积水和地沟、基槽、地下室等浸水，对工程施工造成损失。

(4) 做好道路维护，保证运输畅通。雨期前检查道路边坡排水，适当提高路面，防止路面凹陷，保证运输畅通。

(5) 做好物资的储存。雨期到来前，应多储存物资，减少雨期运输量，以节约费用。要准备必要的防雨器材，库房四周要有排水沟渠，防止物资淋雨浸水而变质，仓库要做好地面防潮和屋面防漏雨工作。

(6) 做好机具设备防护。雨期施工，对现场的各种设施、机具要加强检查，特别是脚手架、垂直运输设施等，要采取防倒塌、防雷击、防漏电等一系列技术措施，现场机具设备（焊机、闸箱等）要有防雨措施。

【本 章 小 结】

本章主要内容为施工准备工作在建设实施中的意义及其重要性，分别介绍了在进行施工准备工作前应调查、收集的资料，在施工技术准备中应做的工作，在施工现场准备中的工作内容以及相应的资源准备，最后介绍了季节性准备工作的内容及要求。

【思 考 题】

1. 简述施工准备工作的分类和主要内容。
2. 原始资料的调查包括哪些方面？
3. 技术准备工作包括哪些内容？
4. 审查施工图分几个阶段？有什么要求？
5. 施工现场准备工作包括哪些内容？
6. 资源准备工作包括哪些内容？
7. 如何做好冬季、雨季、夏季的准备工作？

【工 程 实 例】

一、工程概况

1. 工程说明

工程名称：兴杰·现代城

工程地点：昆明市春城路与吴井路交叉路口

建设单位：云南兴杰房地产开发有限公司

监理单位：云南新迪建设咨询监理有限公司

勘察单位：云南岩土工程勘察设计院

设计单位：云南天怡建筑设计有限公司

2. 设计概况

本工程总用地面积 7413.33m²，总建筑面积 43623.71m²，其中地下室建筑面积为 8462.00m²，裙房商业建筑面积为 5364.23m²，银行建筑面积为 2596.96m²，住宅建筑面积为 27200.52m²。建筑层数共 31 层，地上为 25～29 层，地下 2 层。建筑总高度 84.40m。其中：地下二层平时为停车场，战时为人防；地下一层为超市商场；一至三层为银行及商铺，四至二十九层为住宅。室内地坪标高：±0.000m＝1893.60m，室内外高差 300mm。本工程为一类高层建筑，建筑物耐火等级为一级，框剪结构，抗震设防烈度为八度，屋面防水等级为Ⅱ级。

(1) 砌体工程

本工程墙体为框架结构填充墙，除特殊标明的外墙为机制 240mm 厚空心砖外，其余外墙及内墙为 190mm 厚空心砖，局部卫生间及夹层墙为轻质隔墙。所有用水房间除门洞外均做 150mm 高混凝土翻边。砌块除各项物理指标应达到要求外，承重及隔断砌块要求表面平整无裂痕，转角互相垂直，棱角无缺损，用料粗细均匀。

墙体砌筑前应仔细熟悉建筑、结构和设计说明，砂浆强度等级严格按照结构要求，还应与设备、电气等各工种密切配合正确并无遗漏地按规定留出洞口、管道沟槽和应设置的各种埋件，施工前应仔细核对设备和电气的留洞尺寸，如有影响承重能力及与各专业矛盾的情况应与设计人员研究处理。

砌筑基础和墙体之前，应核对放线尺寸及各部位所用材料种类，而后沿长度方向按门窗等洞口位置进行一次排砌，使墙体有合理的组砌，砌体应上下错缝。

(2) 地下室工程

本工程地下室埋深 7.80m，为防空地下室，是根据云南省人民防空办公室所提设计要求及人防地下室设计规范进行设计。

本工程防空地下室按 6 级人防修建，平时作为停车场。地下室防水等级为Ⅰ级，采用结构防水混凝土自防水与迎水面附加柔性防水层相结合的做法，墙体及底板设 SBS 改性沥青防水卷材为附加防水层，外设 120mm 厚砖护墙。地下室室外部分的顶板防水卷材采用 SBS 改性沥青防水卷材，隔离层为刷沥青玛琋脂一道。所有风井内壁抹光，密不透风，随砌随抹光。

(3) 地面、楼面工程

地面、楼面装修，地下二层车库及车库通道采用水泥豆石；水泵房、设备用房、配电室、地下一层超市仓库、住宅客厅、住宅卧室、住宅餐厅及住宅厨房水泥石屑；地下一层超市、消防中心、一层商场、二层商场及三层银行用房为地砖；公用卫生间及住宅卫生间为防滑地砖；一层银行营业厅、楼电梯间及住宅公用走道为花岗石，地砖、花岗石等块材面层经挑选后，颜色、规格应一致，有缺陷的一律剔除；粘结用砂浆应符合设计配比，颜色须经过设计人认可。找坡与设计应一致并使坡度平滑均匀。

(4) 墙面工程

墙面工程有关抹灰、油漆、刷浆、裱糊等项的一般要求详见现行国家装饰工程施工及验收规范标准。

内墙面做法为水泥砂浆刷乳胶漆面刮双飞粉。

室内墙角、窗台、窗口，竖边等阴阳角部分均粉为小圆角。

外墙面涂料为乳白色和砖红色，面层为高耐候性外墙涂料，色彩看样后先做一平方米样板再定案。

内外墙面，饰面施工前应将门窗框和各种管道以及支架、栏杆扶手等安装好，检查所需要的木砖、螺栓等预埋件确定没有遗漏，并将墙上的孔洞堵塞严密。

(5) 屋面工程

1) 上人屋面做法（详西南 03J201-1-2206/18）：

结构层→1∶3 水泥砂浆找平层（厚度：预制板 20mm 厚，现浇板 15mm 厚）→隔汽层→沥青膨胀珍珠岩或沥青膨胀蛭石现浇或预制块，预制块用乳化沥青铺贴→20mm 厚沥青砂浆找平层→刷底胶剂一道→改性沥青卷材一道，胶粘剂二道→高分子卷材一道，同材性胶粘剂二道→20mm 厚 1∶3 水泥砂浆保护层→10mm 厚 1∶2.5 水泥砂浆结合层→35mm 厚 590mm 厚×590mm 厚钢筋混凝土预制板或铺地面砖。

2) 非上人屋面做法（详西南 03J201-1-2204/17）：

结构层→1∶3 水泥砂浆找平层（厚度：预制板 20mm 厚，现浇板 15mm 厚）→隔汽层→沥青膨胀珍珠岩或沥青膨胀蛭石现浇或预制块，预制块用乳化沥青铺贴→20mm 厚沥青砂浆找平层→刷底胶剂一道→改性沥青卷材一道，胶粘剂二道→高分子卷材一道，同材性胶粘剂二道→20mm 厚 1∶2.5 水泥砂浆保护层，分格缝间距≤1.0m。

(6) 油漆工程

所有外露铁件均用红丹打底，刷防锈漆两道，面层再刷其他油漆，木门油漆采用三宝清漆（详西南 J312-3284/42），楼梯栏杆及阳台栏杆刷古铜色油漆二度。

所有的油漆工序均要求油漆表面颜色一致，无刷纹、斑迹、返锈、漏刷、透底、流坠等现象。对玻璃、五金零件、墙面、楼地面等不得有污染。

(7) 楼梯及电梯工程

楼梯踏步防滑条采用 3mm 厚铜条。所有栏杆铁件均用电焊，电焊后锉平磨光，外露铁件均需先除锈后刷红丹油性防锈漆两遍。

本工程共六台 800kg 电梯，其中有两台为消防电梯，一直通到地下二层，其余四台为一般载客电梯，起点站为一层平面。速度为 2.0m/s，超市为两台 800mm 宽 35°自动扶梯，速度为 0.5m/s。

(8) 卫生间及厨房工程

1) 厨房卫生间所有设施器具均购成品。厨房排烟气道选用详滇 05J01 图集。

2) 楼地面防水做法详西南 04J517-34-2、3：

地面：结构层→60mm 厚 C10 混凝土垫层→20mm 厚 1：2.5 水泥砂浆找平层→防水层→1：6 水泥炉渣垫层找 1‰坡，坡向地漏→20mm 厚 1：2.5 水泥砂浆找平层→1：1 水泥砂浆结合层→地面贴面。

楼面：结构层→20mm 厚 1：2.5 水泥砂浆找平层→防水层→1：6 水泥炉渣垫层找 1‰坡，坡向地漏→20mm 厚 1：2.5 水泥砂浆找平层→1：1 水泥砂浆结合层→地面贴面。

管井采用 120mm 厚黏土砖，M5 水泥砂浆封砌。

(9) 门窗工程

1) 地下室及裙房：铝合金玻璃幕墙窗、铝合金窗、乙级防火窗及铝合金百叶窗；防火密闭门、密闭门、甲级防火门、乙级防火门、铝合金平开门、塑钢百叶门、甲级防火卷帘门、乙级防火卷帘门。

2) 四层以上住宅：塑钢白玻璃窗；成品防盗门、成品实木门、带百页成品实木门、塑钢落地推拉门、乙级防火门、塑钢门连窗、塑钢门。

铝合金玻璃幕墙为隐框玻璃幕墙，所有门窗用料和其他配件必须选用优质材料，各项指标应严格按照有关的规范规定制作及安装，不得偷工减料，外门窗的节点构造做法应能满足昆明地区气候的要求特别考虑风荷载温度压力以及地震作用对其的影响。

(10) 其他

本工程地属温和地区，布局中北向住宅窗墙比不大于 0.45，东西向不大于 0.3，南向不大于 0.5。

所有未尽事宜均详有关专业图纸及施工验收规范及规程，施工和安装必须严格遵守国家颁布的有关现行标准和各项施工验收规范及规程，以保证整个工程的质量，使之顺利竣工。

3. 施工条件

(1) 施工场地

本工程位于春城路与吴井路交叉路口处，地势平坦，场区狭窄，周边交通基本方便。

(2) 水、电

市政自来水管道已敷设至施工现场（业主共提供一个给水点，管径为 DN100），业主现提供一个电源，如现场供电紧张，应增设电源以保证现场供电。

二、施工准备

1. 技术准备

(1) 图纸学习与图纸会审

项目技术负责人组织施工员、质安员、预算员等管理人员学习图纸，明确设计意图与要求，找出图纸存在的问题，在施工前解决图纸疑难。施工中，项目技术负责人组织前述人员进一步熟悉图纸，对确需进一步明确或因施工工艺需予调整的问题，在进入施工前报业主请设计单位明确。

(2) 准备与本工程有关的规程、规范、图集

根据施工图纸，配备与本工程相关的规范、规程及有关图集，并分发给项目经理部相关人员（规范、规程、图集详见编制依据）。

(3) 测量人员根据建设单位提供的水准点高程及坐标位置，做好工程控制网桩的测量定位，同时做好定位桩的闭合复查工作，并做好标识加以保护。

(4) 器具配置

根据工程特点和施工需要配置计量设备，确保施工计量精度，符合标准、规范、设计要求。使用中，按检定周期及时送检确保计量设备精度。

1) 测量器具配置（表 4-10）；

2) 试验器具配置（表 4-11）；

测量器具配量表 表 4-10

序号	测量器具名称	型号规格	单位	数量	备注
1	全站仪	NTS-322	台	1	
2	经纬仪	TDJ2	台	1	
3	水准仪	DS20	台	2	工程开工即组织进场
4	水准标尺	5m	根	2	
5	钢卷尺	100m	把	2	
		5m	把	10	
6	吊线坠	1000g	只	10	

试验器具表 表 4-11

序号	测量器具名称	型号规格	单位	数量	备注
1	混凝土抗压试模	150mm×150mm×150mm	组	12	
	砂浆试模	70.7mm×70.7mm×70.7mm	组	9	
	混凝土抗渗试模	175mm×185mm×150mm	组	6	
2	台秤	TGT-1000	台	4	工程开工即组织进场
3	天平秤	HC.TP11B.10	台	1	
4	温湿度器	GJWS-B2	台	1	
5	温度表	201型	只	12	
6	电子测温仪	2001型	个	1	
7	坍落度筒	100mm×200mm×300mm	套	2	

（5）方案编制与审批

根据工程特点，经过详细的技术论证，按期编制缜密、合理的项目管理实施规划及各分部（子分部）施工方案（表4-12）。要求项目管理实施规划和方案必须经审批后实施，技术交底及时准确并有针对性。

方案编制审批一览表 表 4-12

序号	方案名称	编制	内部审批部门	外部审批部门
1	项目管理实施规划	项目技术负责人、项目经理、施工负责人、施工员	科技发展部 总工程师	项目总监 业主现场代表
2	基础开挖施工方案	项目技术负责人、施工负责人、施工员、质安员	技术股 技术主任	项目总监 业主现场代表
3	基础施工方案	项目技术负责人、施工负责人、施工员、质安员	技术股 技术主任	项目总监 业主现场代表
4	装饰工程施工方案	项目技术负责人、施工负责人、施工员、质安员	装饰组 技术主任	项目总监 业主现场代表
5	脚手架及吊架安拆方案	项目技术负责人、施工负责人、施工员、质安员	技术股 技术主任	项目总监 业主现场代表
6	临时施工用电方案	项目技术负责人、施工负责人、机务管理员	机务股 技术主任	项目总监 业主现场代表

续表

序号	方案名称	编制	内部审批部门	外部审批部门
7	塔吊安拆方案	项目技术负责人、施工负责人、机务管理员	产权单位技术负责人	项目总监业主现场代表
8	施工电梯安拆方案	项目技术负责人、施工负责人、机务管理员	产权单位技术负责人	项目总监业主现场代表
9	现场职业健康安全及文明施工方案	项目技术负责人、施工负责人、施工员、质安员	技术股技术主任	项目总监业主现场代表
10	钢筋、混凝土、模板等作业指导书	施工员	技术负责人	项目总监业主现场代表
11	现场安全、消防及环境应急预案	项目相关人员	产权单位技术负责人	项目总监业主现场代表
12	屋面工程施工方案	项目技术负责人、施工负责人、施工员、质安员	技术股技术主任	项目总监业主现场代表

(6) 技术复核

项目技术负责人负责编制技术复核计划,明确复核内容、部位、复核人员及复核方法。施工中,项目技术负责人按复核计划组织技术复核,填写《技术复核记录》,作为施工技术资料归档。

(7) 配合比试验

由提供混凝土的公司试验室负责根据材料设计和施工特性要求进行试配,确定最优配合比,确保性能可靠、经济。运至现场的商品混凝土应符合技术性能要求。

(8) 做好各种物资进场计划。

2. 现场准备

(1) 施工现场准备

1) 搭设办公、生产、仓储、配电等临时设施,设置钢筋和砂、石料堆放场地,安装电话等通信指挥设施。

2) 平整场地、铺设场内临时道路,开挖雨水排水沟,砌筑污水沉淀池,接通排水管道。

3) 在业主移交工程后,检查、观察基坑边坡的稳定情况,完善坑底和坑顶周边的排水系统。

(2) 水电准备

1) 施工现场临时用水

①施工用水量计算

现场施工用水主要有:混凝土工程用水、砌砖工程用水和抹灰工程用水及生活用水,场地围墙边已有水源,可直接引用。

a. 本工程采用商品混凝土,预计每班养护混凝土 $500m^3$。

b. 砌砖工程每班按 $200m^3$ 计算。

c. 抹灰工程每班按 $1500m^2$ 计算。

进入施工高峰期,混凝土养护、砌砖工程和抹灰工程将同时进行,则现场施工用水量为:

$$q_1 = k_1 \Sigma \frac{Q_1 \cdot N_1}{T \cdot t} \times \frac{K_2}{8 \times 360}$$

$$= 1.1 \times \left(\frac{500 \times 300 + 200 \times 200 + 1500 \times 30}{1 \times 1} \right) \times \frac{1.5}{8 \times 3600} = 12.24 \text{L/s}$$

②施工机械用水量计算

主要用水的施工机械为对焊机和发电机（备用）。施工机械用水量为：

$$q_2 = k_1 \Sigma \frac{Q_2 \cdot N_2}{T \cdot t} \times \frac{K_3}{8 \times 3600}$$

$$= 1.1 \times (300 \times 16 + 30 \times 240) \times \frac{1.1}{8 \times 3600} = 0.5 \text{L/s}$$

③施工现场生活用水量计算

按高峰期 1000 人计算

$$q_3 = \frac{p_1 N_3 K_4}{t \times 8 \times 3600} = \frac{1000 \times 40 \times 1.5}{1 \times 8 \times 3600} = 2.08 \text{L/s}$$

④生活区生活用水量计算

施工现场不设生活区，故生活区生活用水不计。

⑤消防用水量计算

根据规定，现场面积在 25ha 以内者，消防用水定额 10~15L/s 考虑，现场占地约 7413m²，故消防用水按 15L/s 考虑。

⑥现场总用水量（q）

按规定当 $q_1+q_2+q_3+q_4 \leqslant q_5$，且现场面积小于 5ha 时，现场总用水量可采用 q_5 的原则，故本工程现场临时总用水量 $Q=q_5=15\text{L/s}$。

⑦管径选择

a. 干管管径计算

$$d = \sqrt{\frac{4Q}{\pi \cdot V \cdot 1000}} = \sqrt{\frac{4 \times 15}{\pi \times 2.5 \times 1000}} = 0.087 \text{m}$$

取 DN100mm 钢管。

b. 水管计算

砂浆和混凝土按 300L/m³、15m³/h 设计计算，搅拌站用水量为 $15 \times 300 = 4500$L/h

$$q = 1.1 \times 1.5 \times 4500/3600 = 2.06 \text{L/s}$$

$$d = \sqrt{\frac{4q}{\pi \cdot V \cdot 1000}} = \sqrt{\frac{4 \times 2.06}{\pi \times 1 \times 1000}} = 0.051 \text{m}$$

取 DN50mm 钢管。

⑧混凝土养护用水管计算

混凝土养护用水为 200~400L/m³，约与搅拌用水相当，考虑到现场砌砖用水等，取 DN60 管。

2）施工现场临时用电

①施工用电计算。

建筑工地临时供电，包括动力用电与照明用电两种，电源可以场内变压器处接驳。在计算电量时，从下列各点考虑。

a. 全工地所使用的机械动力设备，其他电气工具及照明用电的数量。

b. 施工总进度计划中施工高峰阶段同时用电机械设备最高数量。

c. 各种机械设备在工作中需用的情况。

②主要用电设备（表4-13）。

主要用电设备 表4-13

机械或设备名称	型号规格	数量（台）	额定功率（kW）	生产能力
潜水泵	EGY-50	5	2.2	
塔吊	C5013	1	45	
抽水机	DY-3-100	4	10	

续表

机械或设备名称	型号规格	数量（台）	额定功率（kW）	生产能力
砂浆搅拌机	JDY-350	4	15	19.52m³/h
混凝土布料杆	HG-38	1	45	
混凝土输送泵	HBT-60	2	75	60m³/h
闪光对焊机	UN1-100	2	75	
钢筋切断机	GJ5-1	2	3	
钢筋弯曲机	WJ40-1	2	3	
交流电焊机	BX6-400	4	17kVA	
电渣压力焊机	MBXL-500	2	21	
钢筋调直机	JJK-1	2	7.5	1t
平板式振捣器	ZN11	5	0.5	
插入式振捣器	ZX50	40	1.1	
施工电梯	SCD200/200	2	45	

③施工用电计算：

电动机总功率 $\Sigma P_1 = 706.5$kW，电焊机总容量 $\Sigma P_2 = 68$kVA

取 $K_1 = 0.5$，$K_2 = 0.6$，$\cos\phi = 0.75$

室内外照明取总用电的 15%，则现场总用电量为（考虑 75% 的机械设备同时工作）：

$$P = 1.05 \times (K_1 \Sigma P_1/\cos\phi \times 1.1 + K_2 \Sigma P_2) \times 1.15 \times 0.75$$
$$= 1.05 \times (0.5 \times 706.5/0.75 + 0.6 \times 68) \times 1.15 \times 0.75$$
$$= 463.50\text{kVA}$$

甲方在现场设置了 1 个变压器，位置详见临时用电平面布置图，1 个变压器能够提供的功率为 500kVA。能满足施工需求。

④供电线路设置。为安全起见，场内供电线路采用架空敷设或埋地，分区进行控制。线路走向及配电箱布置详见施工平面布置图。

⑤应急电源。现场安装一台 135kVA 柴油发电机组，固定专人值班，以保证混凝土的浇筑不受意外停电的影响。

3）详细现场临时用电布置详见《现场临时用电施工方案》。

3. 协调场外工作，创造良好环境

认真按照国家、省、市及公司的有关管理文件执行。坚持"以人为本"的原则，采取多种宣传，积极与周边居民区做好协调，同时也保持和建设方、监理方的意见沟通，对出现及提出的问题立即修正，以满足施工所需的施工环境。

4. 施工过程通信联络

由于本工程施工面积大，高度高，施工联系方面较为困难，因而本项目部在办公室设 1 台固定电话，并接通宽带网，作为对内对外的固定联络；项目主要负责人每人配备 1 部手机，实行全天开机，特别是值班人员必须保证 24h 开机；塔吊、布料机保证每台配备 2 台对讲机，以保证施工中联络方便。

5. 岗位培训

本工程所需专业人员经项目提出培计划上报分公司劳资股后交由公司统一进行培训，在特殊情况需求时，由分公司从另外的项目调入本项目所需人员。本工程所有施工人员、管理人员、操作人员均做到持证上岗。

项目部定期对现有人员能力和配备情况进行动态评价和考核，并根据需求制定培训计划及时上报工程处劳资股，按计划实施培训，对能力不满足要求的人员采取必要的措施，并对培训效果和所采取措施的有效性进行评价。

(1) 管理人员培训

1) 做好施工管理人员上岗前的岗位培训，保证掌握施工工艺、操作方法，考核合格后方可上岗。

2) 对工程技术人员集中培训，学习新规范、新法律、法规。

3) 对施工管理人员进行技术交底、季节性施工交底，使全部管理人员做到心中有数。

(2) 劳务人员培训

1) 对劳务队全体人员进行进场前安全、文明施工及管理制度宣传、动员。

2) 对特殊工种人员集中培训，考核合格取证后方可上岗。

3) 对各专业队伍进行施工前技术、质量交底。

6. 现场试验室准备

(1) 根据本工程结构情况及设计要求，建立一座试验室，内分三室，分别为标准养护室、放置试验器具及成型试件的操作间、供试验人员办公的值班室。建立健全试验管理制度。

(2) 标准养护室购置安装温湿度计，降温及加湿采用淋水、升温采取电炉加热，以确保温度和湿度，试验室完全封闭，做好保温隔热处理，确保室内温度在 20±3℃ 范围内，湿度 95% 以上；试件间必须间隔 10~20mm；养护室外墙采用 240mm 厚实心砖墙，内墙采用 120mm 厚砖墙；室内进行吊顶装修，墙面进行粉刷，并安装喷雾设备、升温设备；试块架用型钢焊制。

(3) 养护室的试件必须上架，试验人员办公室必须配备桌椅、资料柜、资料盒、办公用具等。要保持仪器设备摆放整齐、房间整洁。

第5章 单位工程施工组织设计

【教学目标】
➤学习目标：熟悉单位工程施工组织设计的概念及其在建设项目施工阶段的作用；熟悉单位工程施工组织设计的编制依据和编制内容；掌握单位工程施工组织设计各项内容的编制方法和要求。
➤能力目标：具备在建设项目施工阶段对单位工程施工组织设计的应用能力；具备完成单位工程施工组织设计编制准备工作的能力；具备编制一般单位工程施工组织设计的能力。

【本章教学情景】
施工组织设计是指导工程施工全过程活动的龙头文件。首先，施工组织设计、施工方案和技术交底都是构成工程施工的技术基础性文件，而施工组织设计更是确定了工程施工的指导思想和全局部署。其次，施工组织设计贯穿于施工全过程，集技术、经济、管理于一体，是一份全面的施工组织实施规划文件。那么，施工组织设计应该依据什么来编制？编制哪些具体内容？编制要求是什么？本章根据单位工程施工组织设计的编制程序，详细阐述单位工程施工组织设计的编制。

5.1 单位工程施工组织设计概述

5.1.1 单位工程施工组织设计的概念、作用

1. 单位工程施工组织设计的概念

单位工程施工组织设计，是在施工组织总设计的指导下，以单位（子单位）工程为主要对象编制的施工组织设计，对单位（子单位）工程的施工过程起指导和制约作用。单位工程施工组织设计是指导其施工全过程中各项生产技术经济活动组织协调，控制质量、安全等各项目标的综合性管理文件。它的内容较施工组织总设计详细和具体，同时它也是施工单位编制月、旬施工计划的依据。

2. 单位工程施工组织设计的作用

单位工程施工组织设计是在相应工程施工承包合同签订之后，开工之前，在施工单位项目经理的组织下，由项目部的技术负责人负责编制，适用于指导单位工程的施工管理。单位工程施工组织设计在工程施工中具有重要的组织、指导和制约作用，其主要作用有以下几点：

（1）贯彻施工组织总设计，具体实施施工组织总设计对该单位工程的规划精神。

(2) 为开工前的施工准备工作作出详细的安排。

(3) 对整个单位工程全局作出统筹规划和全面安排，并对工程施工中的重大战略问题进行决策。

(4) 选择施工方法和施工机械，提出实现项目各项管理目标的具体措施，为项目管理提出技术和组织方面的指导性意见。

(5) 编制施工进度计划，落实施工顺序、搭接关系及各分部分项工程的施工时间，实现工期目标，为项目部编制作业计划提供依据。

(6) 为计算各类资源需要量和安排供应工作提供数据和计划。

(7) 对单位工程的施工现场进行合理设计和布置，统筹合理利用空间，为安全文明施工创造条件，是现场平面管理的依据。

5.1.2 单位工程施工组织设计的编制内容

由于单位工程的性质、规模大小、技术上的复杂程度、现场施工条件和建设单位的要求等各不相同，因此，施工组织设计编制的内容深度和广度也不可能完全相同，每个单位工程施工组织设计的内容和重点也不相同。但是，无论怎样编写，其内容必须简明扼要，具有规模性及控制性，并应达到一切从真正解决实际施工问题出发，在施工中真正能起到指导现场施工的作用。

按照《建筑施工组织设计规范》（GB/T 50502—2009）的规定，施工组织设计编制的基本内容包括：编制依据、工程概况、施工部署、施工进度计划、施工准备与资源配置计划、主要施工方法、施工现场平面布置及主要施工管理计划八项基本内容。

下面对这八项内容分述如下：

1. 编制依据

编制依据的内容主要包括：

(1) 上级主管部门对工程的有关指示和要求。

(2) 建设单位对施工的要求。

(3) 施工合同中的有关规定。

(4) 经过会审的施工图及设计单位对施工的要求。

(5) 施工组织纲要，施工组织总设计，工程预算文件和有关定额。

(6) 有关的法律法规、规范、规程和标准、图集。

(7) 施工企业标准和管理文件，施工条件及施工现场勘察资料等。

2. 工程概况

工程概况的内容包括：

(1) 工程建设概况。

(2) 工程建设地点特征。

(3) 建筑、结构设计概况。

(4) 施工条件，工程施工特点分析。

3. 施工部署

施工部署的内容包括：

(1) 施工管理目标、施工部署原则。

(2) 项目经理部组织机构。

(3) 施工任务划分、对主要分包工程施工单位的选择要求及确定管理方式。
(4) 计算主要项目工程量和施工协调与配合等。

4. 施工进度计划

施工进度计划的内容包括：

(1) 施工过程的划分。
(2) 进度计划的参数计算和进度计划的排列。

5. 施工准备与资源配置计划

(1) 施工准备的内容包括：技术准备、施工现场准备和资金准备。
(2) 资源配置计划的内容包括：劳动力配置计划和物资配置计划等。

6. 施工方案

施工方案的内容包括：

(1) 确定各分部分项工程的施工顺序。
(2) 选择施工组织方式、划分施工段。
(3) 确定主要分部分项工程的施工方法。
(4) 选择主要分部分项工程适用的施工机械。

7. 主要施工管理计划

(1) 主要施工管理计划的内容包括：

进度管理计划、质量管理计划、安全管理计划、环境管理计划、成本管理计划和其他管理计划。

(2) 其他管理计划包括：文明工地管理计划、消防管理计划、现场保卫计划、合同管理计划、分包管理计划和创优管理计划等。

8. 施工现场平面布置

施工现场平面布置图应包括下列内容：

(1) 工程施工场地状况，拟建建（构）筑物的位置、轮廓尺寸、层数等。
(2) 工程施工现场的加工设施、存贮设施、办公和生活用房等的位置和面积。
(3) 布置在工程施工现场的垂直运输设施、供电设施、供水供热设施、排水排污设施和临时施工道路等。
(4) 施工现场必备的安全、消防、保卫和环境保护等设施。
(5) 相邻的地上、地下既有建（构）筑物及相关环境。

施工现场平面布置图应结合施工组织总设计，按不同施工阶段分别绘制。

以上八项内容是单位工程施工组织设计的基本内容，对于不同的单位工程施工组织设计的编制均可适用，但编制单位工程施工组织设计时可以根据工程的实际情况和需要进行必要的增减。

5.2 编制依据

5.2.1 编制依据的编写要求

着重说明主要的编制依据，编制依据应具体、充分、可靠。其内容在编写形式上可采用表格的形式，使人一目了然。要求内容完整、正确，不要出现错误和遗漏。

通常情况下，对编制依据只作简要说明，但当采用的企业标准与国家或行业规范、标准不一致时，应重点说明。

5.2.2 编制依据的编写内容

1. 编写内容依据

(1) 工程承包合同。

(2) 工程设计文件（施工图设计变更、洽商等）。

(3) 与工程建设有关的国家、行业和地方的法律、法规、规范、规程、标准、图集。

(4) 施工组织总设计（如本工程是整个建设项目中的一个单位工程，应把施工组织总设计作为编制依据）。

(5) 企业技术标准与管理文件。

(6) 工程预算文件和有关定额。

(7) 施工条件及施工现场勘察资料等。

2. 编写模式

为了使读者进一步理解上述内容，下面提供一个参考模式，供读者借鉴。

(1) 工程承包合同

应按合同上的名称、编号和签约日期，录于表格中，见表5-1。

工程承包合同　　　　　　　表5-1

序　号	合　同　名　称	合　同　编　号	签订日期
1	××建设工程施工总承包合同		×年×月×日
2	……		

(2) 施工图纸

施工图纸分为建筑、结构及其他专业，如，图纸编号应写成"结×～结×"形式。填写的各类图纸必须齐全、有效，使编制依据充分、可靠。对有关图纸资料未及时到位的情况也应特别加以说明，见表5-2。

施工图纸　　　　　　　表5-2

图纸类别	图纸编号	出图日期
建筑施工图	建施×～建施×	
结构施工图	结施×～结施×	
电气专业施工图	电施×～电施×	
设备专业施工图	设施×～设施×	
……	……	

(3) 主要法规、规范、规程、规定、图集、标准等

法律、法规、规范、规程、标准、制度等应按顺序写：国家→行业→地方→企业；法规→规范→规程→规定→图集→标准。

1) 主要法规。必须把引用的法规的类别、全称、编号或文号写清楚。法律法规包括：建筑法、安全法、质量管理条例、安全生产管理条例等，以及地方上颁布的强制执行的各类相关文件，见表5-3。

主 要 法 规　　　　　　　　　　　　　表5-3

类 别	名 称	编号或文号
国 家		
行 业		
地 方		

2) 主要规范、规程。必须分类别把所引用的规范、规程写清楚，名称要写全称，编号应准确无误，应包括土建、水、电安装、设备专业等有关的规范与规程，见表5-4。

主要规范、规程　　　　　　　　　　　　表5-4

类 别	名 称	编号或文号
国 家		GB
行 业		JGJ
地 方		DBJ

3) 主要图集。必须分类别把所引用的图集写清楚，名称要写全称，编号应准确无误，包括土建、水、电及设备专业等有关图集，见表5-5。

主 要 图 集　　　　　　　　　　　　　表5-5

类 别	名 称	编号或文号
国 家		
行 业		

4) 主要标准。必须分类别把引用的标准写清楚，名称要写全称，编号应准确无误。引用的标准包括验收标准和单项材料标准，见表5-6。

主 要 标 准 表 5-6

类　别	名　称	编号或文号
国　家		GB
行　业		JGJ
地　方		DBJ
企　业		QB

5.3 工程概况

5.3.1 工程概况的编写要求

编写要求：内容简捷，语言严谨，层次清楚，力求做到概括性、准确性、完整性，阅后使人对工程总体情况和侧重点有所了解。

为了达到上述要求，工程概况的内容应尽量采用图表进行说明，必要时还可以附上拟建工程的平、立、剖面示意图。

5.3.2 工程概况的编写内容

工程概况包括工程建设概况，工程建设地点特征，建筑、结构设计概况，施工条件和工程施工特点分析五方面内容。

1. 工程建设概况

主要介绍拟建工程的建设单位、工程名称、性质、用途和建设的目的，资金来源及工程造价，开工、竣工日期，设计单位、施工单位、监理单位，施工图纸情况，施工合同是否签订，上级有关文件或要求，以及组织施工的指导思想等，见表 5-7。

工 程 建 设 概 况 表 5-7

序　号	项　目	内　容
1	工程名称	
2	工程地址	
3	建设单位	
4	设计单位	
5	监理单位	
6	质量监督单位	
7	安全监督单位	
8	施工总承包单位	
9	施工分包单位	
10	投资来源	
11	合同承包范围	
12	结算方式	
13	合同工期	
14	合同质量目标	
…	…	

2. 工程建设地点特征

主要介绍拟建工程的地理位置、地形、地貌、地质、水文、气温、冬雨期时间、主导风向、风力和抗震设防烈度等。

3. 建筑、结构设计概况

主要根据施工图纸，结合调查资料，简练地概括工程全貌，综合分析，突出重点问题。对新结构、新材料、新技术、新工艺及施工的难点做重点说明。

(1) 建筑设计概况主要介绍拟建工程的建筑面积、平面形状和平面组合情况、层数、层高、总高、总长、总宽等尺寸及室内外装修的情况，见表5-8。

建筑设计概况   表5-8

序号	项目	内容			
1	建筑功能				
2	建筑特点				
3	建筑面积	总建筑面积（m²）		占地面积（m²）	
		地下建筑面积（m²）		地上建筑面积（m²）	
		标准层建筑面积（m²）			
4	建筑层数	地上		地下	
5	建筑层高	地下部分层高（m）	地下1层		
			地下N层		
		地上部分层高（m）	首层		
			标准层		
			设备层		
			机房、水箱间		
6	建筑高度	±0.000绝对标高（m）		室内外高差（m）	
		基底标高（m）		建筑总高（m）	
		檐口标高（m）			
7	建筑平面	横轴编号		纵轴编号	
		横轴距离（m）		纵轴距离（m）	
8	建筑防火				
9	墙面保温				
10	内、外装修	外墙装修			
		门窗工程（窗）			
		屋面工程			
		顶棚工程			
		地面工程			
		内墙装修			
		门窗工程（门）			
		楼梯			
		公用部分			
11	防水工程	地下	防水等级：		防水材料：
		屋面	防水等级：		防水材料：
		厨、厕、浴间	防水等级：		防水材料：
12	建筑节能				
13	其他说明				

(2) 结构设计概况主要介绍基础的形式、埋置深度、设备基础的形式、主体结构的类型，墙、柱、梁、板的材料及截面尺寸，预制构件的类型及安装位置，楼梯构造及形式等，见表 5-9。

结 构 设 计 概 况　　　　　　　　表 5-9

序号	项目	内容	
1	结构形式	基础结构形式	
		主体结构形式	
		屋盖结构形式	
2	基础埋置深度、土质、水位	基础埋置深度	
		基底以上土质分层情况	
		地下水位标高	
		地下水水质	（有无侵蚀）
3	地基	持力层以下土质类别	
		地基承载力	
		地基土渗透系数	
4	地下防水	混凝土自防水	
		防水材料防水	
5	混凝土强度等级及抗渗要求	部位	（C15）
		部位	（Cn）
6	抗震设防烈度及抗震等级		
7	结构断面尺寸	基础底板厚度（mm）	
		外墙厚度（mm）	
		内墙厚度（mm）	
		柱断面尺寸（mm×mm）	
		梁断面尺寸（mm×mm）	
		楼板厚度（mm）	
8	主要柱网距离		
9	楼梯结构形式		
10	后浇带设置		
11	变形缝设置		
12	人防设置等级		
13	建筑沉降观测		
14	构件最大几何尺寸		
15	其他说明		

4. 施工条件

主要介绍"三通一平"的情况，当地的交通运输条件，资源生产及供应情况，施工现场大小及周围环境情况，预制构件生产及供应情况，施工单位机械、设备、劳动力的落实情况，内部承包方式、劳动组织形式及施工管理水平，现场临时设施、供水、供电问题的解决。

5. 工程施工特点分析

主要介绍拟建工程施工特点和施工中关键问题、难点所在，以便突出重点、抓住关键，使施工顺利进行，提高施工单位的经济效益和管理水平。

5.4 施 工 部 署

5.4.1 编写要求

施工组织设计中的施工部署是该工程施工的战略战术性决策意见，施工部署方案应在若干个初步方案的基础上进行筛选优化后确定。

施工部署必须体现出项目经理部如何组织施工的指导思想，必须明确项目经理部在工程开工前是如何对整个工程施工进行总体布局，而这个布局就是对工程施工所涉及的任务、人力、资源、时间和空间进行构思、总体设计与全面安排。

由于拟建工程的性质、规模、客观条件不同，施工部署的内容和侧重点也各不相同。因此进行施工部署设计时，应结合工程的特点，对具体情况进行具体分析，遵循建筑施工的客观规律，按照合同工期的要求，事先制定出必须遵循的原则，作出切实可行的施工部署。

这部分内容在实际编制中，较多编制人员感到困惑不解，很多情况下写不出东西来，即便写了，往往把不是施工部署的内容写进去，如，经常出现把施工准备、施工方法的内容写进去的情况。在写法上也没有宏观地写，内容原则性不强，其原因是编制人员对施工部署概念不清，没有真正理解施工部署的指导思想和核心内容。因此，需要弄清楚这个问题。

施工部署是在工程实施之前，对整个拟建工程进行通盘考虑、统筹策划后，所作出的全局性战略决策和全面安排，并且明确工程施工的总体设想。

施工部署是宏观的部署，其内容应明确、定性、简明和提出原则性要求，并应重点突出部署原则。施工部署的关键是"安排"，核心内容是部署原则，要努力在"安排"上做到优化，在部署原则上，要做到对所涉及的各种资源在时空上的总体布局进行合理的构思，因此只要抓住和理解其关键核心内容，就能很好地写好这部分内容。

5.4.2 编写内容

施工部署是施工组织设计的灵魂和核心，通篇的内容都十分重要。施工部署是否合理，是直接影响工程的进度、质量和成本三大目标能否顺利实现的关键，因此，必须引起足够重视。

这部分内容主要反映施工组织部署，对于不同的工程，部署的内容和侧重点也有所不同。通常情况下，施工部署主要包括以下内容：

明确施工管理目标，确定施工部署原则，建立项目经理部组织机构，明确施工任务划分，计算主要项目工程量，明确施工组织协调与配合等。

5.4.3 施工管理目标

施工管理目标应根据施工合同和本单位对工程管理目标的要求确定，当本工程是整个建设项目中的一个单位工程时，其各项目标还应满足施工组织总设计中确定的目标。施工管理目标一般包括如下：

1. 进度目标

工期和开工、竣工时间。

2. 质量目标

包括质量等级、质量奖项。

3. 安全目标

根据有关标准和要求确定。

4. 成本目标

确定降低成本的目标值，包括：降低成本额或降低成本率。

（1）降低成本额：施工预算成本与施工实际成本的差额。该指标是单位工程施工组织设计降低费用措施的价格成果。

（2）降低成本率：降低成本额与预算成本的百分比。该指标是体现单位工程施工成本降低水平。

5. 文明施工目标

根据有关标准和要求确定。

6. 消防目标

根据有关标准和要求确定。

5.4.4 施工部署原则

施工部署原则是项目经理部在工程实施前，为实现该项任务的预定目标，对整个工程所涉及的人力、物力、资金、时间、空间进行总体布局的构思。

施工部署原则体现承包单位在工程实施过程中为完成施工合同和实现预期目标的主导思想，体现项目经理部通过什么样的组织手段和技术手段去满足合同的要求。施工部署原则是施工组织设计的核心内容，将影响整个工程的成败和得失。因此，这项内容的形成应在施工组织设计成文前，由项目经理提出初步意见，然后经过酝酿、反复讨论后，由项目经理作最后决策。

施工部署原则要宏观，可从以下几个方面考虑：

1. 满足业主要求的部署原则

一切施工活动要满足合同要求。施工部署原则首先要满足合同工期要求，充分酝酿任务、人力、资源、时间和空间、工艺的总体布局和构思。

2. 确定施工程序和总体施工顺序

单位工程施工程序是指单位工程中各分部工程之间、土建和各专业工程之间或不同施工阶段之间所固有的、密切不可分割的在时间上的先后次序，它不能跳跃和颠倒，它主要解决时间搭接上的问题。

单位工程施工中应遵循"四先四后"的施工程序，即先地下后地上；先主体后围护；先结构后装饰；先土建后专业。

单位工程总体施工顺序是指从基坑挖土到主体结构、装修、机电设备专业安装等，直至工程竣工验收施工全过程的施工先后顺序。

总体施工顺序的描述应体现工序逻辑关系原则，要遵循上述施工程序的一般规律。

3. 确定施工起点流向和施工顺序

此项内容主要包括拟建工程地下、地上、装饰装修阶段施工顺序和施工流向。为便于编写，在此有必要对如何确定施工起点流向和施工顺序作简要说明。

(1) 确定施工起点流向

施工起点流向是指单位工程在平面或空间上的施工顺序，即施工开始的部位和进展的方向。平面上要划分施工段及施工的起点及流向；空间上考虑分层施工的流向。它的合理确定将有利于扩大施工作业面，组织多工种平面或立体流水作业，缩短施工周期和保证工程质量。

单位工程施工流向的确定一般遵循先地下后地上；先主体后围护；先结构后装饰；先土建后专业的次序。同时，针对具体的单位工程，在确定施工流向时还应考虑以下因素：

1) 生产使用的先后。
2) 施工区段的划分。
3) 与材料、构件、土方的运输方向不发生矛盾。
4) 适应主导工程（工程量大、技术复杂、占用时间长的施工过程）的合理施工顺序。

(2) 确定施工顺序

施工顺序是指单位工程内部各分部分项工程或施工过程之间施工的先后次序。确定施工顺序既是为了按照客观的施工规律和工艺顺序组织施工，也是为了解决工种之间在时间上的搭接问题，从而在保证质量和安全的前提下，做到充分利用空间，争取时间，实现缩短工期的目的。

施工顺序应根据实际的工程施工条件和采用的施工方法来确定，合理地确定施工顺序是编制施工进度计划的需要。确定施工顺序时应考虑以下因素：

1) 必须遵循施工程序的要求。
2) 必须符合施工工艺的要求。
3) 必须做到施工顺序和施工方法相一致。
4) 必须与施工方法和施工机械的要求相一致。
5) 必须考虑工期和施工组织的要求。
6) 必须考虑施工质量和安全要求。
7) 充分考虑当地气候特点对工程的影响。

4. 分别表述拟建工程地下、地上、装饰装修阶段的施工顺序和施工流向

(1) 基础结构工程阶段的施工顺序和流向：±0.000m 以下。
(2) 主体结构工程阶段的施工顺序和流向：±0.000m 以上。
(3) 屋面和装修工程阶段的施工顺序和流向：

1) 外装饰工程施工顺序；
2) 内装饰工程顺序。

该阶段具有施工内容多，劳动力消耗量大，手工操作多和需要时间长等特点。一般情况下，屋面工程根据屋面工程类型确定施工顺序。屋面工程和室内装饰工程可以搭接或平行施工。

5. 时间连续的部署原则

主要考虑分部分项工程的季节施工，如冬期、雨期、暑期对施工的影响。

6. 平面、空间占满的部署原则

主要是对立体交叉施工的考虑。各专业工种间良好配合，进行有机穿插、流水作业施工。交叉施工包括：主体和安装、主体和装修、安装和装修的立体交叉施工等。

主要说明为达到平面、空间占满，立体交叉作业所采取的方法，如施工分层分段、流水作业、结构分阶段验收、二次结构、机电安装及装修工程的提前插入等。

7. 合理的资源配置原则

主要考虑劳动力、机械设备的配置和材料的投入，应根据各施工阶段的特点来安排施工部署。

8. 根据工程各个阶段施工的不同特点来安排总体施工部署的原则

结合工程的特点和具体情况，进行工程施工总体安排，并对工程各施工阶段（施工准备阶段、基础施工阶段、主体结构阶段、装修阶段）的里程碑目标进行描述。包括对地下结构施工到±0.000m时间、结构封顶时间、二次结构插入时间、装修工程插入时间、现场施工与材料选型及二次深化设计之间的交叉、初装饰与精装修工程的交叉、土建与机电安装之间的交叉、地上结构与地下室外防水及回填土的交叉、塔式起重机和施工电梯的进退场时间等内容的总体施工部署的安排进行描述。

（1）施工准备阶段施工部署安排；

（2）基础施工阶段施工部署安排；

（3）主体结构阶段施工部署安排；

（4）装饰装修阶段施工部署安排。

9. 以科技为先导的部署原则

对工程施工中开发和使用的"四新"技术（新技术、新工艺、新材料、新设备）以及《建筑业十项新技术应用（2005）》作出部署，并提出技术和管理要求。

10. 满足流水施工要求的部署原则

根据工程特点和要求，考虑是否流水施工。

11. 满足周边环境要求的部署原则

根据拟建工程周边环境，考虑扰民和环保等因素。

12. 以人为本、科学管理的部署原则

以人为本的管理是一种新型的管理理念，施工部署原则要以人为根本，把"以人为中心"作为最根本的指导思想，坚持一切从人的需要出发，以调动和激发人的积极性和创造性为根本手段，从而达到提高工作效率和顺利完成施工任务的目的。

13. 按创优、创杯和创文明工地标准要求的部署原则

如工程有创优、创杯或创文明工地的奖项要求及其他特殊要求时，应按照这些要求进行部署。

5.4.5 项目经理部组织机构

1. 建立项目组织机构

应根据项目的实际情况，成立一个以项目经理为首的、与工程规模及施工要求相适应的组织管理机构-项目经理部。项目经理部职能部门的设置应紧紧围绕项目管理内容的需要确定。

2. 确定组织机构形式

项目经理部人员组成通常以线性组织结构图的形式（方框图）表示，对于组织结构框

图，力求科学，反映真实，能够直接应用于施工。在项目组织结构框图中应明确三项内容，即项目部主要成员的姓名、行政职务和技术职称或执业资格，使项目的人员构成基本情况一目了然。

3. 确定组织管理层次

施工管理层次可分为：决策层、控制层和作业层。项目经理是最高决策者，职能部门是管理控制层，施工班组是作业层。

4. 制定岗位职责

在确定项目部组织机构时，还要明确组织内部的每个岗位人员的分工职责，落实施工责任，责任和权力必须一致，并形成相应规章和制度，使各岗位人员各行其职，各负其责。

5.4.6 施工任务划分

在确立了项目施工组织管理体制和机构的条件下，划分参与建设的各单位的施工任务和负责范围，明确总包与分包单位的关系，明确各单位之间的关系。

明确各施工单位负责的范围：施工总承包合同的范围、业主指定分包范围、由总包管理的施工范围、总包组织外部分包项目、工程物资采购划分、总包与分包的关系，见表5-10～表5-12。

1. 各单位负责范围（表5-10）。

各单位负责范围 表5-10

序 号	负 责 单 位	任 务 划 分 范 围
1	总包合同范围	
2	总包组织外部分包的范围	
3	业主指定分包范围	
4	总包对分包管理范围	

2. 工程物资采购划分（表5-11）。

工程物资采购划分 表5-11

序 号	负 责 单 位	工 程 物 资
1	总包采购范围	
2	业主自行采购范围	
3	分包采购范围	

3. 总包单位与分包单位的关系（表5-12）。

总包单位与分包单位的关系 表5-12

序 号	主要分包单位	主要承包单位	分包与承包关系	总包对分包要求

5.4.7 计算主要项目工程量

工程量是根据图纸计算所得的主要分项工程工程量，不作任何商务工作的依据，其目的是仅作为现场工作安排的考虑因素。因此只须粗略计算即可。

在计算主要项目工程量时，首先应根据工程特点划分项目。然后估算出各主要分项的实物工程量，如土方挖土量、防水工程量、钢筋用量、混凝土用量等，宜列表说明，见表5-13。

主要分项工程量　　　　　　　　　　　　　　　　表5-13

项	目	单位	数量	备 注
土方开挖	开挖土方	m³		
	回填土方	m³		
防水工程	地下	m²		注明防水种类和卷材品种
	屋面	m²		
	厕、浴间	m²		
混凝土工程	地上	防水混凝土	m³	
		普通混凝土	m³	
	地下	防水混凝土	m³	
		普通混凝土	m³	
模板工程	地上	m²		
	地下	m²		
钢筋工程	地上	t		
	地下	t		
砌体工程	地上	m³		注明砌块种类
	地下	m³		
装饰装修工程	内檐	墙面	m²	
		地面	m²	
		吊顶	m²	
		贴瓷砖	m²	
		油漆	m²	
		门窗	m²	
	外檐	幕墙	m²	
		面砖	m²	
		涂料	m²	
		抹灰	m²	

5.4.8 施工组织与协调配合

1. 编写内容

(1) 协调项目内部参建各方关系。与建设单位的协调、配合，与设计单位的协调、配合，与监理单位的协调、配合，对各分包单位的协调、配合管理。

(2) 协调外部各单位关系。与周围街道和居委会的协调、配合，与政府各部门的协调、配合。

2. 编写要求

(1) 应明确项目部参建各方之间需要协调、配合的范围和方式；应重点突出监理例会是施工组织总协调的方式。

(2) 如何组织日常施工生产，协调好各方的工作关系，实现项目部的管理目标，还应通过建立各种制度，如，建立项目管理例会制度、质量安全例会制度、质量安全标准及法规培训制度、生产例会制度、图纸会审和图纸交底制度、监理例会制度、专题讨论会议制度等。

(3) 对以上内容应作简要分述。

5.5 施工进度计划

单位工程施工进度计划是在施工方案的基础上，根据规定的工期和技术、物资供应条件，遵循工程的施工顺序，用图表形式表示各分部分项工程搭接关系及工程开工、竣工时间的一种计划安排。

5.5.1 单位工程施工进度计划概述

1. 单位工程施工进度计划的作用及分类

单位工程施工进度计划是施工组织设计的重要内容，是控制各分部分项工程施工进程及总工期的主要依据，也是编制施工作业计划及各项资源需要量计划的依据。它的主要作用是：

(1) 确定各分部分项工程的施工时间及其相互之间的衔接、穿插、平行搭接、协作配合等关系；

(2) 确定所需的劳动力、机械、材料等资源用量；

(3) 指导现场的施工安排，确保施工任务的如期完成。

单位工程施工进度计划根据工程规模的大小、结构的难易程度、工期长短、资源供应情况等因素考虑。根据其作用，一般可分为控制性和指导性进度计划两类。

(1) 控制性进度计划按分部工程来划分施工过程，控制各分部工程的施工时间及其相互搭接配合关系。它主要适用于工程结构较复杂、规模较大、工期较长而需跨年度施工的工程（如宾馆、体育场、火车站候车大楼等大型公共建筑），还适用于虽然工程规模不大或结构不复杂但各种资源（劳动力、机械、材料等）不落实的情况，以及建筑结构等可能变化的情况。

(2) 指导性进度计划按分项工程或施工工序来划分施工过程，具体确定各施工过程的施工时间及其相互搭接、配合关系。它适用于任务具体而明确、施工条件基本落实、各项资源供应正常及施工工期不太长的工程。

2. 单位工程施工进度计划的表达方式及组成

单位工程施工进度计划的表达方式一般有横道图和网络图两种，详见第2章、第3章所述。施工进度计划由两部分组成，一部分反映拟建工程所划分施工过程的工程量、劳动力量或台班量、施工人数或机械数、工作班次及工作延续时间等计算内容；另一部分则用图表形式表示各施工过程的起止时间、延续时间及其搭接关系。

3. 单位工程施工进度计划的编制依据

单位工程施工进度计划的编制依据主要包括：

(1) 施工图、工艺图及有关标准图等技术资料。
(2) 施工组织总设计对本工程的要求。
(3) 施工工期要求。
(4) 施工方案、施工定额以及施工资源供应情况。

5.5.2 单位工程施工进度计划的编制

单位工程施工进度计划的编制步骤及方法如下：

1. 划分施工过程

编制单位工程施工进度计划时，首先必须研究施工过程的划分，再进行有关内容的计算和设计。施工过程划分应考虑下述要求：

(1) 施工过程划分粗细程度的要求

1) 对于控制性施工进度计划，其施工过程的划分可以粗一些，一般可按分部工程划分施工过程。如：开工前准备、打桩工程、基础工程、主体结构工程等。

2) 对于指导性施工进度计划，其施工过程的划分可以细一些，要求每个分部工程所包括的主要分项工程均——列出，起到指导施工的作用。

(2) 对施工过程进行适当合并，达到简明清晰的要求

施工过程划分太细，则过程越多，施工进度图表就会显得繁杂，重点不突出，反而失去指导施工的意义，并且增加编制施工进度计划的难度。因此：

1) 为了使计划简明清晰、突出重点，一些次要的施工过程应合并到主要施工过程中去，如基础防潮层可合并到基础施工过程内；

2) 有些虽然重要但工程量不大的施工过程也可与相邻的施工过程合并，如挖土可与垫层施工合并为一项，组织混合班组施工；

3) 同一时期由同一工种施工的施工项目也可合并在一起，如墙体砌筑，不分内墙、外墙、隔墙等，而合并为墙体砌筑一项。

(3) 施工过程划分的工艺性要求

1) 现浇钢筋混凝土施工，一般可分为支模、绑扎钢筋、浇筑混凝土等施工过程，是合并还是分别列项，应视工程施工组织、工程量、结构性质等因素研究确定。一般现浇钢筋混凝土框架结构的施工应分别列项，而且可分得细一些。如：绑扎柱钢筋、安装柱模板、浇捣柱混凝土，安装梁、板模板、绑扎梁、板钢筋、浇捣梁、板混凝土，养护，拆模等施工过程。但在现浇钢筋混凝土工程量不大的工程对象上，一般不再细分，可合并为一项。如砌体结构工程中的现浇雨篷、圈梁、厕所及盥洗室的现浇楼板等，即可列为一项，由施工班组的各工种互相配合施工。

2) 抹灰工程一般分内、外墙抹灰，外墙抹灰工程可能有若干种装饰抹灰的做法要求，一般情况下合并列为一项，也可分别列项。室内的各种抹灰应按楼地面抹灰、顶棚及墙面抹灰、楼梯间及踏步抹灰等分别列项，以便组织施工和安排进度。

3) 施工过程的划分，应考虑所选择的施工方案。如厂房基础采用敞开式施工方案时，柱基础和设备基础可合并为一个施工过程；而采用封闭式施工方案时，则必须列出柱基础、设备基础这两个施工过程。

4) 住宅建筑的水、暖、煤、卫、电等房屋设备安装是建筑工程的重要组成部分应单独列项；工业厂房的各种机电等设备安装也要单独列项，但不必细分，可由专业队或设备

安装单位单独编制其施工进度计划。土建施工进度计划中列出设备安装的施工过程，表明其与土建施工的配合关系。

(4) 明确施工过程对施工进度的影响程度

根据施工过程对工程进度的影响程度可分为三类。

1) 资源驱动的施工过程。这类施工过程直接在拟建工程进行作业、占用时间、资源，对工程的完成与否起着决定性的作用，它在条件允许的情况下，可以缩短或延长工期。

2) 辅助性施工过程。它一般不占用拟建工程的工作面，虽需要一定的时间和消耗一定的资源，但不占用工期，故可不列入施工计划以内。如交通运输，场外构件加工或预制等。

3) 施工过程虽直接在拟建工程进行作业，但它的工期不以人的意志为转移，随着客观条件的变化而变化，它应根据具体情况列入施工计划。如混凝土的养护等。

施工过程划分和确定之后，应按前述施工顺序列出施工过程的逻辑联系。

2. 计算工程量

当确定了施工过程之后，应计算每个施工过程的工程量。工程量应根据施工图纸、工程量计算规则及相应的施工方法进行计算。实际就是按工程的几何形状进行计算，计算时应注意以下几个问题。

(1) 注意工程量的计量单位

每个施工过程的工程量的计算单位应与采用的施工定额的计量单位相一致。如模板工程以平方米为计量单位，这样，在计算劳动量、材料消耗量，以及机械台班量时就可直接套用施工定额，不再进行换算。

(2) 注意采用的施工方法

计算工程量时，应与采用的施工方法相一致，以便计算的工程量与施工的实际情况相符合。例如，挖土时是否放坡，是否增加工作面，坡度和工作面尺寸是多少，开挖方式是单独开挖、条形开挖，还是整片开挖等。不同的开挖方式，土方工程量相差是很大的。

(3) 正确取用预算文件中的工程量

如果编制单位工程施工进度计划时，已编制出预算文件（施工图预算或施工预算），则工程量可从预算文件中抄出并汇总。例如，要确定施工进度计划中列出的"砌筑墙体"这一施工过程的工程量，可先分析它包括哪些施工内容，然后从预算文件中摘出这些施工内容的工程量，再将它们全部汇总即可求得。但是，施工进度计划中某些施工过程与预算文件的内容不同或有出入时（如计量单位、计算规则、采用的定额等），则应根据施工实际情况加以修改、调整或重新计算。

3. 套用施工定额

确定了施工过程及其工程量之后，即可套用施工定额（当地实际采用的劳动定额及机械台班定额），以确定劳动量和机械台班量。

在套用国家或当地颁布的定额时，必须注意结合本单位工人的技术等级、实际操作水平、施工机械情况和施工现场条件等因素，确定定额的实际水平，使计算出来的劳动量、机械台班量符合实际需要。

有些采用新技术、新材料、新工艺或特殊施工方法的施工过程，定额中尚未编入，这时可参考类似施工过程的定额、经验资料，按实际情况确定。

4. 计算劳动量及机械台班量

确定工程量采用的施工定额,即可进行劳动量及机械台班量的计算。

(1) 劳动量的计算

劳动量也称做劳动工日数。凡是采用手工操作为主的施工过程,其劳动量均可按下式计算:

$$P_i = \frac{Q_i}{S_i} \text{ 或 } P_i = Q_i \times H_i \tag{5-1}$$

式中 P_i——某施工过程所需劳动量(工日);

Q_i——该施工过程的工程量(m^3、m^2、m、t);

S_i——该施工过程采用的产量定额(m^3/工日、m^2/工日、m/工日、t/工日);

H_i——该施工过程采用的时间定额(工日/m^3、工日/m^2、工日/m、工日/t)。

(2) 机械台班量的计算

凡是采用机械为主的施工过程,可按下述公式计算其所需的机械台班数。

$$P_{机械} = \frac{Q_{机械}}{S_{机械}} \text{ 或 } P_{机械} = Q_{机械} \times H_{机械} \tag{5-2}$$

式中 $P_{机械}$——某施工过程需要的机械台班数(台班);

$Q_{机械}$——机械完成的工程量(m^3、t、件);

$S_{机械}$——机械的产量定额(m^3/台班、t/台班);

$H_{机械}$——机械的时间定额(台班/m^3、台班/t)。

5. 计算确定施工过程的延续时间

施工过程持续时间的确定方法有三种:经验估算法、定额计算法和倒排计划法。具体计算方法见本书第2章第2节。

6. 初排施工进度(以横道图为例)

上述各项计算内容确定之后,即可编制施工进度计划的初步方案。一般的编制方法有:

(1) 根据施工经验直接安排的方法

这种方法是根据经验资料及有关计算,直接在进度表上画出进度线。其一般步骤是:先安排主导施工过程的施工进度,然后再安排其余施工过程。它应尽可能配合主导施工过程并最大限度地搭接,形成施工进度计划的初步方案。总的原则是应使每个施工过程尽可能早地投入施工。

(2) 按工艺组合组织流水的施工方法

这种方法就是先按照各施工过程(即工艺组合流水)初排流水进度线,然后将各工艺组合最大限度地搭接起来。

无论采用上述哪一种方法编排进度,都应注意以下问题:

1) 每个施工过程的施工进度线都应用横道粗实线段表示(初排时可用铅笔细线表示,待检查调整无误后再加粗);

2) 每个施工过程的进度线所表示的时间(天)应与计算确定的延续时间一致;

3) 每个施工过程的施工起止时间应根据施工工艺顺序及组织顺序确定。

7. 检查与调整施工进度计划

施工进度计划初步方案编制后，应根据建设单位和有关部门的要求、合同规定及施工条件等，先检查各施工过程之间的施工顺序是否合理、工期是否满足要求、劳动力等资源消耗是否均衡，然后再进行调整，直至满足要求，正式形成施工进度计划。总的要求是：在合理的工期下尽可能地使施工过程连续施工，这样便于资源的合理安排。

5.6 施工准备与资源配置计划

5.6.1 编写要求

这部分内容在实际编写时，往往容易与分部（分项）工程的施工作业准备工作内容相混淆，把分项工程的施工作业条件准备放在这里，因此有必要对施工组织设计中的施工准备和分部（分项）工程施工作业条件准备作简要说明。

按工程所处施工阶段分类，施工准备可分为开工前的施工准备和分部（分项）工程作业条件的施工准备。

此处施工准备，是指单位工程开工前的施工准备工作。它是在拟建工程正式开工前，所进行的带有全局性和总体性的施工准备，其目的是为单位工程正式开工创造必要的施工条件。没有这个阶段则工程不能顺利开工，更不能连续施工。

分项工程作业条件的施工准备，是指工程开工之后，为某个分部（分项）工程所做的施工准备工作，它带有局部性和经常性。其目的是为分部（分项）工程施工创造必要的施工条件，一般来说，冬、雨期施工，钢筋工程等分项工程的施工准备都属于这种施工准备。

在弄清楚这两类施工准备的区别和内在关系后，就不难编写好这部分内容。以下将对施工准备的内容和编写方法技巧进行阐述，以便阅读者加深对这部分内容的理解。

5.6.2 编制内容

施工准备是为拟建工程的施工创造必要的技术、物质条件，是完成单位工程施工任务的首要条件，是为工程早日开工和顺利进行所必须做的一些工作。施工准备不仅存在于开工之前，而且贯穿于整个施工过程之中。

施工准备工作的内容包括：技术准备、施工现场准备和资金准备。

资源配置计划的内容包括：劳动力配置计划和物资配置计划。

5.6.3 技术准备

技术准备的主要内容一般包括：

1. 一般性准备工作

（1）熟悉施工图纸，组织图纸会审，准备好本工程所需的规范、标准、图集等。具体要求如下：

1）核对图纸是否齐全和完整，是否按规定通过审查。

2）组织学习图纸，做好图纸会审工作。图纸会审计划安排见表5-14。

3）联系设计单位确定设计交底和图纸会审的时间。

4）根据图纸和施工需要，备齐相关法规、规范、规程、标准和图集，列出清单，并明确清单备齐时间。

图纸会审计划安排　　　　　　　　　　　　　　　　　　　表 5-14

序号	内容	依据	参加人员	日期安排	目标
1	图纸初审	公司贯标程序文件《图纸会审管理办法》、设计图纸及引用标准、施工规范	组织人： 土建： 电气： 给水、排水、通风：		熟悉施工图纸，分专业列出图纸中不明确部位、问题部位及问题项
2	内部会审	同上	组织人： 电气： 给水、排水、通风：		熟悉施工图纸、设计图，各专业问题汇总，找出专业交叉打架问题；列出图纸会审纪要向设计院提出问题清单
3	图纸会审	同上	组织人：建设单位代表 参加人：建设单位代表 设计院代表 监理单位代表 施工单位代表		向设计院说明提出各项问题 整理图纸会审会议纪要

(2) 技术培训：制订开工前及施工过程中对项目部管理人员和劳务人员进行的各种培训计划。

1) 管理人员培训：管理人员上岗培训，组织参观和技术交流；由专家进行专业培训；推广新技术、新材料、新工艺、新设备应用培训和学习规范、规程、标准、法规的重要条文等。

2) 劳务人员培训：对劳务人员的进场教育，上岗培训；对专业人员的培训，如新技术、新工艺、新材料、新设备的操作培训等，提高使用操作的适应能力。

2. 器具配置计划

以表格形式列出本工程所需各种仪器、仪表、计量、检测、测量、试验用的工具等器具清单。所有器具必须在开工前配置并检测合格，所有仪器应有检测合格证，并在表格中注明器具检测有效期，见表 5-15。

器具配置计划　　　　　　　　　　　　　　　　　　　表 5-15

序号	器具名称	规格型号	单位	数量	进场时间	检测状态
1	经纬仪					有效期：×年×月×日～×年×月×日
2	水准仪					
3	米尺					
...	......					

3. 技术工作计划

(1) 方案编制计划

此计划要求的是拟编制的施工方案的最迟提供期限。在进场后，应编制各分项和专项工程的施工方案计划，与工程施工进度配套。

1) 分项工程施工方案编制计划。

分项工程施工方案要以分项工程为划分标准，如混凝土施工方案、室内装修方案、电气施工方案等，以列表形式表示，见表 5-16。

施工方案编制计划　　　　　　　　　　　　　　表 5-16

序号	方案名称	编制人	编制完成时间	审批人（部门）
1				
2				
…				

2）专项施工方案编制计划。

专项施工方案是指除分项工程施工方案以外的施工方案，如施工测量方案、大体积混凝土施工方案、安全防护方案、文明施工方案、季节性施工方案、临电施工方案、节能施工方案等。表式同上。

(2) 试验、检测工作计划

施工组织设计中应对需要见证取样的混凝土试块（标准、同条件、拆模）、钢筋等材料编制检验试验计划。由于在编制施工组织设计时，施工图预算还没有编制完成，缺乏与试验有关的工程量等数据，因此对试验工作计划的内容，可先描述试验工作应遵循的原则及规定，另外单独编制详细的试验方案，并列入方案编制计划。

试验工作计划内容应包括常规取样试验计划及见证取样试验计划。应遵循的原则及规定可参见表 5-17。

原材料及施工过程试验取样规定　　　　　　　　　表 5-17

序　号	试验内容	取样批量	取样数量	取样部位及见证率
1				
2				
…				

(3) 样板项、样板间计划

"方案先行、样板引路"，是保证工期和质量的法宝，坚持样板制，不仅仅是样板间，而是样板"制"（包括工序样板、分项工程样板、样板墙、样板间、样板段、样板回路等）。通过方案和样板，制定出合理的工序、有效的施工方法和质量控制标准，见表 5-18。

样板项、样板间计划一览表　　　　　　　　　　表 5-18

序　号	项目名称	部　位	施工时间	备　注
1				
2				
…				

样板项侧重结构施工中的主要工序样板，应将分项工程样板的名称、层段、轴线位置表示具体、明确。一般样板项出现在地下室最下的那一层或首层。

样板间是针对装修施工设置的，这项工作对装修工作的质量预控起到重要作用。

4. 新技术、新工艺、新材料、新设备推广应用计划

主要确定"四新"技术等科研成果推广应用计划。具体要求如下：

(1) 应依据建设部颁发的《建筑业10项新技术推广应用(2005)》中的94项子项及其他新的科研成果应用，逐条对照，列表加以说明，见表5-19。

新技术推广应用计划 表5-19

序 号	新技术名称	应用部位	应用数量	负责人	总结完成时间
1					
2					
…					

(2) 新技术推广必须要体现该工程的科技含量和应用数量。

(3) 对所应用的每一项新技术，由项目部分配给具体负责人，负责该项新技术的日常技术指导和完成后的技术总结。

(4) 通过施工实践后，在规定的时间内由该项新技术应用负责人写好技术总结或论文，其目的是便于在今后工程实践应用中得到较大提高。

5. 高程引测与建筑物定位

说明高程引测和建筑物定位的依据，组织交接桩工作，做好验线准备。

6. 试验室、确定和预拌混凝土供应

说明对试验室、预拌混凝土供应商的考察和确定。如采用预拌混凝土，对预拌混凝土供应商进行考察，当确定好预拌混凝土供应商后，要求在签订预拌混凝土经济合同时，应同时签订预拌混凝土供应技术合同。

应根据对试验室的考察及本工程的具体情况，确定试验室。

明确是否建立标养室。若建立标养室，应说明配备与工程的规模、技术特点相适应的标准养护设备。

7. 施工图翻样设计工作

要求提前做好施工图、安装图等的翻样工作，如模板设计翻样、钢筋翻样等。项目专业工程师应配合设计，并对施工图进行详细的二次深化设计。一般采用AutoCAD绘图技术，对较复杂的细部节点做3D模型。

5.6.4 施工现场准备

施工现场准备即通常所说的室外准备，也叫做现场管理的"外业"。主要是为拟建工程早日开工和顺利进行创造有利的施工条件和物质保障基础。它是保证工程按计划开工和顺利进行的重要环节，因此必须认真做好这项工作。

施工现场准备工作的内容包括：障碍物的清除、"三通一平"、现场临水临电、生产生活设施、围墙、道路等施工平面图中所有内容，并按施工平面图所规定的位置和要求布置。

这部分内容编写时，应结合实际，根据开工前的现场安排及现场实际情况编写。

1. 施工临时供水系统准备计划

施工临时供水主要包括：生产用水、生活用水和消防用水三种。生产用水包括工程施工用水、施工机械用水。

(1) 现场施工用水量计算

1) 现场施工用水量可按下式计算：

$$q_1 = K_1 \Sigma \frac{Q_1 N_1}{T_1 t} \times \frac{K_2}{8 \times 3600} \tag{5-3}$$

式中 q_1——施工工程用水量（L/s）；

K_1——未预计的施工用水系数（1.05～1.15）；

Q_1——年（季）度工程量（以实物计量单位表示）；

N_1——施工用水定额；

T_1——年（季）度有效工作日（d）；

t——每天工作班数（班）；

K_2——现场施工用水不均衡系数（见表5-20）。

经过计算得到 $q_1 = $ _____ L/s

施工用水不均衡系数　　　　表 5-20

编　号	用水名称	系　　数
K_2	现场施工用水 附属生产企业用水	1.5 1.25
K_3	施工机械、运输机械 动力设备	2.00 1.05～1.10
K_4	施工现场生活用水	1.30～1.50
K_5	生活区生活用水	2.00～2.50

2) 施工机械用水量计算

施工机械用水量可按下式计算：

$$q_2 = K_1 \Sigma Q_2 N_2 \frac{K_2}{8 \times 3600} \tag{5-4}$$

式中 q_2——机械用水量（L/s）；

K_1——未预计的施工用水系数（1.05～1.15）；

Q_2——同一种机械台数（台）；

N_2——施工机械台班用水定额；

K_2——施工机械用水不均衡系数（表5-20）。

经过计算得到 $q_2 = $ _____ L/s

(2) 施工现场生活用水量计算

施工现场生活用水量可按下式计算：

$$q_3 = \frac{P_1 N_3 K_4}{t \times 8 \times 3600} \tag{5-5}$$

式中 q_3——施工现场生活用水量（L/s）；

P_1——施工现场高峰期人数；

N_3——施工现场生活用水定额；

K_4——施工现场生活用水不均衡系数（见表5-20）；

t——每天工作班数（班）。

经过计算得到 $q_3 =$ _____ L/s

(3) 生活区生活用水量计算

生活用水量可按下式计算：

$$q_4 = \frac{P_2 N_4 K_5}{24 \times 3600} \tag{5-6}$$

式中　q_4——施工现场生活区生活用水量（L/s）；

P_2——生活区人数；

N_4——生活区昼夜全部用水定额，每人每昼夜为100～120L；

K_5——施工现场生活用水不均衡系数（见表5-20）。

经过计算得到 $q_4 =$ _____ L/s

(4) 消防用水量计算

根据消防范围及火灾同时发生次数确定消防用水量（q_5）。最小10L/s；施工现场在25ha以内时，不大于15L/s。

(5) 总用水量计算

1) 当 $(q_1+q_2+q_3+q_4) \leqslant q_5$ 时，则 $Q = q_5 + 1/2(q_1+q_2+q_3+q_4)$；

2) 当 $(q_1+q_2+q_3+q_4) \geqslant q_5$ 时，则 $Q = q_1+q_2+q_3+q_4$；

3) 当工地面积小于5ha，且 $q_1+q_2+q_3+q_4 < q_5$ 时，则 $Q = q_5$；

计算的总用水量还应增加10%，以补偿不可避免的水管漏水损失。

临时供水计算参见《建筑施工手册》中有关内容。

(6) 供水管径计算书

工地临时供水网路需用管径，可按下式计算：

$$d = \sqrt{\frac{4Q}{\pi v 1000}} \tag{5-7}$$

式中　d——配水管直径（m）；

Q——施工现场总用水量（L/s）；

v——管网中水流速度（m/s），一般取 $v = 1.50 \sim 2$m/s。

临时供水应计算生产、生活用水和消防用水，二者比较选择大者。一般工程生产、生活用水量都不会超过消防用水量，故应按消防用水量布置管线即可满足要求。

(7) 临时供水管线布置

包括消防设施的布置，生产、生活用水设施的布置，排水系统设置。临时供水管线铺设，可用明管或暗管。在严寒地区，暗管应埋设在冰冻线以下，明管应加保温。通过道路部分，应考虑地面上重型机械荷载对埋设管的影响。临时供水管线在施工总平面图中要标明管线位置、水管管径、用水位置。

2. 施工临时供电系统准备计划

(1) 说明本工程主要用电设备及现场电源情况，并按现场临电负荷表进行现场临电的负荷计算，校核建设单位所提供的电量是否能够满足现场施工所需电量，如何布置现场临电系统，见表 5-21。

主要施工机械设备用电一览　　　　　　　表 5-21

序号	名称	规格型号	单位	数量	设备容量（kW）	进场时间	电容量
1	塔式起重机						
2	施工电梯						
3	交流电焊机						
…	……						
…	施工照明						
…	生活用电						
…	电容量合计	电动机：××kW，电焊机：××kVA					
		施工照明：××kW，生活用电：××kW					

（2）施工现场安全用电管理，是安全文明施工的重要组成部分，应单独编制详细的临电方案，通过计算确定变压器规格、导线截面，并绘制现场用电线路布置图和系统图。临时供电线路只需在施工总平面图中标明线路位置、用电位置即可。

（3）用电量计算：现场临时供电包括动力用电与照明用电两种，在计算用电量时，应考虑以下因素：

1）全工地使用的用电机械设备、电气工具和照明用电数量。

2）施工进度计划中，施工高峰阶段同时用电的机械设备最高数量。

3）各种电力机械设备在工作中的利用情况。

动力用电、照明用电所需容量按下式估算：

$$P = 1.05 \times 1.10 \times \left(K_1 \frac{\Sigma P_1}{\cos \phi} + K_2 \Sigma P_2 + K_3 \Sigma P_3 + K_4 \Sigma P_4 \right) \quad (5-8)$$

式中　P——供电设备总需要容量（kVA）；

P_1——电动机额定功率（kW）；

P_2——电焊机额定功率（kVA）；

P_3——室内照明设备用电量（kW）；

P_4——室外照明设备用电量（kW）；

K_1——全部施工用电设备同时使用系数；总数 10 台以内取 0.7；11～30 台取 0.6；30 台以上取 0.55；

K_2——电焊机同时使用系数，3～10 台取 0.6，10 台以上取 0.5；

K_3——室内照明设备同时使用系数，取 0.8；

K_4——室外照明设备同时使用系数，取 1.0；

$\cos \phi$——电动机的平均功率因数，一般建筑工地取 0.75。

求得 P 值，可选择变压器容量。

由于照明用电量所占的比重较动力用电量要小得多，所以在估算总用电量时可以简化，只要在动力用电量之外加 10% 作为照明用电量即可。

3. 临时供热准备计划

临时供热计划应根据现场的生产、生活设施的面积和形式，确定供热方式和供热量，并绘制管线设计图。

4. 临时道路及围墙计划

目前很多大型工程往往忽略了道路在施工现场的重要性，要特别注意雨季到来时道路泥泞影响运输，在设计道路做法时，应引起足够的重视。

（1）根据现场实际情况确定道路做法、宽度和排水方向。

（2）临时道路和围墙的设置必须符合安全、消防、文明施工标准的规定。

（3）临时道路应考虑现场既要防止扬尘、满足车辆行走的要求，又要便于今后总图的施工，除主要车辆行走道路外，尽量减少混凝土路面的采用，可采用碎石或可周转使用的水泥方砖。

（4）围墙一般采用压型钢板及钢骨架组合拼接而成的围挡，便于周转使用，减少临建材料投入。

5. 场区排水准备计划

根据现场使用的各类机具及生活用水情况计算排水量，确定排水沟或排水管道的位置、流向和规格，并绘制现场排水线路布置图。在施工总平面中标明排水设施的位置、管径。

6. 生产、生活卫生临时设施计划

临时设施应本着尽量利用已有或拟建工程为施工服务的原则，按照施工部署和各种资源的需要量计划，认真进行临设工程的规划设计和编制临时设施需要量计划。

根据工程规模、施工人数，确定并列出各类临设面积、结构、用途及做法。说明现场各类构件、机具、材料存放场地的准备和要求，办公、生活临设布置标准等，见表 5-22。

临 时 设 施 一 览　　　　　表 5-22

设施名称	结构形式	面　积	用　途	做　法
办公室				
职工宿舍				
食堂				
厕、浴间				
门卫室				
木工棚				
钢筋棚				
仓库				
电工间				
标养室				
…				

5.6.5 资金准备

资金准备应根据施工进度计划及工程施工合同中的相关条款编制资金使用计划，以确保施工各阶段的目标和工期总目标的实现，此项工作应在施工进度计划编制完后、工程开工前完成。

5.6.6 劳动力配置计划

劳动力计划是现场各类资源计划的一部分，是确定和规划临时设施工程规模、组织劳动力进场的依据。在编制劳动力需求计划时，劳动力的数量、技术水平和各工种的比例应与拟建工程的进度、复杂难易程度和各分部（分项）工程的工程量相适应。

1. 劳动力计划表

根据工程的具体情况、施工方案、施工进度计划和施工预算，依次确定各专业工种进场时间及劳动力数量，然后按施工阶段或月份汇集成表格形式，作为现场劳动力调配的依据，见表5-23、表5-24。

劳动力计划（一）　　　　　　　　　　　　表5-23

序号	工种名称	基础阶段		结构阶段		装饰阶段	
		进场时间	人数	进场时间	人数	进场时间	人数
1	钢筋工						
2	混凝土工						
3	木工						
4	…						
5	汇总						

劳动力计划（二）　　　　　　　　　　　　表5-24

序号	工种名称	月份	月份	月份	月份	月份	月份
1	钢筋工						
2	混凝土工						
3	木工						
4	…						
5	汇总						

2. 劳动力动态管理图

根据劳动力计划表，要绘制以时间为横坐标，人数为纵坐标的劳动力动态管理图作形象描述，劳动力动态管理图的类型可采用曲线图——劳动力动态曲线图或柱形图。

5.6.7 主要材料、构配件、设备的加工及采购计划

根据施工预算工料分析和施工进度计划制订原材料、构配件、设备的加工及采购计划。

1. 主要材料配置计划

本计划包括：建筑工程主要材料计划和建筑安装工程主要材料计划。其中，土建主要材料包括原材料和施工周转材料（主要指模板、脚手架用钢管、扣件、脚手板等辅助材料及工具）。

本计划主要作为备料、供料和确定仓库、堆场面积及组织运输的依据，其编制方法是根据施工预算中的工料分析表、施工进度计划表中各施工过程及材料贮备定额、消耗定额编制。将施工中需要的材料，分别按材料名称、规格、数量、使用时间进行计算汇总，汇

集成表格形式,见表 5-25~表 5-30。

建筑工程主要材料配置计划 表 5-25

序号	材料名称	规格	单位	数量	拟进场时间	备注

给水排水工程主要材料配置计划 表 5-26

序号	材料名称	规格	单位	数量	拟进场时间	备注

电气工程主要材料配置计划 表 5-27

序号	材料名称	规格	单位	数量	拟进场时间	备注

通风工程主要材料配置计划 表 5-28

序号	材料名称	规格	单位	数量	拟进场时间	备注

采暖工程主要材料配置计划 表 5-29

序号	材料名称	规格	单位	数量	拟进场时间	备注

主要周转材料配置计划 表 5-30

序号	材料名称	规格	单位	数量	拟进场时间	备注
1	钢管					
2	扣件					
3	木方					
4	胶合板					
…	…					

2. 构配件、设备加工订货计划

依据施工图、施工进度计划、施工预算、现场施工情况及现场施工生产条件,编制各种构配件、设备加工订货计划。其编制方法是将施工中所需要的构配件、设备依次确定其品种、规格、数量和进场时间,并参照进场时间和设备厂家的加工周期制定最晚订货时间，以保证现场施工的正常进行，最后将上述内容汇总成表格形式，见表 5-31。

构配件、设备加工订货计划　　　　　　　　　　　　表 5-31

序号	材料名称	规格型号	单位	数量	订货时间	拟进场时间

3. 主要施工机具设备配置计划

依据施工方案和施工进度计划，确定施工机械的类型、数量和进场时间，编制主要机具设备进场计划，参见表 5-32。

主要施工机具设备配置计划　　　　　　　　　　　　表 5-32

序号	名称	规格型号	单位	数量	拟进退场时间	备注
1	塔吊					用途及使用部位
2	弧焊机					
3	钢筋弯曲机					
…	……					

5.7 施　工　方　案

施工方案是以分部（分项）工程或专项工程为主要对象编制的施工技术与组织方案，用以具体指导施工过程。

施工方案的选择是单位工程施工组织设计中的重要环节，是决定整个工程全局的关键。施工方案选择得恰当与否，将直接影响单位工程的施工效率、进度安排、施工质量、施工安全、工期长短。因此，必须在若干个初步方案的基础上进行认真地分析比较，力求选择出一个最经济、最合理的施工方案。

5.7.1 编写要求

（1）编写这部分内容要反映主要分部（分项）工程或专项工程拟采取的施工手段和工艺，具体要反映施工中的工艺方法、工艺流程、操作要点和工艺标准，机具的选择与质量检验等内容。

（2）施工方案的确定应体现先进性、经济性和适用性。具体施工方法的确定应着重于各主要施工方法的技术经济比较，力求达到技术上先进，施工上方便、可行，经济上合理的目的。

（3）在编写深度方面，要对每个分项工程施工方案进行宏观的描述，要体现宏观指导性和原则性，其内容应表达清楚，决策要简练。

5.7.2 编写内容

施工方案的内容包括：确定各分部分项工程的施工顺序；选择施工组织方式、划分施工段；确定主要分部分项工程的施工方法；选择主要分部分项工程适用的施工机械。

以下就这四项内容作详尽叙述。

5.7.3 施工顺序的确定

在实际工程施工中，施工顺序可以有多种。不仅不同类型建筑物的建造过程有着不同的施工顺序；而且在同一类型的建筑工程施工中，甚至同一幢房屋的施工，也会有不同的施工顺序。因此，本条的基本任务就是如何在众多的施工顺序中，选择出既符合客观规律，又经济合理的施工顺序。

1. 确定施工顺序应遵循的基本原则

（1）先地下，后地上。指的是在地上工程开始之前，把管道、线路等地下设施、土方工程和基础工程全部完成或基本完成。坚固耐用的建筑需要有一个坚实的基础，从工艺的角度考虑，也必须先地下后地上，地下工程施工时应做到先深后浅，这样可以避免对地上部分施工产生干扰，从而带来施工不便，造成浪费，影响工程质量。

（2）先主体，后围护。指的是在框架结构建筑和装配式单层工业厂房施工中，先进行主体结构施工，后完成围护工程。同时，框架主体结构与围护工程在总的施工顺序上要合理搭接，一般来说，多层建筑以少搭接为宜，而高层建筑则应尽量多搭接施工，以缩短施工工期；而装配式单层工业厂房主体结构与围护工程一般不搭接。

（3）先结构，后装修。是对一般情况而言，有时为了缩短施工工期，也可以有部分合理的搭接。

（4）先土建，后设备。指的是不论是民用建筑还是工业建筑，一般来说，土建施工应先于水、暖、煤、卫、电等建筑设备的施工。但它们之间更多的是穿插配合关系，尤其在装修阶段，要从保证施工质量，降低成本的角度，处理好相互之间的关系。

以上原则并不是一成不变的，在特殊情况下，如在冬期施工之前，应尽可能完成土建和围护工程，以利于施工中的防寒和室内作业的开展，从而达到改善工人的劳动环境，缩短工期的目的。

2. 确定施工顺序的基本要求

（1）必须符合施工工艺的要求。建筑物在建造过程中，各分部分项工程之间存在着一定的工艺顺序关系，它随着建筑物结构和构造的不同而变化，应在分析建筑物各分部分项工程之间的工艺关系的基础上确定施工顺序。

（2）必须与施工方法协调一致。

（3）必须考虑施工组织的要求。

（4）必须考虑施工质量的要求。

（5）必须考虑当地的气候条件。

（6）必须考虑安全施工的要求。

3. 多层砌体结构民用房屋的施工顺序

多层砌体结构民用房屋的施工，按照房屋结构各部位不同的施工特点，可分为基础工程、主体工程、屋面及装修工程三个施工阶段。

（1）基础工程阶段施工顺序

基础工程是指室内地面以下的工程。其施工顺序比较容易确定，一般顺序是：挖土方→垫层→基础→回填土。具体内容视工程设计而定。如有桩基础工程，应另列桩基础工程。如有地下室则施工过程和施工顺序一般是：挖土方→垫层→地下室底板→地下室墙、柱结构→地下室顶板→防水层及保护层→回填土。但由于地下室结构、构造不同，有些施工内容应有一定的配合和交叉。

在基础工程施工阶段，挖土方与做垫层这两道工序，在施工安排上要紧凑，时间间隔不宜太长，必要时可将挖土方与做垫层合并为一个施工过程。在施工中，可以采取集中兵力，分段流水的方法进行施工，以避免基槽（坑）土方开挖后，因垫层施工未能及时进行，使基槽（坑）浸水或受冻害，从而使地基承载力下降的状况，造成工程质量事故或引起工程量、劳动力、机械等资源的增加。同时还应注意混凝土垫层施工后必须有一定的技术间歇时间，使之具有一定的强度后再进行下道工序的施工。各种管沟的挖土、铺设等施工过程，应尽可能与基础工程施工配合，采取平行搭接施工。回填土一般在基础工程完工后一次性分层、对称夯填，以避免基础受到浸泡并为后一道工序施工创造条件。当回填土工程量较大且工期较紧时，也可将回填土分段施工并与主体结构搭接进行，室内回填土可安排在室内装修施工前进行。

(2) 主体工程阶段施工顺序

主体工程是指基础工程以上，屋面板以下的所有工程。这一施工阶段的施工过程主要包括：安装起重垂直运输机械设备，搭设脚手架，砌筑墙体，现浇柱、梁、板、雨篷、阳台、楼梯等施工内容。

其中砌墙和现浇楼板是主体工程施工阶段的主导过程。两者在各楼层中交替进行，应注意使它们在施工中保持均衡、连续、有节奏地进行。并以它们为主组织流水施工，根据每个施工段的砌墙和现浇楼板工程量、工人人数、吊装机械的效率、施工组织的安排等计算确定流水节拍大小，而其他施工过程则应配合砌墙和现浇楼板组织流水施工，搭接进行。如脚手架搭设应配合砌墙和现浇楼板逐段逐层进行；其他现浇钢筋混凝土构件的支模、绑扎钢筋可安排在现浇楼板的同时或砌筑墙体的最后一步插入，要及时做好模板、钢筋的加工制作工作，以免影响后续工程的按期投入。

(3) 屋面及装修工程施工顺序

屋面及装修工程是指屋面板完成以后的所有工作。这一施工阶段的施工特点是：施工内容多、繁、杂；有的工程量大而集中，有的工程量小而分散；劳动消耗大，手工作业多，工期较长。因此，妥善安排屋面及装修工程的施工顺序，组织立体交叉流水作业，对加快工程进度有着特别重要的现实意义。

屋面工程的施工，应根据屋面的设计要求逐层进行。例如，柔性屋面的施工顺序按照隔汽层→保温层→隔汽层→柔性防水层→隔热保护层的顺序依次进行。刚性屋面按照找平层→保温层→找平层→刚性防水层→隔热层的施工顺序依次进行，其中细石混凝土防水层、分仓缝施工应在主体结构完成后尽快完成，为顺利进行室内装修创造条件。为了保证屋面工程质量，防止屋面渗漏，屋面防水在南方做成"双保险"，即既做刚性防水层，又做柔性防水层，但也应精心施工，精心管理。屋面工程施工在一般情况下不划分流水段，它可以和装修工程搭接施工。

装修工程的施工可分为室外装修（檐沟、女儿墙、外墙、勒脚、散水、台阶、明沟、雨水管等）和室内装修（顶棚、墙面、楼面、地面、踢脚线、楼梯、门窗、五金、油漆及玻璃等）两个方面的内容。其中内外墙及楼、地面的饰面是整个装修工程施工的主导过程，因此，要着重解决饰面工作的空间顺序。

根据装修工程的质量、工期、施工安全以及施工条件，其施工顺序一般有以下几种：

1) 室外装修工程。室外装修工程一般采用自上而下的施工顺序，是在屋面工程全部完工后，室外抹灰从顶层至底层依次逐层向下进行。其施工流向一般为水平向下。采用这种顺序的优点是：可以使房屋在主体结构完成后，有足够的沉降和收缩期，从而可以保证装修工程质量，同时便于脚手架的及时拆除。

2) 室内装修工程。室内装修自上而下的施工顺序是指主体工程及屋面防水层完工后，室内抹灰从顶层往底层依次逐层向下进行。其施工流向又可分为水平向下和垂直向下两种，通常采用水平向下的施工流向。采用自上而下施工顺序的优点是：可以使房屋主体结构完成后，有足够的沉降和收缩期，沉降变化趋向稳定，这样可保证屋面防水工程质量，不易产生屋面渗漏，也能保证室内装修质量，可以减少或避免各工种操作互相交叉，便于组织施工，有利于施工安全，而且也很方便楼层清理。其缺点是：不能与主体及屋面工程施工搭接，故总工期相应较长。

室内装修自下而上的施工顺序是指主体结构施工到三层及三层以上时（有两层楼板，以确保底层施工安全），室内抹灰从底层开始逐层向上进行，一般与主体结构平行搭接施工。其施工流向又可分为水平向上和垂直向上两种，通常采用水平向上的施工流向。为了防止雨水或施工用水从上层楼板渗漏，而影响装修质量，应先做好上层楼板的面层，再进行本层顶棚、墙面、楼地面的饰面。采用自下而上的施工顺序的优点是：可以与主体结构平行搭接施工，从而缩短工期。其缺点是：同时施工的工序多、人员多、工序间交叉作业多，要采取必要的安全措施；材料供应集中，施工机具负担重，现场施工组织和管理比较复杂。因此，只有当工期紧迫时，室内装修才考虑采取自下而上的施工顺序。

室内装修的单元顺序即在同一楼层内顶棚、墙面、楼地面之间的施工顺序一般有两种：楼地面→顶棚→墙面，顶棚→墙面→楼地面。这两种施工顺序各有利弊。前者便于清理地面基层，楼地面质量易保证，而且便于收集墙面和顶棚的落地灰，从而节约材料，但要注意楼地面成品保护，否则后一道工序不能及时进行。后者则在楼地面施工之前，必须将落地灰清扫干净，否则会影响面层与结构层间的粘结，引起楼地面起壳，而且楼地面施工用水的渗漏可能影响下层墙面、顶棚的施工质量。底层地面施工通常在最后进行。

楼梯间和楼梯踏步，由于在施工期间易受损坏，为了保证装修工程质量，楼梯间和踏步装修往往安排在其他室内装修完工之后，自上而下统一进行。门窗的安装可在抹灰之前或之后进行，主要视气候和施工条件而定，但通常是安排在抹灰之后进行。而油漆和安装玻璃的次序是先油漆门窗扇，后安装玻璃，以免油漆时弄脏玻璃。塑钢及铝合金门窗不受此限制。

在装修工程施工阶段，还需考虑室内装修与室外装修的先后顺序，这与施工条件和天气变化有关。通常有先内后外、先外后内、内外同时进行三种施工顺序。当室内有水磨石楼面时，应先做水磨石楼面，再做室外装修，以免施工时渗漏水影响室外装修质量；当采用单排脚手架砌墙时，由于留有脚手眼需要填补，应先做室外装修，在拆除脚手架后，同时填补脚手眼，再做室内装修；当装饰工人较少时，则不宜采用内外同时施工的施工顺序。一般说来，采用先外后内的施工顺序较为有利。

4. 钢筋混凝土框架结构房屋的施工顺序

钢筋混凝土框架结构房屋的施工顺序也可分为基础、主体、屋面及装修工程三个阶段。它在主体工程施工时与砌体结构房屋有所区别，即框架柱、框架梁、板交替进行，也可采用框架柱、梁、板同时进行，墙体工程则与框架柱、梁、板搭接施工。其他工程的施工顺序与砌体结构房屋相同。

上面所述多层砌体结构民用房屋和钢筋混凝土框架结构房屋的施工顺序，仅适用于一般情况。建筑施工顺序的确定既是一个复杂的过程，又是一个发展的过程，它随着科学技术的发展，人们观念的更新而在不断的变化。因此，针对每一个单位工程，必须根据其施工特点和具体情况，合理确定施工顺序。

5.7.4 选择施工组织方式、划分施工段

1. 选择施工组织方式

常用的施工组织方式有依次施工、平行施工和流水施工。流水施工根据其节奏特征的不同又分为全等节拍流水、成倍节拍流水、无节奏流水等若干类。建筑物（或构筑物）在组织施工时，应根据工程特点、性质和施工条件选择最经济的施工组织方式（施工组织方式的选择本书第 2 章中已作详尽叙述，此处不再赘述）。

2. 施工段划分的原则

详见第 2 章第 2 节相关内容。

5.7.5 确定主要分部分项工程的施工方法

这部分内容是要对一些主要分部（分项）工程和专项工程的施工方法予以拟定。拟定的分部（分项）工程施工方法通常是指选择那些工程量较大、占用时间较长、对工程质量和工期起着关键作用的主要工种工程的施工方法。

分部（分项）工程施工方法的编写，应根据《建筑工程施工质量验收统一标准》（GB 50300—2001）中分部、分项工程划分，结合工程具体情况，根据各级工艺标准或工法，优化选择相应的施工方法。

1. 桩基工程

(1) 说明桩基类型，明确选用的施工机械型号。

(2) 描述桩基工程施工流程。

(3) 入土方法和入土深度控制。

(4) 桩基检测。

(5) 质量要求等。

2. 降水与排水

(1) 说明施工现场地层土质、地下水情况，是否需要降水等。如需降水应明确降低地下水位的措施，是采用井点降水，还是其他降水措施，或是基坑壁外采用止水帷幕的方法。

(2) 选择排除地面水、地下水的方法，确定排水沟、集水井或井点的布置及所需设备型号、数量。

(3) 说明降水深度是否满足施工要求（注意，水位应降至基坑最深部位以下 50cm 的施工要求），说明降水的时间要求。要考虑降水对邻近建筑物可能造成的影响及所采取的技术措施。

(4) 应说明日排水量的估算值及排水管线的设计。

(5) 说明当工地停电时，基坑降水采取的应急措施。

3. 基坑的支护结构

(1) 说明工程现场施工条件、邻近建筑物等与基坑的距离、邻近地下管线对基坑的影响、基坑放坡的坡度、基坑开挖深度、基坑支护类型和方法、坑边立塔吊应采取的措施、基坑的变形观测等。

(2) 重点说明选用的支护类型。选择支护结构时应考虑下述因素：

1) 基坑的平面尺寸、开挖深度和施工要求。

2) 各层土的物理、力学性质，地下水情况等。

3) 邻近建筑物、构筑物、树木与基坑的距离。

4) 施工阶段，塔式起重机位置与基坑的关系，环形道路与基坑的距离，运输车量的载重，地面上材料堆放情况。

5) 邻近地下管线及其他设施情况，以及对基坑变形的限制。

6) 工期和造价的优化等。

4. 土方工程

(1) 计算土方工程量（挖方、填方）。

(2) 根据工程量大小，确定采用人工挖土，还是机械挖土。

(3) 确定挖土方向并分段、坡道的留置位置，土方开挖步数，每步开挖深度。

(4) 确定土方开挖方式，当采用机械挖土时，根据上述要求选择土方机械的型号、数量和放坡系数。

(5) 当开挖深基坑土方时，应明确基坑土壁的安全措施，是采用逐级放坡的方法，还是采用支护结构的方法。

(6) 土方开挖与护坡、锚杆、工程桩等工序是如何穿插配合的，土方开挖与降水的配合。

(7) 人工如何配合修整基底、边坡。

(8) 说明土方开挖注意事项，包括安全、环保等方面。

(9) 确定土方平衡调配方案，描述土方的存放地点、运输方法和回填土的来源。

(10) 回填土土质的选择、灰土计量、压实方法及夯实要求，回填土季节施工的要求。

5. 钎探与验槽

(1) 土方挖至槽底时的施工方法说明。

(2) 是否进行钎探及钎探工艺、钎探布点方式、间距、深度、钎探孔的处理方法。

(3) 明确清槽要求。

6. 垫层

明确验槽后对垫层、褥垫层施工有何要求，垫层混凝土的强度等级，是采用预拌混凝土还是现拌混凝土。垫层如果作为防水基层，建议采用一次压光的方法，需说明具体的施工做法。

7. 地下防水工程

目前地下室防水设防体系普遍采用结构自防水＋材料防水＋构造防水的体系。

(1) 结构自防水的用料要求及相关技术措施

说明防水混凝土的等级、防水剂的类型、掺量及对碱骨料反应的技术要求。

(2) 材料防水的用料要求及方法措施

说明防水材料的类型、层数、厚度，明确防水材料的产品合格证、材料检验报告的要求，进场时是否按规定进行外观检查和复试。

当采用防水卷材时应明确所采用的施工方法（外贴法或内贴法）；当采用涂料防水、防水砂浆防水、塑料防水板、金属防水层时，应明确技术要求。

说明对防水基层的要求、防水导墙的做法、防水保护层等的做法。

(3) 构造防水用料要求及相关技术措施

地下工程的变形缝、施工缝、后浇带、穿墙管、定位支撑、埋设件等处是整个地下工程防水的薄弱环节，地下工程的渗漏水，除结构本身的缺陷外，大多是由于这些部位处理不当引起的，因此，必须明确细部构造防水施工的方法和要求及应采取的阻水措施。

8. 钢筋工程

(1) 钢筋的供货方式、进场检验及原材存放

说明钢筋的供货方式、进场验收（出厂合格证、炉号和批量）、钢筋外观检查、复试及见证取样要求、原材的堆放要求。

(2) 钢筋加工方法

1) 明确钢筋的加工方式，是场内加工，还是场外加工。

2) 明确钢筋调直、切断、弯曲的方法，并说明相应加工机具设备型号、加工场地面积及位置。

3) 明确钢筋放样、下料、加工要求。

4) 做各种类型钢筋的加工样板。

(3) 钢筋运输方法

说明现场成形钢筋搬运至作业层采用的运输工具。如钢筋在场外加工，应说明场外加工成形的钢筋运至现场的方式。

(4) 钢筋连接方法

1) 明确钢筋的连接方式，是焊接，还是机械连接或是搭接，明确具体采用的接头形式，是电弧焊，还是电渣压力焊或是直螺纹。

2) 说明接头试验要求。简述钢筋连接施工要点。

(5) 钢筋安装方法

1) 分别对基础、柱、墙、梁、板等部位的施工方法和技术要点作出明确的描述。

2) 防止钢筋位移的方法及保护层的控制。

3) 如设计墙、柱为变截面，应说明墙体、柱变截面处的钢筋处理方法。

(6) 预应力钢筋施工方法

如，钢筋做现场预应力张拉时，应说明施工部位，预应力钢筋的加工、运输、安装和检测方法及要求。

(7) 钢筋保护

钢筋半成品、成品的保护要求。

9. 模板工程

模板作为一种周转性材料，同时又由于其在施工质量中的关键性作用，因此对施工工期、成本投入、质量控制均是重要性项目。此外，模板在设计、安装、拆除施工中还有许多关系到安全的环节，因此，在编制施工组织设计时，对模板选型、设计必须考虑模板分项工程具有质量、安全两个方面的双重性的特点。

模板分项工程施工方法的选择内容包括：模板及其支架的设计（类型、数量、周转次数）、模板加工、模板安装、模板拆除及模板的水平垂直运输方案。

(1) 模板设计

在进行模板体系设计时，应综合考虑结构形式、工期、质量、安全等方面的因素，根据不同部位的结构特点选用不同的模板体系，模板及其支架应具有足够的承载能力、刚度和稳定性，能可靠地承受浇筑混凝土的重量、侧压力以及施工荷载。模板设计方案要体现出经济、实用、科学先进性要求。

模板配制原则：在模板的配置上应考虑配置数量同流水段划分相适应，满足施工进度要求；所选择的模板应达到或大于周转使用次数要求；模板的配置要综合考虑质量、工期和技术经济效益，减少一次性的投入，降低工程成本。

1）地下部分模板设计。描述不同的结构部位采用的模板类型、施工方法、配置数量、模板高度等，可以用表格形式列出，见表 5-33。

地下部分模板设计　　　　　　　　　　　表 5-33

序号	结构部位	模板选型	施工方法	数量（m²）	模板宽度（mm）	模板高度（mm）
1	底板					
2	墙体					
3	柱					
4	梁					
5	板					
6	电梯井					
7	楼梯					
8	门窗洞口					
...	......					

2）地上部分模板设计（表 5-34）。

地上部分模板设计　　　　　　　　　　　表 5-34

序号	结构部位	模板选型	施工方法	数量（m²）	模板宽度（mm）	模板高度（mm）
1	墙体					
2	柱					
3	梁					
4	板					
5	电梯井					
6	楼梯					
7	女儿墙					
8	门窗洞口					
...	......					

3）特殊部位的模板设计。对有特殊造型要求的混凝土结构，如建筑物的屋顶结构、建筑立面等此类构件，模板设计较为复杂，应明确模板设计要求。

(2) 模板加工、制作及验收

1) 说明各类模板的加工制作方式，是外加工还是现场加工制作。

2) 明确模板加工制作的主要技术要求和主要技术参数。如需委托外加工，应将有关技术要求和技术参数以技术合同的形式向专业模板公司提出加工制作要求。如在现场加工制作，应明确加工场所、所需设备及加工工艺等要求。

3) 模板验收是检验加工产品是否满足要求的一道重要工序，因此要明确验收的具体方法。

(3) 模板安装

1) 明确不同类型模板所选用隔离剂的类型。

2) 确定模板的安装顺序和技术要求。

3) 确定模板安装允许偏差的质量标准（表 5-35）。

模板安装允许偏差　　　　　　　表 5-35

项　　目		允许偏差（mm）
轴线位置	柱、梁、墙	
底模上表面标高		
截面模内尺寸	基础	
	柱、梁、墙	
层高垂直度	不大于 5m	
	大于 5m	
相邻两板面高低差		
表面平整度		

4) 对所需的预埋件、预留孔洞的要求进行描述。

(4) 模板拆除

1) 模板拆除必须符合设计要求、验收规范的规定及施工技术方案。

2) 明确各部位模板的拆除顺序。

3) 明确各部位模板拆除的技术要求，如侧模板拆除的技术要求（常温、冬施）、底模及其支架拆除的技术要求、后浇带等特殊部位模板拆除的技术要求。

4) 为确保楼板不因过早拆除而出现裂缝的措施。

(5) 模板的堆放、维护与修理

说明模板的堆放、清理、维修、涂刷隔离剂的要求。

10. 混凝土工程

(1) 明确混凝土的供应方式

1) 明确选用现场拌制混凝土，还是预拌混凝土。

2) 采用现拌混凝土：应确定搅拌站的位置、搅拌机型号与数量。

3) 采用预拌混凝土：选择确定预拌混凝土供应商，在签订预拌混凝土供应经济合同时，应同时签订技术合同。

(2) 混凝土的配合比设计要求

1) 对配合比设计的主要参数提出要求，包括：原材料、坍落度、水灰比、砂率。

2) 对外加剂类型、掺合料种类的要求。

3) 如是现场拌制混凝土,应确定砂石筛选、计量和后台上料方法。

4) 明确对碱含量、氯限量等有害物质的技术指标要求。

(3) 混凝土的运输

1) 明确场外、场内的运输方式(水平运输和垂直运输),并对运输工具、时间、道路、运输及季节性施工加以说明。

2) 当使用泵送混凝土时,应对泵的位置、泵管的设置和固定措施提出原则性要求。

(4) 混凝土拌制和浇筑过程中的质量检验

1) 现拌混凝土:明确混凝土拌制质量的抽检要求,如检查原材料的品种、规格和用量,外加剂、掺合料的掺量、用水量、计量要求和混凝土出机坍落度,混凝土的搅拌时间检查及每一工作班内的检查频次。

明确混凝土在浇筑过程中的质量抽检要求,如,检查混凝土在浇筑地点的坍落度及每一工作班内的检查频次。

2) 预拌混凝土:明确混凝土进场和浇筑过程中对混凝土的质量抽检要求,如现场在接收预拌混凝土时,必须要检查预拌混凝土供应商提供的混凝土质量资料是否符合约定的质量要求,检查到场混凝土出罐时的坍落度,检查浇筑地点混凝土的坍落度,并明确每一工作班内的检查频次。

(5) 混凝土的浇筑工艺要求及措施

对混凝土分层浇筑和振捣的要求。

(6) 混凝土的浇筑方法

1) 描述不同部位的结构构件采用何种方式浇筑混凝土(泵送或塔吊运送)。

2) 根据不同部位,分别说明浇筑的顺序和方法(分层浇筑或一次浇筑)。

3) 对楼板混凝土标高及厚度的控制方法。

4) 当使用泵送混凝土时,应按《混凝土泵送施工技术规程》(JGJ/T 10—2011)中有关内容提出泵的选型原则、配管原则等要求。

5) 明确对后浇带的施工时间、施工要求以及施工缝的处置。

6) 明确不同施工部位、不同构件所使用的振捣设备及振捣的技术要求。

(7) 施工缝

确定施工缝留置位置与处理方法。

(8) 混凝土的养护制度和方法

明确混凝土的养护方法和时间(水平构件与竖向构件分别描述)。

(9) 大体积混凝土

确定大体积混凝土的浇筑方案,制定防止温度裂缝的措施。

(10) 混凝土的季节性施工

1) 制定相应的防冻和降温措施。

2) 明确采用的养护方法及易引起冻害的薄弱环节应采取的技术措施。

(11) 试验管理

1) 明确现场是否设置标养室。

2) 明确混凝土试件制作与留置要求。

（12）混凝土结构的实体验收

为了混凝土结构的施工质量验收，真实地反映混凝土强度的质量指标，确保结构安全，在混凝土分项工程验收合格的基础上，对结构实体的混凝土强度进行验证性检查。

11. 砌体砌筑工程

（1）简要说明本工程砌体采用的砌体材料种类、砌筑砂浆强度等级、使用部位。

（2）简要说明砖墙的组砌方法或砌块的排列设计。

（3）明确砌体的施工方法，简要说明主要施工工艺要求和操作要点。

（4）明确砌体砌筑的质量要求。

（5）配筋砌体工程的施工要求。

（6）砌筑砂浆的质量要求。

（7）明确砌筑施工中的流水分段和劳动力组合形式等。

（8）确定脚手架搭设方法和技术要求。

12. 架子工程

主要根据不同建筑类型确定脚手架所用材料、搭设方法及安全网的挂设方法。明确采用何种架子系统、如何周转等。具体内容要求如下：

（1）应系统描述各施工阶段所采用的内外脚手架的类型。

基础阶段：内脚手架的类型；外脚手架的类型；安全防护架的设置位置及类型；马道的设置位置及类型。

主体结构阶段：内脚手架的类型；外脚手架的类型；安全防护架的设置位置及类型；马道的设置位置及类型；上料平台的设置及类型。

装饰装修阶段：内脚手架的类型，外脚手架的类型。

（2）明确内、外脚手架的用料要求。

（3）明确各类型脚手架的搭、拆顺序及要求。

（4）明确脚手架的安全设施。

（5）脚手架的验收。

（6）脚手架工程涉及安全施工，应单独编制专项施工方案，高层和超高层的外架应有计算书，并作为施工方案的组成部分。当外架由专业分包单位分包时，应明确分包形式和责任。

13. 屋面工程

此部分主要说明屋面各个分项工程的各层材料的质量要求、施工方法和操作要求。对卷材防水屋面一般有隔气层、隔热层、找坡层、找平层、防水层、保护层或使用面层等项工程，具体的分项工程，应根据设计图纸。

（1）根据设计要求，说明屋面工程所采用保温隔热材料的品种、防水材料的类型（卷材、涂膜、刚性）、层数、厚度及进场要求（外观检查和复试）。

（2）明确屋面防水等级和设防要求。

（3）明确屋面工程的施工顺序和各工序的主要施工工艺要求。

（4）说明屋面防水采用的施工方法和技术要点。

当采用防水卷材时，应明确所采用的施工方法（冷粘法、热粘贴、自粘贴、热风焊接）；当采用防水涂膜时，应明确技术要求。

(5) 屋盖系统的各种节点部位及各种接缝的密封防水施工要求。
(6) 说明对防水基层、防水保护层的要求。
(7) 明确试水要求。
(8) 屋面工程各工序的质量要求。
(9) 屋面材料的运输方式。
(10) 依据《建筑节能工程施工质量验收规范》(GB 50411—2007) 的规定,明确保温材料各项指标的复验要求。

14. 外墙保温工程
(1) 说明采用的外墙保温类型及部位。
(2) 主要的施工方法及技术要求。
(3) 依据《建筑节能工程施工质量验收规范》(GB 50411—2007) 的规定,明确外墙保温板施工的现场试验要求。
(4) 依据《建筑节能工程施工质量验收规范》(GB 50411—2007) 的规定,明确保温材料进场要求和材料性能要求。

15. 装饰装修工程
(1) 总体要求
1) 确定装饰工程各分项的操作方法及质量要求,有时要做样板间。
2) 说明材料的运输方式,确定材料堆放、平面布置和储存要求,确定所需机具设备。
3) 说明室内外墙面工程、楼(地)面工程和顶棚工程的施工方法、施工工艺流程与流水施工的安排,装饰材料的场内运输方案。
(2) 地面工程
1) 简要说明本工程地面做法名称及所在部位。
2) 说明各种地面的做法和技术要点。
3) 地面养护和成品保护要求。
4) 质量要求。
(3) 抹灰工程
依据《建筑装饰装修工程质量验收规范》(GB 50210—2001) 的规定,明确以下几个方面内容:
1) 根据设计要求,简要说明本工程采用的抹灰做法及部位。
2) 简要描述主要的施工方法及技术要点。
3) 说明防止抹灰空鼓、开裂的措施。
4) 质量要求。
(4) 门窗工程
依据《建筑装饰装修工程质量验收规范》(GB 50210—2001)、《建筑节能工程施工质量验收规范》(GB 50411—2007) 的规定,明确以下几个方面内容:
1) 根据设计要求,说明本工程门窗的类型及部位。
2) 描述主要的施工方法及技术要点,包括放线、固定窗框、填缝、窗扇安装、玻璃安装、清理、验收工艺等。
3) 成品保护。

4）安装的质量要求。

5）对外墙金属窗、塑料窗的三项指标和保温性能的要求。

6）明确外墙金属窗的防雷接地做法。

（5）吊顶工程

依据《建筑装饰装修工程质量验收规范》（GB 50210—2001）的规定，明确以下几个方面内容：

1）采用吊顶的类型、材料选用和部位。

2）描述主要的施工方法及技术要点。

3）吊顶工程与吊顶内管道和水电设备安装的工序关系。

4）质量要求。

（6）轻质隔墙工程

依据《建筑装饰装修工程质量验收规范》（GB 50210—2001）的规定，明确以下几个方面内容：

1）明确本工程采用何种隔墙及部位。

2）说明轻质隔墙的施工工艺。

3）描述主要的安装方法及技术要点。

4）质量要求。

5）隔墙与顶棚和其他墙体交接处应采取的防开裂措施。

6）成品保护要求。

（7）饰面板（砖）工程

依据《建筑装饰装修工程质量验收规范》（GB 50210—2001）的规定，明确以下几个方面内容：

1）明确所采用饰面板的种类及部位。

2）说明轻饰面板的施工工艺。

3）主要施工方法及技术要点。重点描述外墙饰面板（砖）的粘结强度试验，湿作业法防止反碱的方法，防震缝、伸缩缝、沉降缝的做法。

4）外墙饰面与室外垂直运输设备拆除之间的时间关系。

5）质量要求。

6）成品保护。

（8）幕墙工程

依据《建筑装饰装修工程质量验收规范》（GB 50210—2001）、《建筑节能工程施工质量验收规范》（GB 50411—2007）的规定，明确以下几个方面内容：

1）采用幕墙的类型和部位。

2）说明幕墙工程施工工艺。

3）主要施工方法及技术要点。

4）成品保护。

5）主要原材料的性能检测报告。

6）玻璃幕墙的四性试验（气密性、水密性、抗风压性能、平面内变形）和节能保温性要求。

(9) 涂饰工程

依据《建筑装饰装修工程质量验收规范》（GB 50210—2001）的规定，明确以下几个方面内容：

1) 采用涂料的类型和部位。

2) 简要说明主要施工方法和技术要求。

3) 按设计要求和 GB 50325—2001 的有关规定对室内装修材料进行检验的项目。

(10) 裱糊与软包工程

依据《建筑装饰装修工程质量验收规范》（GB 50210—2001）的规定，明确以下几个方面内容：

1) 采用裱糊与软包的类型及部位。

2) 主要施工方法及技术要点。

(11) 厕浴间、卫生间

明确卫生间的墙面、地面、顶板的做法和主要施工工艺、工序安排，施工要点、材料的使用要求及防止渗漏采取的技术措施和管理措施。

16. 季节性施工

当工程施工跨越冬期或雨期时，必须制定冬期施工措施或雨期施工措施。其目的是保证工程质量、保证安全、保证进度、减少浪费、降低工程成本。施工措施应根据工程部位及施工内容不同、施工条件的不同进行制定。季节性施工内容包括：

(1) 冬（雨）期施工部位

说明冬（雨）期施工的具体项目和所在的部位。

(2) 冬期施工措施

根据工程所在地的冬季气温、降雪量不同，工程部分及施工内容不同，施工单位的条件不同，制定不同的冬期施工措施。如暖棚法，先进行门窗封闭，再进行装饰工程的方法，以及在混凝土中加入防冻剂的方法等。

(3) 雨期施工措施

根据工程所在地的雨量、雨期及工程的特点（如深基础、大土方量、施工设备、工程部位）制定措施。

(4) 暑期施工措施

根据台风、暑期高温及工程特点等制定措施。

有关季节性施工的内容应在季节性专项施工方案中细化。

5.8 主要施工管理计划

5.8.1 编写要求

这部分内容要反映保证项目管理目标实现拟采取的实施性控制方法，而确定这些方法是编制人员带有创造性的工作。应绝对避免堆砌千篇一律的条文，而要拟定能起实际指导作用的措施。

制订施工管理计划，应从组织、技术、经济、合同及工程的具体情况等方面考虑。同时，措施内容必须有针对性，应针对不同的管理目标制定不同的专业性管理措施。要务必做到既行之有效又切实可行，要讲究实用和效果。对于常规知识不必再写，但必须做到。

在编制的手法和表达形式上，主要采用罗列的方法，只需将要叙述的内容一项项列清楚，逐项叙述，无需太多的表现方式。

5.8.2 编写内容

主要施工管理计划是《建筑施工组织设计规范》中的提法，目前的施工组织设计中多用管理和技术措施来编制，主要施工管理计划实际上是指在管理和技术经济方面为保证工程进度、质量、安全、成本、环境保护等管理目标的实现所采取的方法和措施。

施工管理计划涵盖很多方面的内容，可根据工程的具体情况加以取舍。一般来说，施工组织设计中的施工管理计划应包括：进度管理计划、质量管理计划、安全管理计划、环境管理计划、成本管理计划和其他管理计划。

其他管理计划包括文明工地管理计划、消防管理计划、现场保卫计划、合同管理计划、分包管理计划和创优管理计划等。

上述各项施工管理计划的编制内容均应包括组织措施、技术措施、经济措施。

5.8.3 进度管理计划

这部分内容主要围绕施工进度计划来写，如网络图，从关键线路入手，找到关键，从组织上、资源上、计划上、条件上、技术上、经济上和合同上以及针对不同的施工阶段制定进度管理的措施，这样写来，编制的思路和具体对策一目了然。具体可以从以下几个方面来考虑：

1. 对项目施工进度总目标进行分解，合理制定不同施工阶段进度控制分目标。

通过对项目施工进度总目标进行逐级分解，从而以阶段性目标的实现保证最终工期目标的完成。

2. 建立施工进度管理的组织机构，明确职责，制定相应的管理制度。
3. 建立完善的生产计划保证体系，制订分级控制进度计划。

建立完善的生产计划保证体系是掌握施工管理主动权、控制施工生产局面、保证工程进度的关键一环。生产计划体系可以由日、周、月和总控计划四个层次构成。

4. 制定进度管理的相应措施，包括施工组织措施、技术措施和经济合同措施等。

如技术工艺的保障、编制施工方案、技术交底，采用先进的施工技术（工程网络计划技术、流水施工方法等），资金保证和落实各类资源等，保证各阶段性工期目标和总体工程目标的实现。

5. 建立施工进度动态管理机制，随时掌握工程动态，制定进度纠偏措施。
6. 组织与协调方式。根据项目周边环境特点如与业主、监理、设计方的合作与协调、与政府社会各方面的协调。

5.8.4 质量管理计划

保证工程质量的关键是明确质量目标，建立质量保证体系，对工程对象经常发生的质量通病制订防范措施。制订质量管理计划，可以从整个单位工程的质量要求提出，也可以按照各主要分项工程的施工质量要求提出。对采用的新技术、新工艺、新材料和新结构，必须制定有针对性的技术措施。质量管理计划可参照《质量管理体系 要求》（GB/T 19001—2008）规定，在施工单位质量管理体系的框架内，按项目具体要求编制。其主要内容可以从以下几个方面考虑：

1. 确定质量目标并进行目标分解。
2. 建立项目质量管理的组织机构（应有组织机构框图），明确职责，认真贯彻。
3. 建立健全各种质量管理制度，以保证工程质量（如质量责任制、三检制、奖罚制、否决制等），并对质量事故的处理作出相应规定。
4. 制定保证质量的技术保障和资源保障措施，通过可靠的预防措施，保证质量目标的实现。技术保障措施包括建立技术管理责任制；项目所用规范、标准、图集等有效技术文件清单的确认；图纸会审、编制施工方案和技术交底；试验管理；工程资料的管理等。
5. 制定主要分部（分项）工程和专项工程质量预防控制措施，以分部（分项）工程和专项工程的质量保证单位工程的质量。
6. 其他保证质量的措施，如劳务素质保证措施、成品保护措施等。

5.8.5 安全管理计划

施工组织设计中的安全管理计划是为了确保工程的顺利进行和避免不必要的损失，在吸取以往工程的经验教训基础上，对施工过程中可能发生的一些问题，提出具体的管理和技术方面的措施。

《建设工程安全生产管理条例》第二十六条明确规定："施工单位应当在施工组织设计中编制安全技术措施。"这是《条例》对施工组织设计编制内容的强制性要求。

安全管理计划可参照《职业健康安全管理体系 规范》（GB/T 28001—2001）的规定，在施工单位安全管理体系的框架内编制。安全管理计划主要从以下几个方面考虑：

1. 根据项目特点，确定施工现场危险源，制定项目职业健康安全管理目标。
2. 建立项目安全管理的组织机构并明确职责（应有组织机构框图），认真贯标。
3. 建立项目部安全生产责任制及安全管理办法，认真贯彻国家、地方与企业有关安全生产法律法规和制度。
4. 建立安全管理制度和职工安全教育培训制度。
5. 根据项目特点，进行职业健康安全方面的资源配置。
6. 对各施工方案需编制安全技术措施的要求。
依据《建设工程安全生产管理条例》的规定，说明对施工方案的要求。
7. 对特殊工种的管理。
8. 分包安全管理。与分包方签订安全责任协议书，将分包安全管理纳入总包管理。
9 施工安全技术措施。

包括进入施工现场的安全规定、深基坑作业安全技术措施、高处及立体交叉施工安全技术措施、施工用电安全措施、机械设备的安全使用保证措施、预防因自然灾害促成事故的措施、对采用的新工艺、新材料、新技术和新结构制定的专门安全技术措施和特殊工程安全措施等内容

5.8.6 环境管理计划

环境管理计划可参照《环境管理体系 要求及使用指南》（GB/T 24001—2004）的要求，在施工单位环境管理体系的框架内编制，并应符合国家和地方政府部门的要求。环境管理计划应包括下列内容：

1. 确定项目重大环境因素，制定项目环境管理目标。
2. 建立项目环境管理的组织机构，明确管理职责。

3. 根据项目特点，进行环境保护方面的资源配置。
4. 制定各项环境管理制度。
5. 制定现场环境保护的控制措施。

现场环境保护的控制措施，包括：
(1) 防止周围环境污染、大气污染的技术措施。
(2) 防止水土污染的技术措施。
(3) 防止噪声污染的技术措施；防止光污染的技术措施。
(4) 废弃物管理措施；公共卫生管理措施等。

5.8.7 成本管理计划

成本管理计划的内容主要包括制定降低工程成本的组织、技术和经济方面的管理措施。

制定降低成本的措施要依据以下三个原则：全面控制原则、动态控制原则和创收与节约相结合的原则。成本管理计划可以从以下几个方面考虑：

1. 根据项目施工预算，制定项目施工成本目标。
2. 建立施工成本管理的组织机构，明确职责，制定相应的管理措施。
3. 制定降低成本的具体措施。

具体措施应从技术、经济、合同和组织管理等方面描述，包括：
(1) 降低材料、人工、机械设备费用、工具费用的措施。
(2) 降低现场经费、临时设施的措施。
(3) 加速资金周转、减少贷款的措施。
(4) 施工项目成本核算制的建立。
(5) 制定必要的纠偏措施和风险控制措施等。

5.8.8 分包管理计划

项目管理的核心环节是对现场各分包商的管理和协调。针对具体工程的特点和运作模式以及各分包商的情况，从以下几个方面考虑：

1. 建立对分包商的管理制度，制定总包对分包商的管理办法和实施细则。
2. 对各分包商的服务与支持。
3. 与分包商鉴定安全消防协议。
4. 协调总包与分包、分包与分包关系。
5. 加强合同管理。
6. 加强对劳动力的管理。

5.8.9 消防管理计划

消防管理计划应根据工程的具体情况编写，一般从以下几个方面考虑：

1. 制订消防管理目标。
2. 建立消防管理组织机构并明确职责。
3. 贯彻国家与地方有关法规、标准，建立消防责任制。
4. 制定消防管理制度。如消防检查制、巡逻制、奖罚制、动火证制。
5. 制订教育与培训计划。
6. 签订总分包消防责任协议书。

7. 其他消防工作的要求、现场消火栓设置，临时生活设施的消防要求等。

5.8.10 现场保卫计划

1. 成立现场保卫组织管理机构。
2. 建立项目部保卫工作责任制，明确责任。
3. 建立现场保卫制度，如建立门卫值班、巡逻制度、凭证出入制度、保卫奖惩制度、保卫检查制度等。
4. 对分包商管理及对外协调。

5.8.11 文明施工管理计划

文明施工是保持施工现场良好的作业环境、卫生环境和工作秩序。文明施工的本质是科学施工。文明施工管理计划应根据国家、地方、行业等关于现场施工管理的有关法律、法规文件和管理办法，结合工程的实际情况来制定。文明施工措施一般从以下几方面考虑：

1. 确定文明施工目标。
2. 建立文明施工管理组织机构（应有组织机构框图）。
3. 建立文明施工管理制度。
4. 施工平面管理要点。
5. 现场场容管理。
6. 现场料具管理。
7. 其他管理措施。
8. 协调周边居民关系。

5.9 施工现场平面图

施工现场平面布置，即在施工用地范围内，对各项生产、生活设施及其他辅助设施等进行规划和布置。施工现场平面布置的内容一般包括下列内容：施工平面图说明；施工平面图；施工平面图管理规划。本节主要介绍施工平面图的绘制。

5.9.1 绘制要求

（1）平面布置力求紧凑合理，尽量减少施工用地。
（2）尽量利用原有建筑物或构筑物，降低施工设施建造费用。
（3）合理组织运输，保证现场运输道路畅通，尽量减少场内二次运输费用，最大限度地减少材料搬运次数和缩短工地内部运距。
（4）尽量采用装配式施工设施，减少搬迁损失，提高施工设施安装速度。
（5）各项临时设施布置考虑全面周到，合理有序，方便生产和生活，便于管理，利于"标准化"并符合安全、防火要求。
（6）满足绿色施工、文明施工和劳动保护的要求。

5.9.2 绘制内容

施工平面图图纸的具体内容，通常包括：

（1）绘制施工现场的范围。包括用地范围，拟建建筑物位置、尺寸及与已有地上、地下的一切建筑物、构筑物、管线和场外高压线等设施的位置关系尺寸，测量放线标桩的位置、出入口及临时围墙。

(2) 大型起重机械设备的布置及开行线路位置。如塔式起重机位置、塔机中心线与建筑物的距离、塔式起重机型号、立塔高度、回转半径、最大最小起重量。

(3) 施工电梯、龙门架等垂直运输设施的位置。施工电梯的位置，应考虑便利施工人员上下和物料集散，由电梯口至各施工处的平均距离应最近，便于安装附墙装置。

井架、龙门架的位置应布置在窗口处为宜，以避免砌墙留槎和减少井架拆除后的修补工作。

(4) 场内临时施工道路的布置。为便于工程施工材料的运输，应围绕拟建建筑物、准备布置的仓库及堆场，按有关要求布置临时施工道路。

(5) 确定混凝土搅拌机、砂浆搅拌机或混凝土输送泵的位置。确定混凝土搅拌机、砂浆搅拌机或混凝土输送泵及泵车的位置，主要由材料的水平运输和垂直运输的要求所决定，应按方便原材料和半成品的运输要求进行布置。

(6) 确定材料堆场和仓库。内容包括材料、加工半成品、构件和机具堆场、垃圾堆放位置，搅拌站、钢筋棚、木工棚、仓库等，应明确位置和面积。

(7) 确定办公及生活临时设施的位置。应明确办公区、职工宿舍、食堂、厕所等临设的位置和面积。

(8) 确定水源、电源的位置。变压器、供电线路、供水干管、泵房、消火栓等的位置。

(9) 现场排水系统布置。

(10) 安全防火设施位置。

(11) 其他临设布置。

5.9.3 施工平面图的设计步骤

施工平面图的设计步骤如下：
1. 确定起重机械的位置。
2. 确定搅拌站、加工棚、仓库、材料及构件堆场的尺寸和位置。
3. 布置运输道路。
4. 布置临时设施。
5. 布置水电管网。
6. 布置安全消防设施。
7. 调整优化。

以上步骤在实际设计时，不是独立布置的，往往互相牵连，互相影响，因此，需要多次反复进行才能确定下来。除研究在平面上布置是否合理外，还必须考虑它们的空间条件是否合理，特别要注意安全问题。

5.9.4 施工平面图绘制注意事项

1. 施工现场平面图反映了施工阶段现场平面的规划布置，由于施工是分阶段进行的（如地基与基础工程、主体结构工程、装饰装修工程），有时根据需要分阶段绘制施工平面图，对指导组织工程施工更具体、更有效。

2. 绘制施工平面布置图要求层次分明，比例适中，图例图形规范，线条粗细分明，图面整洁美观，同时绘图要符合国家有关制图标准，并应详细反映平面的布置情况。

3. 施工平面布置图应按常规内容标注齐全，平面布置应有具体的尺寸和文字。比如，塔吊要标明回转半径，最大起重量，最大可能的吊重，塔吊具体位置坐标，平面总尺寸，建筑物主要尺寸及模板、大型构件、主要料具堆放区、搅拌站、料场、仓库、大型临建、水电等，能够让人一眼看出具体情况，力求避免用示意图形式。

4. 绘制基础图时，应反映出基坑开挖边线，深支护和降水的方法。

5. 红线外围环境对施工平面布置影响较大，施工平面布置图中不能只绘红线内的施工环境，还要对周边环境表述清楚，如原有建筑物的使用性质、高度和距离等，这样才能判断所布置的机械设备等是否影响周围，是否合理。

6. 绘图时，图幅大小和绘图比例要根据施工现场大小及布置内容多少来确定，通常图幅不宜小于A3，应有图框、比例、图签、指北针、图例。

7. 绘图比例一般常用1∶100～1∶500，视工程规模大小而定。

8. 施工现场平面布置图应配有编制说明及注意事项。如文字说明较多时，可在平面图外单独说明。

【本章小结】

单位工程施工组织设计是建筑施工企业管理单位工程施工全过程各项活动的技术经济文件，也是单位工程施工活动的重要依据。本章按照编制依据、工程概况、施工部署、施工进度计划、施工准备与资源配置计划、主要施工方法、施工现场平面布置及主要施工管理计划共八项内容来一一阐述，每项内容都详细说明编制要求和编制内容。编制本章内容时，作者力求详细，尽量方便读者特别是初学编制单位工程施工组织设计的读者，争取能够使本章内容成为读者的编制大纲。

再次强调，本章所述八项内容是单位工程施工组织设计的基本内容，对于不同的单位工程施工组织设计的编制均可适用，但编制单位工程施工组织设计时可以根据工程的实际情况和需要进行必要的增减。

【思考题】

1. 什么叫做单位工程施工组织设计？
2. 单位工程施工组织设计的编制内容包括哪些？
3. 单位工程施工组织设计编制依据包括哪些内容？
4. 工程概况的编写要求是什么？编制内容包括哪些？
5. 施工管理目标一般包括哪些？
6. 在单位工程施工组织设计中，施工部署的作用是什么？
7. 常用的施工进度计划的种类有哪些？
8. 施工准备工作的内容包括哪些？
9. 简述施工方案的重要性。
10. 简述施工顺序确定的原则。
11. 简述施工管理计划的编写要求。
12. 文明施工管理计划的内容有哪些？
13. 简述施工平面图的设计步骤。

第6章 施工项目管理概述

【教学目标】

➢ **学习目标**：掌握项目、建设项目、建筑施工项目及项目管理、建设项目管理、建筑施工项目管理的基本概念和特征；熟悉我国的基本建设程序和建筑施工项目管理的有关程序；掌握施工项目管理的内容、目标和任务；熟悉施工项目结构分解与施工项目管理的体系；掌握施工项目管理规划的概念、内容、编写程序和实施要点。

➢ **能力目标**：能正确判别建设方和施工方管理的范围、内容、任务等；具备认识建筑施工项目管理的程序、内容、目标和方法的能力；能正确地对一个具体的施工项目进行分解；具备编写施工项目管理规划大纲和实施规划的能力。

【本章教学情景】

同样是一个项目，我们有时候称做建设项目，有时候称施工项目，有时候称做勘察设计项目，为什么？同是一个项目，对于项目各参与方的管理任务、内容、范围、主体方面有什么不同？施工项目管理一般要经历哪些阶段？施工方项目管理的主要任务是什么？施工项目管理规划大纲及项目管理实施规划是常见的管理文件，遇见一个具体的项目如何编制？本章将对这些问题逐一简单阐述。

6.1 施工项目管理的基本概念

6.1.1 项目、建设项目及建筑施工项目

1. 项目

（1）概念

项目是在一定的约束条件下（主要是限定质量、时间、费用）具有专门组织及特定目标的一次性任务。项目主要包括活动的过程和成果。

（2）特征

1）项目的一次性（单件性）。

项目的一次性是项目的最主要特征，也可称为单件性。指的是没有与此完全相同的另一项任务，其不同点表现在任务本身和最终成果上。只有认识项目的一次性，才能有针对性地根据项目的特殊情况和要求进行管理。

2）项目具有明确的约束条件。

项目的目标有成果性目标和约束性目标。成果性目标是指项目的功能性要求，约束性目标是指限制条件，凡是项目都有自己的约束条件，项目只有满足约束条件才能成功。限

定的时间、限定的费用、限定的质量,通常称这三个约束条件为项目的三大目标,它是项目目标完成的前提。

3) 项目作为管理对象的整体性。

一个项目,是一个整体管理对象,在按其需要配置生产要素时,必须以总体效益的提高为标准,做到数量、质量、结构的总体优化。由于内外环境是变化的,所以管理和生产要素的配置是动态的。项目中的一切活动都是相关的,构成一个整体。

4) 项目的不可逆性。

项目按一定的程序进行,其过程不可逆转,必须一次成功,失败了便不可挽回,因而项目的风险很大,与批量生产过程(重复的过程)有着本质的区别。

5) 项目具有独特的生命周期。

项目过程的一次性决定了每个项目具有自己的生命周期,任何项目都有其产生时间、发展时间和结束时间,在不同时期有不同的任务、程序和工作内容。

2. 建设项目

(1) 概念

建设项目是需要一定量的投资,按照一定程序,在一定时间内完成,应符合质量要求的,已形成固定资产为目标的特定性任务。

建设项目形成周期可分为立项阶段、决策阶段、实施阶段和建成后使用阶段。建设项目一般可以进一步划分为单项工程、单位工程、分部工程和分项工程。

(2) 特征

1) 建设项目在一个总体设计和初步设计范围内,具有一个或若干个互相有内在联系的单项工程所组成的,建制中实行统一核算、统一管理的建设单位。

2) 建设项目在一定的约束条件下,以形成固定资产为特定目标。约束条件有以下三个方面:一是时间约束,一个建设项目有合理的建设工期目标;二是资源约束,即一个建设项目有一定的投资总量目标;三是质量约束,即一个建设项目都有预期的生产能力、技术水平或使用效益目标。

3) 建设项目需要执行必要的解释程序和经过特定的建设过程。即一个建设项目从提出建设的设想、建议、方案拟订、可行性研究、评估、决策、勘察、设计、施工一直到竣工、试运行和交付使用,是一个有序的全过程。

4) 建设项目按特定的任务,进行一次性组织。表现为建设过程的一次性实施,建设地点的一次性固定,设计单一,施工单件。

5) 建设项目具有投资限额标准。达到一定限额投资的才作为建设项目,不满限额标准的称为零星固定资产购置。

3. 建筑施工项目

(1) 概念

建筑施工项目是建筑施工企业自施工承包投标开始到保修期满为止的全过程中完成的项目。

(2) 特征

1) 施工项目是建设项目中的单项工程或单位工程的施工任务。

2) 施工项目是以建筑业企业为管理主体的。

3) 施工项目的范围是由工程施工合同界定的。

从上述特征来看，只有单位工程、单项工程和建设项目的施工任务，才称得上工程施工项目，由于分部分项工程的结果不是施工企业的最终产品，故不能称做工程施工项目，而是工程施工项目的组成部分。

6.1.2 项目管理、建设项目管理及施工项目管理

1. 项目管理

项目管理是指在一定的约束条件下，为达到项目的目标对项目所实施的计划、组织、指挥、协调和控制的过程。因此，项目管理的对象是项目。项目管理的职能同所有管理的职能相同。需要特别指出的是，项目的一次性，要求项目管理的程序性和全面性，也需要科学性，主要是用系统工程的观念、理论和方法进行管理。

2. 建设项目管理

建设项目管理是项目管理的一类，其管理对象是建设项目。它是在建设项目的生命周期内，用系统工程的理论、观点和方法对建设项目进行计划、组织、指挥、控制和协调的管理活动。从而按项目既定的质量要求、动用时间、投资总额、资源限制和环境条件，圆满地实现建设项目目标。

建设项目的管理者应由建设活动的参与各方组成，包括业主单位、设计单位和施工单位，一般由业主单位进行工程项目的总管理。全过程项目管理包括从编制项目建议书至项目竣工验收交付使用的全过程。由设计单位进行的建设项目管理一般限于设计阶段，称为设计项目管理；由施工单位进行的项目管理一般为建设项目的施工阶段，称为施工项目管理；由业主单位进行的建设项目管理，如委托给监理单位进行监督管理则称为工程项目建设监理。

3. 施工项目管理

施工项目管理是施工企业运用系统的观点、理论和科学技术对施工项目进行计划、组织、监督、控制、协调等一系列管理活动的总称。

施工项目管理具有以下特征：

(1) 施工项目的管理主体是工程施工企业。建设单位和设计单位都不进行施工项目管理。由建设单位和监理单位进行的工程项目管理中涉及的施工阶段管理仍属建设项目管理，不能算作施工项目管理。

(2) 施工项目管理的对象是施工项目。施工项目的特点给施工项目管理带来了特殊性，主要是生产活动与市场交易活动同时进行，先有交易活动，后有"产成品"（竣工项目）；买卖双方都投入生产管理。

(3) 施工项目管理要求强化组织协调工作。施工项目的生产活动的单件性，使产生的问题难以补救或虽可补救但后果严重；参与施工人员不断在流动，需要采取特殊的流水方式，组织工作量很大；施工在晚间、露天进行，工期长，需要的资金多；施工活动涉及复杂的经济关系、技术关系、法律关系、行政关系和人际关系等。以上原因使施工项目管理中的组织协调工作艰难、复杂、多变，必须通过强化组织协调的办法，才能保证施工顺利进行。主要强化方法是优选项目经理，建立调度机构，配备称职的流动人员，努力使调度工作科学化、信息化，建立起动态的控制体系。

施工项目管理与建设项目管理在管理主体、管理任务、管理内容和管理范围方面都是不同的，具体见表6-1。

建筑施工项目管理与建设项目管理的区别 表 6-1

区别特征	建筑施工项目管理	建设项目管理
管理任务	生产出工程产品，获得利润	取得符合要求的，能发挥有效益的固定资产
管理内容	涉及从投标开始，保修期满为止的全部生产组织与管理及维修	涉及投资周转和建设的全过程管理
管理范围	由工程承包合同规定的承包范围，是建设项目、单项工程或单位工程的施工	由可行性研究报告确定的所有工程，是一个建设项目
管理主体	建筑业企业	建设单位或其委托的咨询（监理）单位

6.2 施工项目管理的程序、目标、任务

6.2.1 建设项目程序、施工项目程序

1. 建设项目程序

建设项目程序是指建设项目建设全过程中各项工作必须遵循的先后顺序。我国的基本建设程序分为六个阶段，即项目决策阶段、设计准备阶段、设计阶段、施工阶段、动用前准备阶段和保修阶段。

（1）项目决策阶段：决策阶段包括项目建议书阶段和可行性研究阶段。

（2）设计准备阶段：编制设计任务书。

（3）设计阶段：初步设计、技术设计、施工图设计。

（4）施工阶段：施工。

（5）动前准备阶段：竣工验收、动用开始。

（6）保修阶段。

其中决策阶段包括项目建议书阶段和可行性研究阶段；设计前的准备阶段、设计阶段、施工阶段、动用前准备阶段统称为项目的实施阶段；保修期结束以后的正常生产运行阶段称为使用阶段。

2. 施工项目管理程序

施工项目管理的程序一般为：编制项目管理规划大纲，编制投标书并进行投标，签订施工合同，选定项目经理，项目经理接受企业法定代表人的委托组建项目经理部，企业法定代表人与项目经理签订"项目管理目标责任书"，项目经理部编制"项目管理实施规划"，进行项目开工前的准备，施工期间按"项目管理实施规划"进行管理，在项目竣工验收阶段进行竣工结算、清理各种债权债务、移交资料和工程，进行经济分析，作出项目管理总结报告并送企业管理层有关职能部门，企业管理层组织考核委员会对项目管理工作进行考核评价并兑现"项目管理目标责任书"中的奖惩承诺，项目经理部解体，在保修期满前企业管理层根据"工程质量保修书"的约定进行项目回访保修。

施工项目管理程序可划分为以下阶段：

（1）投标与签订合同阶段

建设单位对建设项目进行设计和建设准备、具备了招标条件以后，便发出招标公告

(或邀请函），施工单位见到招标公告或接到邀请函后，从作出投标决策至中标签约，实质上是在进行该施工项目的管理工作。本工作的最终目标就是签订工程承包合同，为此须进行以下工作：

1）建筑施工企业从经营战略的高度，作出是否投标争取承包该项目的决策；

2）决定投标以后，从多方面（企业自身、相关单位、市场、现场等）掌握大量信息，编制切合工程实际的施工项目管理规划大纲；

3）编制既能使企业盈利，又有竞争力，可望中标的投标书；

4）如果中标，则与招标方进行谈判，依法签订工程承包合同，使合同符合国家法律、法规和国家计划，符合平等互利的原则。

（2）施工准备阶段

施工单位与招标单位签订了工程承包合同、交易关系正式确立以后，便应组建项目经理部，然后在项目经理的领导下，与企业管理层、建设单位、监理单位密切配合，进行施工准备，使工程具备开工和连续施工的基本条件，以便开工。这一阶段主要进行以下工作：

1）成立项目经理部，根据工程管理的需要建立机构，配备管理人员；

2）制订施工项目管理实施规划，以指导施工项目管理活动；

3）进行施工现场准备，使现场具备施工条件，利于进行文明施工；

4）编写开工申请报告，待批开工。

（3）施工阶段

这是一个自开工至竣工的实施过程。在这一过程中，项目经理部既是决策机构，又是责任机构、管理实施机构。该阶段的最终目标是完成合同规定的全部施工任务，达到验收、交工的条件，为此须主要进行以下工作：

1）进行施工，在施工中努力做好动态控制工作，保证质量目标、进度目标、造价目标、安全目标、节约目标的实现；

2）管好施工现场，实行文明施工；

3）严格履行施工合同，处理好内外关系，管好合同变更及索赔；

4）做好施工记录、协调、检查、分析工作。

（4）验收、交工与结算阶段

这一阶段可称做"结束阶段"。与建设项目的竣工验收阶段协调同步进行。其目标是对项目成果进行总结、评价，对外结清债权债务，结束交易关系。本阶段主要进行以下工作：

1）工程收尾；

2）进行生产试运转，接受正式验收；

3）整理、移交竣工文件，进行工程款结算；

4）总结工作，编制竣工总结报告；

5）办理工程交付手续；项目经理部解体。

（5）用后服务阶段

这是施工项目管理的最后阶段，即在竣工验收后，按合同规定的责任期进行用后服务、回访与保修，其目的是保证使用单位正常使用，发挥效益。在该阶段中主要进行以下

工作:
1) 为保证工程正常使用而做必要的技术咨询和服务;
2) 进行工程回访,听取使用单位意见,总结经验教训;
3) 观察使用中的问题,进行必要的维护、修理和保修;
4) 进行沉陷、抗震等性能观察。

6.2.2 施工项目管理的指导思想、目标

1. 施工项目管理的指导思想
(1) 科学技术是第一生产力的思想。
(2) 依靠市场,推动市场发展的思想。
(3) 系统管理的思想。
(4) 树立现代化的管理思想(观念、原理)。

2. 施工项目管理的目标

施工方项目管理的总目标是实现企业的经营目标和履行施工合同,具体的目标就是施工项目的进度目标、质量目标、成本目标、安全目标和文明施工等目标。

(1) 施工项目进度目标

施工项目进度目标就是项目最终动用的计划时间,对于工业建筑就是完成负荷联动试车成功的计划,对于民用项目就是交付使用的计划时间。实现进度目标,需要通过应用横道图计划法、网络计划法等控制方法,使施工顺序合理,衔接关系恰当,均衡、有节奏地施工,实现计划工期,从而保证实现或提前完成合同工期。

(2) 施工项目质量目标

施工项目质量目标就是努力使分项工程达到质量验收标准的要求,实现"项目管理实施规划"中保证施工质量的技术组织措施和质量标准,保证合同质量目标等级的实现。

(3) 施工项目成本目标

施工项目成本目标就是使"项目管理实施规划"中的降低成本措施得到落实,降低每个分项工程的直接成本,实现项目经理部盈利目标,实现公司利润目标及合同造价。

(4) 施工项目安全管理与文明施工目标

施工项目安全管理目标即努力落实"项目管理实施规划"中的安全设计和措施,通过控制劳动者、劳动手段和劳动对象,控制环境,使人的行为安全,物的状态安全,断绝环境危险源。施工项目文明施工目标就是达到《建设工程施工现场管理规定》和合同中所签订的有关文明施工的要求。

3. 施工方项目管理的任务

施工方项目管理的任务包括:
(1) 施工安全管理。
(2) 施工成本控制。
(3) 施工进度控制。
(4) 施工质量控制。
(5) 施工合同管理。
(6) 施工信息管理。
(7) 与施工有关的组织与协调。

6.3 施工项目结构分解

6.3.1 施工项目结构分解

施工项目结构分解就是将一个庞大的建筑施工项目进行划分，使之变成若干个便于管理的较小单位。

随着经济发展和施工技术的进步，大量建筑规模较大的工程项目和具有综合使用功能的建筑物已不少见。这些建筑物的施工周期长，内部设施多，结构复杂，涉及施工人员多，似乎千头万绪，如何对它们进行有序的管理呢？这就要求对其进行结构分解。结构分解是一个逐步分解的过程，先将项目划分成若干个子项目，再将每一个子项目进行分解，最后划分为若干个较小的便于管理的基本单元。在管理的时候，只要确保每个单元符合要求，即可保证整个工程满足要求。若将逐级分解的项目机构，通过树状图的方式表示出来，以反映组成该项目的所有工作任务，就形成了项目结构图（WBS）。项目结构图是一个组织管理的工具。在分解的时候，要考虑施工项目管理的目标，使两者（任务与目标）统一起来，更方便达到目标管理的目的。

对于一个建设项目，它由一个或若干个单项工程组成，而一个单项工程就是由一个或几个单位工程组成，一个单位工程包含若干个分部工程，而分部工程又由诸多分项工程组成，最后分项工程是由一个或几个检验批组成，检验批是建筑施工项目验收和管理的最小单位（图6-1）。具体划分可参见《建筑工程施工质量验收统一标准》（GB 50300—2001）。

（1）建设项目

具有一个完整的设计任务书，按一个总体设计进行施工，建成后具有完整的体系，可以独立形成生产能力或使用价值的建设工程。

（2）单项工程

具有独立的设计文件，可以独立施工，建成后能够独立发挥生产能力或（和）效益的工程。如办公楼、教学楼、宿舍等。单项工程是建设项目的组成部分。

（3）单位工程

具有独立设计，可以独立组织施工，但完成后不能独立发挥效益的工程。

建筑工程包括下列单位工程：一般土建工程、工业管道工程、电气照明工程等。

图6-1 工程项目的结构分解图

设备安装工程包括下列单位工程：机械设备安装工程、通风设备安装工程、电气设备安装工程等。

（4）分部工程

是单位工程的组成部分。建筑按主要部位划分，共九大分部，其中建筑工程部分有四大分部：地基与基础工程、主体结构工程、屋面工程和装修装饰工程。安装工程有五大分部：建筑给水排水及采暖工程、建筑电气工程、智能建筑工程、通风与空调工程和电梯安装工程等。

(5) 分项工程

主要按工种、材料、施工工艺、设备类别等进行划分，它是由专业工种完成的产品。如砌体工程，模板工程，钢筋工程，现浇结构工程。

(6) 检验批

分项工程可以由一个或若干个检验批组成。检验批可根据施工及质量控制和专业验收需要按楼层、施工段、变形缝等进行划分。检验批是工程质量正常施工管理和验收过程中的最基本的单元，分项工程划分成检验批进行验收，有助于及时纠正施工中出现的质量问题，确保工程质量符合施工实际需要。

6.3.2 分解后施工项目管理的范围

在对工程项目分解以后形成了单项工程、单位工程、分部工程、分项工程和检验批等施工任务，这些任务都是由施工单位完成的。

施工项目管理的范围分析如下：

(1) 检验批或分项工程的实现，需要依靠每个检验批或分项工程中所含工序的完成。因此每个工序施工目标的实现，必须依靠对施工工序的管理，而施工工序的管理效果，取决于人、机、料、法、环的控制结果。

(2) 只有单位工程才是施工活动的完整产品。管理施工项目最简单的完整"项目"，应当是单位工程。施工项目管理要实现合同目标，应起码是单位工程的整体目标。

(3) 单项工程是由单位工程组成的，应是单位工程的群体组合。它既可以作为一个施工项目进行管理，又可以作为一组施工项目进行管理。单项工程总目标的实现，有赖于单位工程的目标实现。业主对单项工程目标的实现感兴趣，因为单项工程完成可以发挥投资效益。

(4) 建设项目是由单项工程组成的，所以它是一个更大的群体。它的施工阶段既可以由施工单位作为一个施工项目进行管理，也可以分成若干大（单项工程）小（单位工程）施工项目进行管理。

建筑施工项目管理单位的划分是由小到大，具体管理的时候是从小到大。首先保证一个分项工程所包含的所有检验批质量、进度、成本等全部达到要求；一个单位工程又是由若干个分部工程组成，所有的分部工程都合格，该单位工程就满足要求，最后达到整个施工项目管理的要求。

6.4 施工项目管理规划

6.4.1 施工项目管理规划的种类

1. 施工项目管理规划大纲

它是项目管理工作中具有战略性、全面性和客观性的指导文件，它由组织的管理层和组织委托的项目管理单位编制。大型和群体工程的施工组织设计也属此类。

2. 施工项目管理实施规划

它对项目管理规划大纲进行细化，使其具有可操作性。项目管理实施规划由项目经理组织编制。

6.4.2 施工项目管理实施规划与施工组织设计和质量计划的关系

大中型项目应单独编制项目管理实施规划。承包人的项目管理实施规划可以用施工组织设计和质量计划代替，但应能满足项目管理实施规划的要求，这就要求注意三者的相容性，避免重复性的工作。

6.4.3 施工项目管理规划大纲

1. 施工项目管理规划大纲的性质和作用

施工项目管理规划大纲是项目管理工作中具有战略性、全面性和宏观性的指导文件。施工项目管理规划大纲的作用：

（1）编制投标文件的战略指导与依据；
（2）在投标合同谈判和签订合同中贯彻执行；
（3）作为中标后编制施工项目管理实施规划的依据。

2. 施工项目管理规划大纲的编制依据

（1）招标文件及发包人对招标文件解释补充、说明的形式修改、补充招标文件的内容；
（2）招标文件中发现的问题，应及早向发包人提出；
（3）工程现场环境调查；
（4）发包人提供的工程信息和资料；
（5）有关本工程投标的竞争信息；
（6）承包人对与本工程投标和进行工程施工的总体战略。

3. 施工项目管理规划大纲的编制内容

（1）施工项目概况描述，施工项目的承包范围描述；
（2）施工项目实施条件分析；
（3）施工项目管理目标，合同要求的目标，企业对施工项目的要求；
（4）拟订的施工项目组织构架，对专业性施工任务的组织方案，对施工项目管理组织的方案；
（5）质量目标规划和主要施工方案描述，招标文件要求的总体质量目标，主要的施工方案描述；
（6）工具目标规划和施工总进度计划；
（7）施工预算成本目标规划；
（8）施工风险预测和安全目标规划；
（9）施工平面图和现场管理规划；
（10）投标和签订合同工作规划；
（11）文明施工及环境保护规划。

6.4.4 施工项目管理实施规划

1. 施工项目管理实施规划的作用

施工项目管理实施规划应作为整个工程施工管理的执行计划，作为施工项目管理规范。在施工过程中它还要作进一步的分解，由施工项目经理、经理部各部门和各工程小组、分包人在施工项目的各个阶段中执行。它比施工项目管理规划大纲更具体、更细致，更注重操作性。

2. 施工项目管理实施规划的编制

(1) 确定施工项目管理实施规划目录及框架，分工编写，汇总协调，统一审查，修改定稿、报批。

(2) 施工项目管理规划编制要求。应在企业管理层的领导下，由项目经理组织编写，并监督其执行。它的编制应符合施工合同和项目管理规划大纲的要求。编写完成后，报企业管理层批准并备案。

(3) 编制施工项目管理实施规划的依据。施工项目管理规划大纲，企业与施工项目经理部签订的"项目管理目标责任书"，工程施工合同及其相关文件，施工项目经理部的自身条件及管理水平，施工项目经理部掌握的新的其他信息。

3. 施工项目管理实施规划的内容

(1) 工程概况描述：工程特点，建设地点的特征，施工条件，施工项目管理特点及总体要求，列出施工项目的工作清单。

(2) 施工部署：该项目质量、进度、成本及安全总目标，拟投入的最高人数和平均人数，分包规划、劳务供应规划、物资供应规划，工程施工段和分项工程的划分及总的施工顺序安排。

(3) 施工项目管理总体安排：施工项目经理部的组织结构和人员安排，总工作流程和制度设置，施工项目经理部各部门的责任矩阵，施工项目过程中的控制、协调、总结分析与考核工作过程的规定。

(4) 施工方案：施工流向和施工程序，施工段划分，施工方法、技术工艺和施工机械选择，工程分包策略和分包方案，材料供应方案，设备供应方案，安全施工设计。

(5) 施工进度计划

1) 应按照施工项目管理规划大纲、施工合同的要求，编制详细的施工进度计划；

2) 如果是群体项目，则施工进度计划应分层次编制；

3) 施工进度计划应使用网络计划技术与应用计算机技术；

4) 进度计划应分阶段、分层次、分专业工种输出。

(6) 资源供应计划：资源供应范围，资源需要量计划，主要劳动力、主要材料、主要设备资源使用计划显示在施工工期范围内资源的投入强度。

(7) 施工准备工作计划：施工准备组织及时间安排，技术准备工作，施工现场准备工作，施工作业队伍准备工作，施工管理人员的组织准备，物资准备，资金准备。

(8) 施工平面图：施工平面图应按照国家和行业规定的制图标准绘制。

(9) 施工技术组织措施计划。

(10) 施工项目风险管理规划。

(11) 技术经济指标的计算与分析。

【本 章 小 结】

本章重点介绍了建筑施工项目管理的概念，施工项目管理与建设项目管理的区别，施工项目管理的程序、目标、任务，施工项目结构分解以及施工项目管理规划等内容。通过本章学习，积极参与施工项目的管理，结合具体项目会按要求编写该施工项目管理规划大纲，并结合施工管理规划大纲，编写该施工项目管理实施规划。

【思 考 题】

1. 简述项目的概念和特征。
2. 建筑施工项目管理与建设项目管理有什么区别？
3. 施工方项目管理的任务主要有哪些？
4. 施工项目管理规划大纲的性质和作用是什么？
5. 施工项目管理实施规划的内容主要包括哪些？

第 7 章 施工项目管理组织

【教学目标】

➢ **学习目标**：掌握施工项目管理的基本组织理论和组织工具；理解项目管理的目标与组织之间的关系；了解常见的建设工程组织管理模式与施工项目组织形式；要求熟悉施工项目经理的地位和责、权、利；了解建造师执业资格制度；熟悉施工项目经理部与公司、与业主、与监理、与分包方的各种关系和相应的协调工作。

➢ **能力目标**：能利用所学知识判断设置的一个项目管理组织机构是否符合要求；能认识到施工项目经理和项目管理班子的责任地位，熟知施工项目经理部的建立、运行和解体等各个过程；具备正确协调和处理施工项目经理部的各种关系的能力。

【本章教学情景】

组织论是已经比较成熟的理论，那么组织论在施工项目管理中是如何体现的？结合工程情况，怎样组建施工项目组织机构（施工项目部）？建造师执业资格制度在我们国家已经建立，建造师与项目经理有什么关系？项目经理有什么职责、权利和义务？在施工项目中主要组织协调哪几层关系？本章将会从这些方面入手，逐一解决在施工项目组织管理中常见的问题。

7.1 组织的基本原理

7.1.1 相关概念

1. 组织

"组织"有两种含义。第一种含义是作为名词出现的，指组织机构，即按一定的领导体制、部门设置、层次划分、职责分工等构成的有机整体，其目的是处理人和人、人和事、人和物的关系。第二种含义是作为动词出现的，指组织行为，即通过一定权力和影响力，为达到一定目标，对所需资源进行合理配置，目的是处理人和人、人和事、人和物关系的行为。管理职能是通过两种含义的有机结合而产生其作用的。

2. 组织论

组织论是一门学科，它主要研究系统的组织结构模式、组织分工和工作流程组织（图 7-1）。

组织结构模式反映了一个组织系统中各子系统之间或各元素（各工作部门或各管理人员）之间的指令关系。指令关系指的是哪一个工作部门或哪一位管理人员可以对哪一个工作部门或哪一位管理人员下达工作指令。

组织分工反映了一个组织系统中各子系统或各元素的工作任务分工和管理职能分工。

组织结构模式和组织分工都是一种相对静态的组织关系。

工作流程组织则可反映一个组织系统中各项工作之间的逻辑关系,是一种动态关系。

3. 组织工具

组织工具是组织论的应用手段,用图或表等形式表示各种组织关系,它包括:

(1) 项目结构图。

(2) 组织结构图（管理组织结构图）。

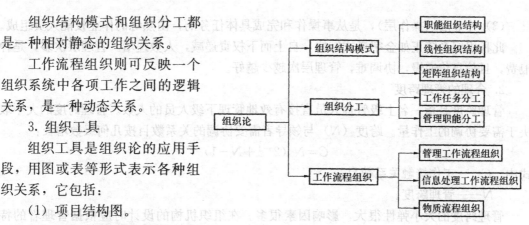

图7-1 组织论的基本内容

(3) 工作任务分工表。

(4) 管理职能分工表。

(5) 工作流程图等。

4. 组织机构和组织结构

组织机构：行使管理职能的机关。

组织结构：指全体人力资源中总体性的比例关系。

7.1.2 项目管理组织的职能

1. 计划

即为实现既定目标,对未来项目实施过程进行规划、安排的活动。

2. 组织

即通过建立以项目经理为中心的组织保证系统来确保项目目标的实现。

3. 指挥

即上级对下级的领导、监督和激励。

4. 协调

即加强沟通,使各层次、各部门步调一致,确保系统的正常运转。

5. 控制

即采用科学的方法和手段使组织排除干扰因素,纠正偏差,按一定的目标和要求运行。

7.1.3 项目组织构成要素

组织构成一般呈上小下大的形式,其组成要素包括管理层次、管理跨度、管理部门和管理职责等。

1. 合理的管理层次

管理层次是指从最高管理者到实际工作人员的等级层次的数量。管理组织机构中一般分为三个层次:

(1) 决策层,由项目经理及其助理组成,它的任务是确定项目目标和大政方针。

(2) 中间控制层（协调层和执行层）,由专业工程师组成,起着承上启下的作用,具体负责规划的落实,目标控制及合同实施管理。

(3) 作业层（操作层），是从事操作和完成具体任务的，由熟练的作业技能人员组成。

此种组织系统正如金字塔式结构，自上而下权责递减，人数递增。管理层次多，是种浪费，且信息传递慢，协调难，管理层次越少越好。

2. 合理的管理跨度

管理跨度是指一名上级管理人员直接有效地管理下级人员的人数。管理跨度的大小取决于需要协调的工作量。跨度（N）与领导者需要协调的关系数目按几何级数增长：

$$C=N(2^{n-1}+N-1)$$

式中　C——工作接触关系数目；

　　　N——管理跨度。

管理跨度的大小弹性很大，影响因素很多。在组织机构的设计时应根据管理者的特点、结合工作的性质以及被管理者的素质来确定管理跨度。而且跨度大小与分层多少有关，层次多，跨度会小，反之亦然。

3. 合理划分部门

要根据组织目标与工作内容确定管理部门，形成既有相互分工又相互配合的组织系统。

4. 合理确定职能

组织设计中确定各部门的职能，使各部门能够有职有责，尽职尽责。

7.1.4 项目组织机构设置的原则

1. 目的性原则，一切为了确保项目目标的实现。
2. 精干高效的原则。
3. 管理跨度和分层统一的原则。
4. 业务系统化管理原则。
5. 弹性和流动性原则。
6. 项目组织与企业组织一体化原则。

7.1.5 项目组织机构设置的程序（见图 7-2）

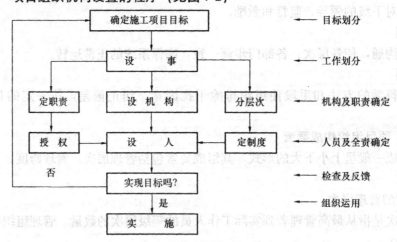

图 7-2　组织机构设置程序图

7.1.6 组织的调整

1. 组织调整的概念

组织调整是指根据工作的需要，环境的变化，分析原有的项目组织系统的缺陷、适应性和效率性，对原组织系统进行调整和重新组合，包括组织形式的变化、人员的变动、规章制度的修订或废止、责任系统的调整以及信息流通系统的调整等。

2. 组织调整的原因

(1) 组织工作要受到工程项目计划调整的制约。

(2) 受到社会制度和管理的影响和制约。

(3) 必须反映其环境条件。

7.2 建设工程组织管理模式与施工项目组织形式

7.2.1 建设工程组织管理基本模式

建设工程组织管理基本模式包括平行承发包模式、设计或施工总分包模式、项目总承包模式和项目总承包管理模式，它们的特点、优点和缺点如表7-1所示。

建设工程组织管理基本模式 表7-1

模式	特 点	优 点	缺 点
平行承发包	①将建设工程的设计、施工以及材料设备采购的任务经过分解分别发包给若干个设计单位、施工单位和材料设备供应单位，并分别与各方签订合同 ②分解任务与确定合同数量、内容时应考虑工程情况、市场情况、贷款协议要求等因素	①有利于缩短工期。设计阶段与施工阶段形成搭接关系 ②有利于质量控制 ③有利于业主选择承建单位。合同内容比较单一、合同价值小、风险小，无论大型承建单位还是中小型承建单位都有机会竞争	①合同关系复杂，组织协调工作量大 ②投资控制难度大。总合同价不易确定，工程招标任务量大，施工过程中设计变更和修改较多
设计或施工总分包	业主将全部设计或施工任务发包给一个设计单位或一个施工单位作为总包单位，总包单位可以将其部分任务再分包给其他承包单位	①有利于组织管理，有利于合同管理，协调工作量减少 ②有利于投资控制。总包合同价格可以较早确定，也易于控制 ③有利于质量控制。既有分包单位的自控，又有总包单位的监督，还有工程监理单位的检查 ④有利于工期控制	①建设周期较长。不仅不能将设计阶段与施工阶段搭接，而且施工招标需要的时间也较长 ②竞争相对不甚激烈，总包单位都要在分包报价的基础上加收管理费向业主报价，报价可能较高
项目总承包	业主将工程设计、施工、材料和设备采购等工作全部发包给一家承包公司，由其进行实质性设计、施工和采购工作，最后向业主交出一个已达到动用条件的工程	①合同关系简单，协调工作量小 ②缩短建设周期，设计阶段与施工阶段相互搭接 ③利于投资控制，可以提高项目的经济性，但这并不意味着项目总承包的价格低	①招标发包工作难度大，合同管理的难度较大 ②业主择优选择承包方范围小，往往导致合同价格较高 ③质量控制难度大
总承包管理	①将工程建设任务发包给专门从事项目管理的单位，再由它分包给若干设计、施工和材料设备供应单位，并在实施中进行项目管理 ②它不直接进行设计与施工，没有自己的设计和施工力量	合同管理、组织协调比较有利，进度控制也有利	①监理工程师对分包的确认工作十分关键 ②项目总承包管理单位自身经济实力一般较弱，而承担的风险相对较大

7.2.2 施工项目组织形式

1. 施工项目组织形式的概念

组织形式亦称为组织结构的类型，是指一个组织以什么样的结构方式去处理层次、跨度、部门设置和上下级关系。

2. 施工项目组织形式的种类

施工项目组织形式主要包括：工作队式、部门控制式、矩阵式、事业部式和直线式。

(1) 工作队式项目组织

特征：由项目经理指挥，独立性大。

适用范围：工期要求紧迫的项目，要求多工种部门密切配合的项目。

优点：有利于培养一专多能的人才，干扰少、决策及时、指挥灵活。

缺点：初期难免配合不力，职能部门的优势无法发挥，对管理效率有很高要求时，不易采用这种项目组织形式。

(2) 部门控制式项目组织

特征：由被委托部门领导在本单位组织人员负责实施的项目组织。

适用范围：适用于小型的专业性较强，不须使用众多部门的施工项目。

优点：人才作用充分发挥，职责明确，职能专一。

缺点：不能适应大型项目管理需要。

(3) 矩阵式项目组织

特征：项目组织机构与职能部门的结合，部同职能部门数目相同，每个结合部接受两个指令源的指令；专业职能部门是永久性的，项目组织是临时性的；矩阵中的每个成员和部门受双重领导。

适用范围：适用于同时承担多个需要进行工程项目管理的企业；适用于大型复杂的施工项目。

优点：它兼有部门控制式和工作队式两种组织优点；能以尽可能少的人力，实现多项目管理的高效率；有利于人才的培养。

缺点：管理人员如果身兼多职地参与管理项目，往往难以确定管理项目的优先顺序，有时难免顾此失彼；双重领导；对企业管理水平，项目管理水平，领导者者的素质、组织机构的办事效率沟通渠道的畅通，具有较高的要求。

(4) 事业部式项目组织

特征：事业部对企业来说是职能部门，对企业外有相对独立的经营权，可以是一个独立单位；项目经理由事业部选派，一般对事业部负责。

适用范围：事业部式项目组织适用于大型经营性企业的工程承包，特别适用于远离公司本部的工程承包。

优点：事业部式项目组织有利于延伸企业的经营职能；扩大企业经营业务；便于开拓企业的业务领域；有利于迅速适应环境变化以加强项目管理。

缺点：企业对项目经理的约束力减小，协调指导的机会减小，有时会造成企业结构松散，故必须加强制度约束，加大企业的综合协调能力。

(5) 直线式项目组织

特征：施工项目典型的现场组织形式；能很好地适应完成施工项目现场施工任务的组织要求。

适用范围：一般适合于大中型规模的施工项目任务，但不适合特大型规模的项目。

优点：指令原单一，有利于实现专业化的管理和统一指挥；有利于集中各方面专业管理力量，积累经验，强化管理。

缺点：信息传递缓慢和不容易进行适应环境变化的调整。

7.3 施工项目经理及项目经理部

7.3.1 施工项目经理的工作性质

1. 施工企业项目经理的概念

建筑施工企业项目经理（以下简称项目经理），是指受企业法定代表人委托对工程项目施工过程全面负责的项目管理者，是建筑施工企业法定代表人在工程项目上的代表人。

大中型项目的项目经理必须取得工程建设类相应专业注册执业证书。项目经理不应同时承担两个或两个以上未完项目的领导岗位的工作。在项目运行正常的情况下，组织不应随意撤换项目经理。特殊原因需要撤换项目经理时，应进行审计并按有关合同规定报告相关方。

2. 施工企业项目经理的特征

在国际上，施工企业项目经理的主要特征如下：

（1）项目经理是企业任命的一个项目的项目管理班子的负责人（领导人），但它并不一定是（多数不是）一个企业法定代表人在工程项目上的代表人，因为一个企业法定代表人在工程项目上的代表人在法律上赋予其的权限范围太大。

（2）项目经理的任务仅限于主持项目管理工作，其主要任务是项目目标的控制和组织协调。

（3）在有些文献中明确界定，项目经理不是一个技术岗位，而是一个管理岗位。

（4）项目经理是一个组织系统中的管理者，至于他是否有人权、财权和物资采购权等管理权限，则由其上级确定。

我国在施工企业中引入项目经理的概念已多年，取得了显著的成绩；但是，在推行项目经理负责制的过程中也有不少误区，如，企业管理的体制与机制和项目经理负责制不协调，在企业利益与项目经理的利益之间出现矛盾；不恰当地、过分扩大项目经理的管理权限和责任。

7.3.2 施工项目经理的任务及素质要求

项目经理的任务包括项目的行政管理和项目管理两个方面。

1. 项目经理在项目施工管理过程中的主要行政管理任务

（1）贯彻执行国家和工程所在地政府的有关法律、法规和政策，执行企业的各项管理制度。

（2）严格财务制度，加强财经管理，正确处理国家、企业与个人的利益关系。

（3）执行项目承包合同中由项目经理负责履行的各项条款。

（4）项目经理在承担工程项目施工的管理过程中，应当按照建筑施工企业与建设单位签订的工程承包合同，与本企业法定代表人签订项目承包合同，并在企业法定代表人授权范围内行使管理权力。

2. 项目经理在项目施工管理过程中的主要项目管理任务

(1) 施工安全管理；
(2) 施工成本控制；
(3) 施工进度控制；
(4) 施工质量控制；
(5) 工程合同管理；
(6) 工程信息管理；
(7) 工程组织与协调等。

3. 施工项目经理的素质要求

(1) 符合项目管理要求的能力，善于进行组织协调与沟通；
(2) 相应的项目管理经验和业绩；
(3) 项目管理需要的专业技术、管理、经济、法律和法规知识；
(4) 良好的职业道德和团结协作精神，遵纪守法、爱岗敬业、诚信尽责；
(5) 身体健康，精力充沛。

7.3.3 施工项目经理的责、权、利

1. 项目管理目标责任书

项目管理目标责任书应在项目实施之前，由法定代表人或其授权人与项目经理协商制定。

(1) 编制项目管理目标责任书的依据

1) 项目的合同文件；
2) 组织的管理制度；
3) 项目管理规划大纲；
4) 组织的经营方针和目标。

(2) 项目管理目标责任书的内容

1) 项目管理实施目标；
2) 组织与项目经理部之间的责任、权限和利益分配；
3) 项目设计、采购、施工、试运行等管理的内容和要求；
4) 项目需用资源的提供方式和核算办法；
5) 法定代表人向项目经理委托的特殊事项；
6) 项目经理部应承担的风险；
7) 项目管理目标评价的原则、内容和方法；
8) 对项目经理部进行奖惩的依据、标准和办法；
9) 项目经理解职和项目经理部解体的条件及办法。

(3) 项目管理目标责任书应遵循的原则

1) 满足组织管理目标的要求；
2) 满足合同的要求；
3) 预测相关的风险；

4）具体且可操作性强；

5）便于考核。

2. 项目经理应履行的职责

（1）项目管理目标责任书规定的职责。

（2）主持编制项目管理实施规划，并对项目目标进行系统管理。

（3）对资源进行动态管理。

（4）建立各种专业管理体系并组织实施。

（5）进行利益分配。

（6）收集工程资料，准备结算资料，参与工程竣工验收。

（7）接受审计，处理项目经理部解体的善后工作。

（8）协助组织进行项目的检查、鉴定和评奖申报工作。

3. 项目经理应具有的权限

（1）参与项目招标、投标和合同签订。

（2）参与组建项目经理部。

（3）主持项目经理部工作。

（4）决定授权范围内的项目资金的投入和使用。

（5）制定内部计酬办法。

（6）参与选择并使用具有相应资质的分包人。

（7）参与选择物资供应单位。

（8）在授权范围内协调与项目有关的内、外部关系。

（9）法定代表人授予的其他权力。

4. 项目经理的利益与奖罚

（1）获得工资和奖励。

（2）项目完成后，按照项目管理目标责任书规定，经审计后给予奖励或处罚。

（3）获得评优表彰、记功等奖励。

7.3.4 建造师执业资格制度

1. 注册建造师的概念

建造师执业资格制度起源于英国，迄今已有150余年历史。世界上许多发达国家已经建立了该项制度，2002年12月5日，我国人事部、建设部联合印发了《建造师执业资格制度暂行规定》（人发2002［111］号），这标志着我国建立建造师执业资格制度的工作正式建立。该《规定》明确规定，我国的建造师是指从事建设工程项目总承包和施工管理关键岗位的专业技术人员。

2. 建造师的资格

通过认定和考试获得一级、二级建造师执业资格。

3. 注册建造师和项目经理的关系

注册建造师是一种专业人士的名称，而项目经理是一个工作岗位的名称，应注意这两个概念的区别和关系。取得建造师执业资格的人员表示其知识和能力符合建造师执业的要求，但其在企业中的工作岗位则由企业视工作需要和安排而定。建造师执业的覆盖面较大，可涉及工程建设项目管理的许多方面，担任项目经理只是建造师执业中的一项。

在国际上，建造师的执业范围相当宽，可以在施工企业、政府管理部门、建设单位、工程咨询单位、设计单位、教学和科研单位等执业。

4. 建造师报考条件

（1）具备下列条件之一者，可以申请参加"一级建造师"执业资格考试

1）取得工程类或工程经济类大学专科学历，工作满6年，其中从事建设工程项目施工管理工作满4年。

2）取得工程类或工程经济类大学本科学历，工作满4年，其中从事建设工程项目施工管理工作满3年。

3）取得工程类或工程经济类双学士学位或研究生班毕业，工作满3年，其中从事建设工程项目施工管理工作满2年。

4）取得工程类或工程经济类硕士学位，工作满2年，其中从事建设工程项目施工管理工作满1年。

5）取得工程类或工程经济类博士学位，从事建设工程项目施工管理工作满1年。

（2）具备下列条件者，可以申请参加"二级建造师"执业资格考试

凡遵纪守法并具备工程类或工程经济类中等专科以上学历并从事建设工程项目施工管理工作满2年，可报名参加二级建造师执业资格考试。

7.3.5 施工项目经理部的构建

1. 项目经理部地位及性质

项目经理部是组织设置的项目管理机构，承担项目实施的管理任务和目标实现的全面责任。项目经理部应由项目经理领导，接受组织职能部门的指导、监督、检查、服务和考核，并负责对项目资源的合理使用和动态管理。项目经理部的组织结构应根据项目的规模、结构、复杂程度、专业特点、人员素质和地域范围确定。项目经理部所制定的规章制度，应报上一级组织管理层批准。

（1）施工项目经理部的地位

施工项目经理部是指在施工项目经理领导下建立的项目管理组织机构，是施工项目的管理层，其职能是对施工项目实施阶段进行综合管理。

施工项目经理部是施工项目管理的中枢、施工项目责、权、利的落脚点。相对企业来说，它是项目的责任组织，就一个施工项目对企业全面负责。相对于建设单位来说，它是建设单位成果目标的直接责任者，是建设单位直接监督控制的对象。相对于项目内部成员而言，成员是项目经理部的构成部分，是项目的直接管理者，而项目经理部是成员共同利益的代表者和保证者。

确立项目经理部的地位，关键在于正确处理项目经理与项目经理部之间的关系。施工项目经理是施工项目经理部的一个成员，但由于其地位特殊，一般都把它单独列出来，同项目经理部并列。从总体上说，施工项目经理与施工项目经理部的关系可以总结为两句话：其一，施工项目经理部受施工项目经理领导；其二，施工项目经理是施工项目经理部利益的代表和全权负责人，其一切行为必须符合施工项目的整体利益。

（2）施工项目经理部的性质

施工项目经理部是企业内部相对独立的一个综合性的责任单位，其性质可以归结为三个方面：

1) 施工项目经理部的相对独立性。施工项目经理部的相对独立性是指它与企业存在着双重关系。一方面，它作为企业的下属单位，同企业存在着行政隶属关系，要服从企业的全面领导；另一方面，它又是一个施工项目独立利益的代表，存在着独立的利益，同企业形成一种经济承包或其他的经济责任关系。

2) 施工项目经理部的综合性。施工项目经理部的综合性主要指如下几个方面：首先，应当明确施工项目经理部是企业所属的经济组织，主要职责是管理施工项目的各种经济活动。其次，其管理职能是综合的，包括计划、组织、控制、协调、指挥等多方面。再次，其管理业务是综合的，从横向看包括人财物、生产和经营活动，从纵向看包括施工项目寿命周期的主要过程。

3) 施工项目经理部的临时性。施工项目经理部的临时性是指它仅是企业一个施工项目的责任单位，要随着项目的开工而成立，随着项目的竣工而解体。

2. 施工项目经理部的作用及规模

（1）施工项目经理部的作用

1) 负责施工项目从开工到竣工的全过程施工生产的管理。

2) 项目经理部是项目经理的办事机构。

3) 项目经理部是一个组织体。

4) 项目经理部是代表企业履行工程承包合同的主体。

（2）施工项目经理部的规模设置

通常当工程项目的规模达到以下要求时均应建立独立的项目经理部：5000m^2以上的公共建筑、工业建筑；1万m^2以上的住宅；其他工程项目投资在500万元以上。至于建筑面积在1万m^2以下的群体工程，面积在5000m^2以下的单体工程，按照项目经理责任制有关规定，可实行项目授权代管和栋号承包。

项目经理部一般设有一级、二级、三级，共三个等级，其设置条件如下：

1) 当建筑面积在15万m^2以上的群体工程；面积在10万m^2及以上的单体工程；投资在8000万元及以上的各类工程项目，应设立一级施工项目经理部。

2) 当建筑面积在15万m^2以下，10万m^2及以上的群体工程；面积在10万m^2以下5万m^2及以上的单体工程；投资在8000万元以下3000万元及以上的各类工程项目，应设立二级施工项目经理部。

3) 建筑面积在10万m^2以下，2万m^2及以上的群体工程；面积在5万m^2以下1万m^2及以上的单体工程；投资在3000万元以下500万元及以上的各类工程项目，应设立三级施工项目经理部。

施工项目经理部规模的大小分类见表7-2，这样较为直观。

施工项目经理部的分类　　　　　表7-2

类别	建筑面积（m^2）		投资额（元）	人员配置数量（人）
	群体工程	单位工程		
一级项目经理部	>15万	≥10万	≥8000万	30~45
二级项目经理部	10万~15万	5万~10万	3000万~8000万	20~30
三级项目经理部	2万~10万	1万~5万	500万~3000万	15~20

3. 施工项目经理部的设置原则

施工项目经理部是施工项目的组织管理机构,所以项目经理部首先应满足组织机构设置的一般原则。施工项目经理部的设置除应满足一般组织机构设置的原则外,尚应结合施工项目的特点满足下列要求:

1) 在设置项目经理部时,根据项目管理规划大纲确定的组织形式,同时考虑企业对经理部的管理方式设置项目经理部。项目组织形式应与企业对施工项目的管理方式有关,与企业对项目经理部的授权有关,以便实现企业的对口指导。不同的组织形式对项目经理部的管理力量和管理职责提出了不同要求,同时也提供了不同的管理环境。

2) 要根据施工项目的规模、复杂程度和专业特点设置项目经理部。例如,大型项目经理部可以设职能部、处;中型项目经理部可以设处、科,小型项目经理部一般只需设职能人员即可。如果项目的专业性强,便可设置专业性强的职能部门,如水电处、安装处、打桩处等。

3) 项目经理部是一个具有弹性的一次性管理组织,应随工程任务的变化而进行调整,不应搞成一级固定性组织。在施工项目开工前建立,在工程交工后,项目管理任务完成,项目经理部应解体。项目经理部不应有固定的作业队伍,而应根据施工的需要,从劳务分包公司或劳务市场吸收人员,进行优化组合和动态管理。

4) 项目经理部的人员配置应面向现场,满足现场的计划与调度、技术与质量、成本与核算、劳务与物资、安全与文明施工的需要,而不应设置专管经营与咨询、研究与发展、政工与人事等与项目施工关系较少的非生产性管理部门。

5) 在项目管理机构建成以后,应建立有益于组织运转的工作制度。

4. 建立项目经理部的步骤

(1) 根据项目管理规划大纲确定项目经理部的管理任务和组织结构。

(2) 根据项目管理目标责任书进行目标分解与责任划分。

(3) 确定项目经理部的组织设置。

(4) 确定人员的职责、分工和权限。

(5) 制定工作制度、考核制度与奖惩制度。

5. 施工项目经理部的管理制度

从施工项目经理部的角度来看,项目经理部应执行企业已有的一整套管理制度,同时根据本项目管理的特殊需要建立自己的制度,主要是目标管理、核算、现场管理、对作业层管理、信息管理、资料管理等方面的制度,一般包括:

(1) 项目管理岗位责任制。

(2) 技术与质量管理制度。

(3) 安全管理制度。

(4) 图纸和技术档案管理制度。

(5) 计划、统计与进度报告制度。

(6) 成本核算制度。

(7) 材料、机械、设备管理制度。

(8) 文明施工和场容管理制度。

(9) 例会和组织协调制度。

(10) 分包及劳务管理制度。
(11) 信息管理制度。

7.3.6 施工项目经理部的解体

1. 施工项目经理部的解体条件
(1) 工程已经交工验收,并完成竣工结算;
(2) 与各分包单位已结算完毕;
(3) 已与发包人签订了《工程保修书》;
(4) 《项目管理目标责任书》已经履行完成;
(5) 各项善后工作已与企业主管部门协商一致并办理了有关手续。

2. 施工项目经理部解体程度与善后工作

施工项目在全部竣工交付验收签字起 15 日内,项目经理部可向企业写出解体报告,经企业批准,即可解体。但是项目经理部在解聘工作人员时,为使其在人才劳务市场上有一定的求职时间,要提前发给解聘人员两个月的岗位效益工资。负责该工程项目的保修,工程剩余价款的结算以及回收。

3. 项目经理部效益审计评估和债权债务处理
(1) 项目经理部剩余材料的处理。
(2) 项目经理部自购的通信、办公等小型固定资产的处理。
(3) 项目经理部的工程成本盈亏审计及奖惩兑现。
(4) 施工项目经理部解体要做到人走账清、物净,不留任何尾巴。

4. 施工项目经理部解体时的有关纠纷裁决

项目经理部与企业有关职能部门发生矛盾时,由企业经理裁决;项目部与劳务、专业分公司及栋号作业队发生矛盾时,按业务分工由企业劳动人事管理部门、经营部门和工程管理部门裁决。所有仲裁的依据,原则上是双方签订的合同和施工工程签证。

7.4 施工项目组织协调

7.4.1 施工项目的组织协调

1. 施工项目组织协调的含义

施工项目的组织协调,是为施工项目预定的目标控制服务的,是指科学正确地处理工程施工过程中的各种关系。

2. 施工项目的组织协调的内容

组织协调的内容包括人际关系、组织关系、配合关系、供求关系及约束关系的协调。

3. 施工项目组织协调的范围

施工项目管理的组织协调范围,是根据与施工项目管理组织的关系的松散与紧密状况决定的。施工项目的组织协调分为三层:
(1) 内部关系。这是紧密的自身机体关系,应通过行政的、经济的、制度的、信息的、组织的和有关法律的等多种方式进行协调,特别注意不同部门、不同岗位之间的结合部,它们是纠纷的重点,更应该做好协调,否则就可能出现遗漏和矛盾。
(2) 近外层关系。是指直接的和间接的合同关系,如施工项目经理部与业主、监理单位、分包单位及设计单位的关系，都属于近外层关系。因此，合同就成为近外层关系协调的主要工具。

（3）远外层关系。这是一种比较松散的关系，如项目经理部与政府部门（如消防、安监、质监）、与白蚁防治部门、与施工现场环境相关单位的关系，均属于远外层关系。这些关系的处理没有固定的格式，协调起来也比较困难，应按有关法规、公共关系准则、经济联系、规章制度等处理。如与政府部门的关系，是请示、报告、汇报、接受领导的关系；与施工现场相关单位的关系，是遵守有关规定，争取给予支持的关系。

7.4.2 施工项目经理部的主要工作关系

1. 项目经理部与企业及主管部门的主要关系

（1）在党务、行政生产管理上，根据企业党委和经理的指令以及企业管理制度，项目经理部受企业有关职能部、室的指导，二者既是上下级行政关系，又是服务与服从、监督与执行的关系，也就是说企业层次的生产要素调控体系要服务于项目层次的生产要素的优化配置，同时项目生产要素的动态管理要服从于企业主管部门的宏观调控。企业要对项目管理全过程进行必要的监督调控。项目经理部则要按照与企业签订的责任状，尽职尽责地抓好项目的具体实施。

（2）在经济往来上，根据企业法人代表与项目经理签订的《项目管理目标责任书》，严格履约以实结算，建立双方平等的经济责任关系。

（3）在业务管理上，项目经理部作为企业内部项目的管理层，接受企业职能部、室的业务指导和服务。一切统计报表，包括技术、质量、预算、定额、工资、外包队的使用计划及各种资料都要按系统管理和有关规定准时报送主管部门。其主要业务管理关系包括计划统计、财务核算、材料供应、周转料具供应、预算及经济洽商签证、质量、安全、行政管理、测试计量等工作。

2. 项目经理部的外部关系

（1）总分包之间的关系。

项目管理中总包单位与分包单位在施工配合中，处理经济利益关系的原则是严格按照双方签订的总分包合同与国家有关政策及企业的规章制度办理，实事求是。

（2）与劳务作业层之间的关系。

由于实行两层分离，项目经理部与劳务作业层之间，实质二者已经构成了甲乙双方平等的经济合同关系，所以在组织施工过程中难免发生一些矛盾。在处理这方面矛盾时必须做到三个坚持：坚持履行合同；坚持相互尊重、支持，协商解决问题；坚持服务为本，不把自己放在高级地位，而是尽量为作业层创造条件，特别是不损害劳务作业层的利益。

（3）土建与安装分包的关系。

本着"有主有次，确保重点"的原则，安排好土建、安装施工。定期召开现场协调会，及时解决施工交叉中的矛盾和存在的问题。关于土建与安装工程的协调配合，详见本项目的有关章节。

（4）与业主的关系。

项目组织和业主对工程承包合同负有共同履约的责任。在项目实施过程中，项目组织和业主发生多种业务关系，不同的实施阶段这些业务关系的内容也不同，必须正确处理这些关系。

1) 施工准备阶段。项目经理作为公司在项目上的法定代表人代表应参与工程承包合同的洽谈和签订,熟悉各种洽谈记录和签订过程。在承包合同中应明确相互的权、责、利,业主要保证落实资金、材料、设计、建设场地和外部水、电、路,而项目经理部负责落实施工必需的劳动力、材料、机具、技术及场地准备等。项目经理部负责编制施工组织设计,并参加业主的施工组织设计审核会。开工条件落实后应及时提出开工报告。

2) 施工阶段。这阶段的主要业务关系有:

①材料、设备的交验。现场管理组织负责提出应由业主供应的材料、设备的供应计划,并根据有关规定对业主供应的材料、设备进行交接验收。供应到现场的各类物资必须在项目经理部调配下统一设库、统一保管、统一发料、统一加工、按规定结算。

②进度控制。业主和现场组织都希望工程能按计划进度推进。双方应共同商定一级网络计划,并由双方主要负责人在一级网络计划上签字,作为工程承包合同的附件,各自做好分工该做的工作,共保一级网络计划的实现。项目经理部应及时向业主提出施工进度计划表、月份施工作业计划、月份施工统计报表等,并接受业主的检查、监督。

③质量控制。项目组织应对质量严格要求,注意尊重业主的监督,对重要的隐蔽工程,如地槽及基础的质量检查,应请业主代表参加认证并签字,认定合格后方可进入下道工序。对暖、卫、电、空调、电梯及设备安装等专业工程项目的质量验收,也应请业主代表参加。项目组织应及时向业主或业主代表提交材料报检单、进场设备报验单、施工放样报验单、隐蔽工程验收通知、工程质量事故报告等材料,以便业主代表对工程质量进行分析、监督和控制。

④合同关系。甲乙双方是平等的合同关系,双方都应真心诚意共同履约,一旦发生合同问题,应分情况按有关规定处理。对合同纠纷,首先应协商解决,协商不成时才向合同管理机关申请调解、仲裁,或诉请人民法院审判解决。施工期间,一般合同问题切忌诉讼,遇到非常棘手的合同问题,不妨暂时回避,等待时机,另谋良策。只有当对方严重违约而使自己的利益受到重大损失时才采用诉讼手段。

⑤签证问题。在项目施工中,出现一些设计变更和项目增减等现象是不可避免的。因此,现场签证成为甲乙双方都十分关心的事。对较大的设计变更和材料代用,应经原设计部门签证,甲乙双方再根据签证文件办理工程增减,调整施工图预算。对于不可抗拒的灾害、国家规定的材料、设备价格的调整等,可商请业主代表签证,据以结算工程款。

⑥收付进度款。项目经理部应根据已完工程量及收费标准,计算已完工程价值,编制"工程价款结算单"和"已完工程月报表",送交业主代表办理签证结算。业主应在合同规定的期限内办理完签证和支付手续。

3) 交工验收阶段。当全部工程或单项工程已经竣工,双方应按规定及时办理交工验收手续。项目组织应按交工资料清单整理有关交工资料,验收后交业主保管。验收中项目组织应依据技术文件、承包合同、中间验收签证及验收规范,对业主提出的问题作出详细解释。对存在的问题,应采取补救措施,尽快达到设计、合同、规范要求。

作为施工单位,在处理与业主的关系时,应把履行合同放在第一位,坚持以合同为依据,同时本着"友好协商、调解"为处理纠纷的原则。

(5) 与监理的关系

监理单位与承包商都属于企业的性质,都是平等的主体。在工程项目建设上,它们之间没有直接的合同。监理单位之所以对工程项目建设中的行为具有监理的身份,一是因为业主的授权,二是因为承包商在承包合同中也事先予以承认。同时,国家建设管理法规也赋予监理单位具有监督建设法规、技术法规实施的职责。项目经理部必须接受监理工程师的监理,并为其开展工作提供方便,按照要求提供完整的原始记录、检测记录、技术及经济资料。现场组织与监理工程师的业务关系极为密切,主要表现在以下几方面:

1) 合同签订阶段。在商签合同中,一般是监理单位代表业主与施工单位谈判,以便达成签订合同的协议。商签合同及合同的订立,奠定了在整个施工过程中监理与施工双方关系的基础。

2) 施工准备阶段。在施工准备中,业主的责任可以自行完成,也可以委托给承包商完成。监理单位的责任是,代表业主督促承包商完成应担负的准备工作,以便工程早日开工。监理单位应认真审核施工准备情况以及承包商的开工报告。并下令开工。

3) 施工和竣工阶段。在这阶段的业务关系主要发生在工程质量控制、工程成本控制、进度控制、合同管理和信息管理等各方面。监理单位根据业主的授权和国家的法律法规工作。这些权力一般包括:工程规模、设计标准和使用功能的建议权,材料和施工质量的确认权与否决权,施工进度和工期上的确认权与否决权,工程合同内工程款支付与工程结算的确认权与否决权,组织协调主持权等。

针对上述与监理方的关系,要求施工方尽可能做到:在施工过程中,严格按照监理工程师批准的施工组织设计、施工方案进行管理,接受监理工程师的验收及检查,如有问题,按照监理工程师的要求进行整改;对分包方严格管理,杜绝现场施工分包队伍不服从监理工程师的现象,使监理工程师的一切指令得到全面的执行;所有进入现场的产品、半产品、设备、材料、器具等主动向监理工程师提交合格证或质保书、复试报告;严格进行质量检查,确保监理工程师能顺利开展工作,对可能出现工作意见不一致的情况,遵循"先执行监理工程师的指导,后磋商统一"的原则,维护监理工程师的权威性。

(6) 协调与周围居民等之间的关系

施工前公布连续施工时间,办理夜间施工手续,向周围居民、单位做好解释,取得业主、居委会、环保、环卫、城管、交通等部门的支持,如工期不是很紧,尽量避开夜间和中午强噪声施工(主要避开晚上 20:00 至次日 6:00),同时采取措施控制噪声、垃圾、扬尘等。

(7) 重视其他公共关系

施工中除了经常和建设单位、监理单位拥有较多的业务关系之外,还与设计单位、质量监督部门以及政府主管部门、行业管理部门有一定的联系,所以应与它们取得联系,主动争取它们的支持和帮助,充分利用它们各自的优势,为工程项目服务。

3. 施工项目经理部的内部关系

主要是领导与协作关系。项目经理部内部关系需要靠内部分工、分责、分权、分利来解决。一般都是通过与项目经理签订责任书或协议等手段来实现。

7.4.3 安装与土建工程的配合

1. 施工准备阶段的配合

(1) 加强图纸的会审工作

施工前土建、建筑设备各专业的有关部门人员应会同在一起,认真审核、熟悉图纸，对图纸中要求彼此配合的工作进行商讨，并拟定配合计划，对图纸中存在的问题，尤其是对各专业施工相互影响、相互干扰的地方应共同商讨解决办法，将矛盾解决在开工之前。

(2) 编制科学、合理的施工组织设计

在编制施工组织设计、安排施工生产计划时，要充分听取建筑各专业人员的意见，全面考虑到建筑设备各专业的特点和要求，与土建的协作配合关系，编制科学、合理的计划。进度计划一经确定，各专业人员均应严格遵守，以便有序协作施工，避免相互扯皮、干扰，影响工程的进度和质量。

(3) 明确分工，配合默契

在工程施工之前，应明确土建施工须配合建筑设备各专业的工作范围，如哪些预埋件、预留洞属于土建专业负责，哪些工作由专业工种自己负责，哪些工作需要双方密切配合，以杜绝漏埋、漏预留、返工、乱剔槽等毛病的出现。

2. 基础结构施工阶段的配合

基础施工阶段，各种水电管线应按照先室外后室内、先地下后地上的施工顺序，根据土建施工的进度安排，穿插配合铺设，必须预埋的各种配件和预留的洞口要按照设计图纸要求的位置、尺寸及时预埋和预留。

3. 主体结构施工阶段的配合

主体结构施工过程中，土建施工人员应根据施工组织设计中明确的责任分工范围，做好建筑设备各专业各种的预埋、预留工作的交底和施工检查监督工作，相关专业要派出人员进行指导和配合。明确由各专业工种自身要遵循统一的施工计划，按照指定的时间，在规定的时限内完成。隐蔽工程施工前要加强检查和监督，如混凝土浇筑前要进行预埋管线、预留孔洞的检查验收。在浇筑过程中要派人配合跟踪检查，发现损坏或移位，要进行及时修补或改正，防止混凝土堵塞管线。

预制楼板吊装时，电气、暖卫等专业工种施工人员应主动配合，以避免不必要的剔槽、堵洞而影响结构的质量。

各专业施工人员应对管道、设备、器具妥加保护，管道预留口要封严，防止砂石落入。剔洞不得过大，也不得切断主筋，堵洞时要用豆石混凝土，不得用碎砖头或泡沫块堵洞。隐蔽工程封闭前，要对各种管道一一试压，避免工程在接近竣工时剔凿。各楼层的标高应与设计尺寸一致。

墙面要垂直，地面应在同一水平线上，地面厚度应一致，卫生间的地面要坡向地漏，卫生间防水层应与卫生器具甩口、立管根部粘裹严密，以防渗水。

【本 章 小 结】

本章介绍了组织论的基本原理，重点研究系统的组织结构模式、组织分工和工作流程组织。介绍常见的建设工程组织管理模式及常见的施工项目组织形式，说明各自的优缺点。讲述施工项目经理的工作性质、素质要求、责、权、利以及建造师执业资格制度。介绍了施工项目经理部的基本知识以及各种关系的组织协调等内容。

【思 考 题】

1. 组织论主要的研究系统有哪些?
2. 项目组织构成要素有哪些?
3. 建设工程组织管理的基本模式包括哪些?
4. 施工项目组织形式有哪些? 各自有什么特点?
5. 简述注册建造师和项目经理的关系。
6. 通常情况下施工项目的组织协调分为哪几层?

第8章 施工项目进度、质量、成本管理

【教学目标】
➤ 学习目标：了解施工项目目标管理的基本概念及理论；熟悉施工进度控制的原理、程序、任务及影响因素，掌握进度控制计划的编制、实施及分析总结，掌握进度控制的措施；掌握施工项目质量管理和质量控制的基本原理，熟悉企业质量管理体系；了解施工成本管理的任务和措施，掌握施工成本计划、控制、评价及分析过程，掌握工程变更价款的确定及建筑安装工程费用的结算。

➤ 能力目标：能针对具体的施工项目进行目标分解，并能进行目标落实；具备施工进度管理计划的编制、检查和调整的能力；具备施工质量验收的能力，对于常见工程质量的影响因素会进行分析；掌握工程款结算的方式，具备计算预付款、进度款和结算款的能力；会对合同价款进行调整，会运用挣值法对工程的进度和费用偏差进行分析。

【本章教学情景】
理论情景：施工目标管理是施工项目管理的主要内容之一，那么目标管理的意义何在？施工项目目标管理体系通常有哪几级目标？控制目标如何制定？许多项目，特别是大型重点项目，工期十分紧迫，进度压力很大，如果不是正常有序的施工，盲目赶工会导致质量和安全问题的出现，并且会引起施工成本的增加，那么如何才能对施工进度合理的进行管理？"百年大计，质量第一"，可见质量对工程的重要性。那么如何使一个具体的工程质量达到合格呢？如何正确地评价质量合格呢？如果不合格了怎样处理呢？施工成本是施工企业非常关注的一个问题，但必须是在保证工期和质量的前提下而言。那么施工企业怎样才能较好的进行成本管理呢？

实例情景：

1. 某混凝土工程，估计工程量为 $1000m^3$，合同约定：综合单价为 300 元/m^3，当实际工程量与工程量清单的工程量差超过 15% 时，可调整单价，调整系数为 1.1。由于设计变更，承包商实际完成工程量 $800m^3$。则该混凝土工程的价款为多少万元？

2. 某工程 1 月份拟完工程计划施工成本 50 万元，已完工程计划施工成本 45 万元，已完工程实际施工成本 48 万元。该工程 1 月底施工成本偏差和进度偏差分别是多少？

8.1 施工项目目标管理概论

8.1.1 施工项目目标管理的基本理论

1. 目标管理的概念

目标管理（MBO）指集体中的成员亲自参加工作目标的制定，在实施中运用现代管理技术和行为科学，借助人们的事业感、能力、自信、自尊等，实行自我控制，努力实现目标。

目标管理是组织的系统功能的集中体现，是评价管理效果的基本标准，是组织全体人员参加管理的有效途径，故目标管理是系统的、整体的管理。目标管理重视成果的管理，重视人的管理。它实际上是参与管理和自主管理。由于它的以上特点和科学性，故是一种很重要的现代化管理方法，被广泛应用于各经济领域的管理之中，当然也适用于施工项目管理。

2. 目标管理的意义

目标管理是以被管理项目所达到的预期目标为中心，以目标指导行动，一切组织和管理活动都是为了实现目标，通过目标的实现来完成各项活动的任务。目标管理避免了盲目的、无目的的行动。

项目管理的核心任务是项目的目标管理，按照项目管理学的基本理论，没有明确目标的建设工程不是项目管理的对象，也不是项目管理的范畴，根本不可能管理好。对于建筑施工项目，在进行管理的时候，必须预先确立明确的目标，使一切管理活动都围绕着目标的实现，这是施工项目进行管理最根本的出发点。

3. 施工项目目标管理体系

施工项目的总目标是企业目标的一部分。施工企业的目标体系应以施工项目为中心，形成纵横结合的目标体系结构。企业总目标是一级目标，其经营层和企业管理层的目标是二级目标，项目管理层的目标是三级目标。

4. 施工项目控制目标的制定

(1) 施工项目控制目标的制定依据

1) 施工合同提出的施工项目总目标。

2) 国家的政策、法规、方针、标准和定额。

3) 生产要素市场的变化动态和发展趋势。

4) 有关文件、资料、图纸、招标文件、施工组织设计等。

(2) 施工项目控制目标的制定原则

施工项目控制目标的制定原则是：实现工程施工合同目标，以目标管理方法进行目标展开，将总目标落实到项目组织直至每个执行者。

(3) 施工项目控制目标的制定程序

1) 认真研究核算工程施工合同中界定的施工项目控制总目标。

2) 施工项目经理部与企业签订项目管理目标责任书，定出项目经理部的控制目标。

3) 项目经理部编制施工项目管理实施规划，确定施工项目的计划总目标。

4) 制定施工项目各阶段控制目标和年度控制目标。

5) 按时间、部门、人员、班组落实控制目标，明确责任。

6) 责任者提出控制措施。

8.1.2 施工项目目标的动态控制

1. 施工项目目标动态控制的方法

我国在施工管理中引进项目管理的理论和方法已多年，但是，运用动态控制原理控制项目的目标尚未得到普及，许多施工企业还不重视在施工进展过程中依据和运用定量的施工成本控制、施工进度控制和施工质量控制的报告系统指导施工管理工作，项目目标控制还处于相当粗放的状况。应认识到，运用动态控制原理进行项目目标控制将有利于项目目标的实现，并有利于促进施工管理科学化的进程。

由于施工项目实施过程中主、客观条件的变化是绝对的，不变则是相对的；在项目进展过程中平衡是暂时的，不平衡则是永恒的。因此，在施工项目实施过程中必须随着情况的变化进行项目目标的动态控制。施工项目目标的动态控制是施工项目管理最基本的方法论。

2. 施工项目目标动态控制的工作程序

(1) 施工项目目标动态控制的准备工作

将施工项目的目标进行分解，以确定用于施工目标控制的计划值。

(2) 在施工项目实施过程中目标的动态控制

1) 收集施工项目目标的实际值，如实际投资、实际进度等。

2) 定期（如每两周或每月）进行施工项目目标的计划值和实际值的比较。

3) 通过施工项目目标的计划值和实际值的比较，如有偏差，则采取纠偏措施进行纠偏。

(3) 如有必要，则进行施工项目目标的调整，目标调整后再回复到第一步。

由于在施工项目目标动态控制时要进行大量数据的处理，当项目的规模比较大时，数据处理的量就相当可观。采用计算机辅助的手段可高效、及时而准确地生成许多施工项目目标动态控制所需要的报表，如计划成本与实际成本的比较报表，计划进度与实际进度的比较报表等，将有助于施工项目目标动态控制的数据处理。

3. 施工项目目标动态控制的纠偏措施

(1) 组织措施。分析由于组织的原因而影响项目目标实现的问题，并采取相应的措施，如调整项目组织结构、任务分工、管理职能分工、工作流程和项目管理班子人员等。

(2) 管理措施（包括合同措施）。分析由于管理的原因而影响项目目标实现的问题，并采取相应的措施，如调整进度管理的方法和手段，改变施工管理和强化合同管理等。

(3) 经济措施。分析由于经济的原因而影响项目目标实现的问题，并采取相应的措施，如落实加快工程施工进度所需的资金等。

(4) 技术措施。分析由于技术的原因而影响项目目标实现的问题，并采取相应的措施，如改进施工方法和改变施工机具等。当项目目标失控时，人们往往首先思考的是采取什么技术措施，而忽略可能或应当采取的组织措施和管理措施。

组织论的一个重要结论是：组织是目标能否实现的决定性因素。应充分重视组织措施对施工项目目标控制的作用。

4. 施工项目目标的动态控制和主动控制

项目目标动态控制的核心是，在项目实施的过程中定期地进行项目目标的计划值和实际值的比较，当发现项目目标偏离时采取纠偏措施。为避免项目目标偏离的发生，还应重视事前的主动控制，即事前分析可能导致项目目标偏离的各种影响因素，并针对这些影响因素采取有效的预防措施。

8.2 施工项目进度管理

8.2.1 施工进度控制的原理、程序及任务

1. 施工进度控制的原理

通常项目施工进度控制可采用：系统控制、动态控制、弹性控制、信息反馈制等基本原理。

（1）系统控制原理

该原理认为，项目施工进度控制本身是一个系统工程，它包括项目施工进度规划系统和项目施工进度实施系统两部分内容。项目经理必须按照系统控制原理，强化控制全过程。

1) 施工项目进度计划系统。为做好项目施工进度控制工作，必须根据项目施工进度控制目标要求，制订出项目施工进度计划系统。根据需要，计划系统一般包括：施工项目总进度计划，单位工程进度计划，分部、分项工程进度计划和季、月、旬等作业计划。这些计划的编制对象由大到小，内容由粗到细，将进度控制目标逐层分解，保证计划控制目标的落实。在执行项目施工进度计划时，应以局部计划保证整体计划，最终达到施工项目进度控制目标。

2) 施工项目进度实施组织系统。为实施项目施工进度计划系统，不仅要求设计单位和承建单位必须按照计划要求进行工作，而且要求设计、承建和物资供应单位，也必须密切协作和配合。同时，承建单位内部也应有施工项目经理部、施工队长、班组长从上到下的严密组织，从而形成内外结合的、严密的项目施工进度实施系统。建立起包括统计方法、图表方法和岗位承包方法在内的项目施工进度实施体系，保证其在实施组织和实施方法上的协调性。

3) 施工项目进度控制组织系统。根据施工项目进度控制机构层次，明确其进度控制职责，并建立纵向和横向两个控制系统。施工项目进度纵向控制系统，由公司领导班子和项目经理部构成；而项目施工进度横向控制系统，则由项目经理部各职能部门构成。必须加强两个控制系统的协作，提高施工项目进度控制效率。

（2）动态控制原理

施工项目进度控制随着施工活动向前推进，根据各方面的变化情况，进行适时的动态控制，以保证计划符合变化的情况。本部分可参见前面有关章节内容。

（3）弹性控制原理

施工项目进度控制涉及的因素多、变化大、持续时间长，不可能十分准确地预测未来或作出绝对准确的施工项目进度安排，也不能期望项目施工进度目标会完全按照规划日程实现，在确定项目施工进度目标时，必须留有余地，以使项目施工进度控制具有较强的应变能力。

（4）信息反馈控制原理

信息反馈是施工项目进度控制的主要环节，没有信息反馈，就不能对进度计划进行有效的控制。必须加强项目施工进度的信息反馈。当项目施工进度出现偏差时，相应的信息就会反馈到项目进度控制主体，由该主体作出纠正偏差的反应，使项目施工进度朝着规划

目标进行，并达到预期效果。这样就使项目施工进度计划的执行、检查和调整过程，成为信息反馈控制的实施过程。

2. 施工进度控制的程序

施工进度控制的程序为：

(1) 确定进度控制目标。

(2) 编制施工进度计划。

(3) 申请开工并按指令日期开工。

(4) 实施进度计划。

(5) 检查、控制、调整进度计划。

(6) 进度控制总结并编写施工进度控制报告。

3. 施工进度控制的任务

施工方进度控制的任务是：依据施工任务委托合同对施工进度的要求控制施工进度，这是施工方履行合同的义务。在进度计划编制方面，施工方应视项目的特点和施工进度控制的需要，编制深度不同的控制性、指导性和实施性施工的进度计划，以及按不同计划周期（年度、季度、月度和旬）的施工计划等。

8.2.2 施工进度的影响因素及施工项目进度目标的确定

1. 影响施工活动的因素

项目经理必须对各种可能出现的影响因素充分认识和估计，确保施工进度控制目标的实现。影响施工进度有以下几方面的主要因素：

(1) 参与单位和部门

影响项目施工进度的单位和部门众多，包括建设单位、设计单位、总承包单位，以及施工单位上级主管部门、政府有关部门、银行信贷单位、资源物资供应部门等。项目经理不仅要控制项目施工速度，而且要做好有关单位的组织协调工作。只有这样才能有效地控制项目施工进度。

(2) 施工技术因素

项目施工技术因素主要有：

1) 低估项目施工技术上的难度，没有考虑某些设计或施工问题的解决方法。

2) 对项目设计意图和技术要求，没有全部领会，采取的技术措施不当。

3) 在应用新技术、新材料或新结构方面缺乏经验，没有进行相应的科研和实验，导致盲目施工，以致出现工程质量缺陷等技术事故。

(3) 施工组织管理因素

施工组织管理因素主要有：

1) 施工平面布置不合理，出现相互干扰和混乱。

2) 劳动力和机械设备的选配不当。

3) 流水施工组织不合理等。

(4) 项目投资因素

因资金不足或供应不及时以至于影响项目施工进度。

(5) 项目设计变更因素

1) 建设单位改变项目设计功能。

2) 项目设计图纸错误或变更，致使施工速度放慢或停工。

(6) 不利条件和不可预见因素

在项目施工中，可能遇到洪水、地下水、地下断层、溶洞或地面深陷等不利的地质条件；也可能出现恶劣的气候条件、自然灾害、工程事故、政治事件、工人罢工或战争等不可预见事件，这些因素都将影响项目施工进度。

2. 施工项目进度目标的确定

施工进度控制的第一任务就是确定施工进度控制目标。对于一个建设项目来说，业主方要制定一个总进度目标，建设项目的总进度目标是整个项目的进度目标，它是在项目定义时确定的，它包括设计前准备进度、设计工作进度、招标进度、工程施工和安装进度、项目投产前的准备工作进度等目标。施工项目进度目标只是业主方的诸多目标之一。

作为施工企业通过投标并中标后，与业主方签订施工合同，施工方的施工进度控制目标就是：以实现合同约定的竣工日期为最终目标。这个目标，首先是由施工企业管理层承担的。企业管理层根据经营方针在《项目管理目标责任书》中确定项目经理部的进度控制目标。项目经理部根据这个目标在"施工项目管理实施规划"中编制施工进度计划，确定计划进度控制目标，并进行进度目标分解。

施工进度计划是进度控制的依据。对于一个群体工程，要编制两种或者三种施工进度计划：施工总进度计划、单位工程施工进度计划和分部分项工程进度计划。

8.2.3 施工进度管理计划的编制

1. 施工项目进度计划常用的表示方法

(1) 横道图法

横道图进度计划法是传统的进度计划方法，横道图计划表中的进度线（横道）与时间坐标相对应。

(2) 网络计划法

现在网络计划方法是进度控制的主要方法。网络计划方法因控制项目的进度而诞生，在诞生后的 40 年来成功地被用来进行了无数重大而复杂项目的进度控制。20 世纪 60 年代中期传入我国以后，在我国受到了广泛的重视，用来进行了大量工程项目的进度控制并取得了效益。现在，业主方的项目招标、监理方的进度控制、承包方的投标及进度控制，都离不开网络计划。网络计划已被公认为进度控制的最有效方法。随着网络计划应用全过程计算机化（已实现）的普及，网络计划技术在项目管理的进度控制中将发挥越来越大的作用。

2. 施工项目进度计划的编制步骤

进度控制以进度计划为依据，所以编制施工项目进度计划是进度计划控制的开始过程。应根据规划和分解的施工项目进度的控制目标，编制相应的、满足合同要求的、科学合理的、尽可能最优的施工进度计划，形成进度计划体系。

单位工程进度计划编制步骤如下：

(1) 划分施工过程，确定其施工顺序；

(2) 划分施工段（施工层）；

(3) 计算各施工过程在各施工段（施工层）上的工程量（劳动量）。

计算各施工过程的工程量（劳动量）是一项十分繁琐、费时最长的工作，工程量计算方法和计算规则，与施工图预算或施工预算一样，只是所取尺寸应按施工图中施工段大小确定。

计算工程量应注意以下几个问题：

1) 各分部、分项工程的工程量计算单位应与采用的施工定额中相应项目的单位一致，以便在计算劳动量和材料需要量时可直接套用定额，不再进行换算。

2) 工程量计算应结合选定的施工方法和安全技术要求进行，使计算所得工程量与施工实际情况相符合。例如，挖土时是否放坡，是否加作业面，坡度大小与作业面尺寸是多少，是否使用支撑加固，开挖方式是单独开挖、条形开挖还是整片开挖，这些都直接影响基础土方工程量的计算。

3) 结合施工组织要求，分区、分段、分层计算工程量，以便组织流水作业。若每层、每段上的工程量相等或相差不大时，可根据工程量总数分别除以层数、段数，可得每层、每段上的工程量。

4) 如已编制预算文件，应合理利用预算文件中的工程量，以免重复计算。施工进度计划中的施工项目大多可直接采用预算文件中的工程量，可按施工过程（工序）的划分情况将预算文件中有关项目的工程量汇总。

(4) 确定各工序专业施工人数和其在各施工段（施工层）上的施工时间（施工天数），专业工种施工队组作业人数的确定，应考虑下列两个参数：

1) 最多人数。是指施工段上的在满足正常施工的情况下可容纳的最多人数，由下式确定：

最多人数＝最小施工段上的作业面÷每个工人所需最小作业面

最小施工段是指分部工程施工所划分的几个施工段中整体工作面最小的施工段；每个工人所需最小作业面是指保证工人正常作业效率所需的最小作业空间。有关参考数据参见表2-1。

2) 最少人数。是指合理施工所必需的最少劳动组合人数，如果达不到此要求就会影响作业效率，甚至无法施工。

该工序在该段上施工天数可用下式计算：

该工序在该段上施工天数＝该施工段工程量÷（产量定额×班组人数）

(5) 进行工程组合并组织各分部工程流水施工。

(6) 搭接各工程组合（分部工程流水线），形成初步的单位工程施工进度计划。

(7) 检查、调整初始方案，形成经济合理的施工进度计划。

3. 几种不同的施工进度计划

(1) 施工总进度计划。施工总进度计划是对整个群体工程编制的施工进度计划。由于施工的内容较多，施工工期较长，故其计划项目综合性大。较多控制性，很少作业性。其编制依据有：施工合同、施工进度目标、工期定额、有关技术经济资料、施工部署与主要工程施工方案。其内容包括：编制说明、施工总进度计划表、资源需要量及供应平衡表等。施工总进度计划表为最主要内容。用来安排各单位工程的计划开竣工日期、工期、搭接关系及其实施步骤。资源需要量及供应平衡表是根据施工总进度计划表编制的保证计划，可包括劳动力、材料、预制构件和施工机械等资源的计划。

(2) 单位工程施工进度计划。单位工程施工进度计划是对单位工程或单体工程编制的施工进度计划的总称。由于它所包含的施工内容比较具体明确，施工期较短，故其作业性较强，是进度控制的直接依据。其编制依据主要是项目管理目标责任书、施工总进度计划和施工方案。其内容有：编制说明、进度计划图（或表）、资源需要量计划、风险分析及控制措施。其中最主要的是进度计划图（或表）。资源需要量计划根据进度计划图（或表）进行平衡、编制，用以保证进度计划的实现。风险分析及控制措施是根据"项目管理实施规划"中的"项目风险管理规划"和"保证进度目标的措施"调整并细化编制的，应具有可操作性。

编制单位工程施工进度计划应采用工程网络计划技术或流水施工计划，有时编制可简明扼要（用开始点时间或结束点时间表示关键部位进度的计划）。

(3) 近期工程施工作业进度计划。有的时候根据需要还编制近期分部分项工程或月、旬作业进度计划。

8.2.4 施工项目进度计划的实施

施工项目进度计划的实施过程就是确保进度计划落实与执行的过程。为保证进度计划的落实与执行，应做好如下工作：

1. 编制施工作业计划

进度计划是通过作业计划下达给施工班组的，作业计划是保证进度计划落实与执行的关键措施。由于施工活动的复杂性，在编制施工进度计划时，不可能考虑到施工过程中的一切变化情况，因而不可能一次安排好未来施工活动中的全部细节，所以施工进度计划还只能是比较概括的，很难作为直接下达施工任务的依据。因此，还必须有更为符合当时情况，更为细致具体的、短时间的计划，这就是施工作业计划。施工作业计划是根据施工组织设计和现场具体情况，灵活安排，平衡调度，以确保实现施工进度和上级规定的各项指标任务的具体的执行计划。它是施工单位的计划任务、施工进度计划和现场具体情况的综合产物，它把这三者协调起来，并把任务直接下达给每一个执行者，成为群众掌握的、直接组织和指导施工的文件，因而成为保证进度计划的落实与执行的关键措施。

施工作业计划一般可分为月作业计划和旬作业计划。施工作业计划一般应包括以下三个方面内容：

(1) 明确本月（旬）应完成的施工任务，确定其施工进度；
(2) 根据本月（旬）施工任务及其施工进度，编制相应的资源需要量计划；
(3) 结合月（旬）作业计划的具体实施情况，落实相应的提高劳动生产率和降低成本的措施。

编制作业计划时，计划人员应深入施工现场，检查项目实施的实际进度情况，并且要深入施工队组，了解其实际施工能力，同时了解设计要求，把主观和客观因素结合起来，征询各有关施工队组的意见。进行综合平衡，修正不合时宜的计划安排，提出作业计划指标。最后，召开计划会议，通过施工任务书将作业计划落实并下达到施工队组。

2. 下达施工任务

施工任务书是给施工队组下达具体施工任务的计划技术文件，为便于工人掌握和领会，其表达形式应比作业计划更简明扼要。因此，施工任务书一般是以表格的形式下达的，但应反映出作业计划的全部指标，为此，施工任务书应包括如下内容：

(1) 施工队组应完成的工程项目、工程量、完成任务的开、竣工时间和施工日历进度表；

(2) 完成任务的资源需要量；采用的施工方法、技术组织措施，工程质量、安全、节约措施的各项指标；

(3) 登记卡和记录单，如限额领料单和记工单等。

施工任务书是实行经济核算的原始凭证，也是实行奖惩的依据。

3. 层层签订承包合同

施工项目经理和施工队及各种资源供应部门、施工队和作业班组之间分别签订承包合同，把计划任务与责、权、利结合起来，是保证施工计划落实与执行的有效手段。

4. 做好施工中的调度工作

施工调度是指在施工过程中不断组织新的平衡，建立和维护正常的施工条件及施工程序所做的工作。它的主要任务是督促、检查工程项目计划和工程合同执行情况，调度物资、设备、劳力，解决施工现场出现的矛盾，协调内、外部的配合关系，促进和确保各项计划指标的落实。

施工项目经理部和各施工队应设有专职或兼职调度员，在项目经理或施工队长的直接领导下工作。

为保证完成作业计划和实现进度目标，有关施工调度应涉及多方面的工作，包括：

(1) 监督作业计划的实施、调整、协调各方面的进度关系。

(2) 监督检查施工准备工作。

(3) 督促资源供应单位按计划供应劳动力、施工机具、运输车辆、材料构配件等。

(4) 对临时出现的问题采取调配措施。

(5) 按施工平面图管理施工现场，结合实际情况进行必要调整，保证文明施工。

(6) 了解气候、水、电、气的情况，采取相应的防范和保证措施。

(7) 及时发现和处理施工中的各种事故和意外事件。

(8) 调节各薄弱环节，做好材料、机具、人力的平衡工作。

(9) 定期召开现场调度会议，贯彻施工项目主管人员的决策，发布调度令。

8.2.5 施工进度计划执行情况的对比检查

施工项目进度计划的检查是指依据计划进度跟踪、对比、检查实际进度的过程，这一过程包括：收集进度资料，对资料进行统计整理，记录实际进度并与计划进度进行对比分析，最后根据检查报告制度，将检查结果提交给项目经理及各级业务职能负责人。施工进度控制主要是关键工序，即网络计划中的关键线路上的关键工作，所以检查和控制的重点应放在关键工序上，但也要控制非关键工作进度控制不严转化为关键工作。

记录实际进度并与计划进度进行对比检查的方法有很多，常用的对比检查方法，包括：横道图对比检查法、S曲线对比检查法、香蕉曲线对比检查法、网络图对比检查法。现仅介绍横道图对比检查法、网络图对比检查法和香蕉曲线对比检查法。

1. 横道图对比检查法

当进度计划采用横道图表达时，实际进度与计划进度的对比记录方法有多种形式，最简单的办法是：将检查日期内项目施工进度的实际完成情况用与计划进度横线条有区别的横线条表示实际进度，标在计划进度的下方。这种方法比较起来清楚、明晰，很容易看出实际进度提前或拖后的天数。

2. 网络图实际进度前锋线对比检查法

项目施工进度计划用时标网络图来表达时，可用实际进度前锋线记录施工的实际进度。实际进度前锋线是指在时标网络计划图上，将计划检查时刻各项工作的实际进度所达到的前锋点连接而成的折线。当进度计划用时标网络图表达时，用实际进度前锋线记录施工的实际进度，可以很直观地看出检查日期内工序提前或拖后的情况。

3. 香蕉曲线对比检查法

香蕉曲线的绘制，首先计算网络计划的最早、最迟时间，然后依据最早时间进度计划绘制一条 S 曲线（S 曲线是以横坐标表示时间进度，纵坐标表示单位时间内累计完成的任务量所绘制的曲线），可成为 ES 曲线；依据最迟时间进度计划绘制一条 S 曲线，可成为 LS 曲线。两条曲线同时开始，同时结束，在中间阶段，ES 曲线上的点在 LS 曲线的左侧，因此，形成封闭的状如香蕉的曲线形态，称之为香蕉曲线。

一般说来，实际施工中既不宜按最早时间计算，也不宜按最迟时间计算，因为这都将造成资源运用上的不均衡。而且，按最早时间施工将使工程过早地把资金积压在未完工程上而负担过多的利息支出；而按照最迟时间施工则会使工程承包人缺乏回旋的余地，可能延误工期。所以，比较理想的施工进度曲线应是在两条 S 曲线之间的某一条曲线，而且，这条曲线的中段应尽可能呈直线形，这可以通过对各工序施工时间的调整来达到。当然通过资源优化来实现将更有根据，香蕉曲线就构成了理想施工进度的范围和下限。在任何时间，施工的费用或进度超过了香蕉曲线的范围，都要引起注意和警惕，及早采取措施加以控制。

8.2.6 施工进度计划的调整

施工项目进度计划的调整是根据检查结果，分析实际进度与计划进度之间产生的偏差及原因，采取积极措施予以补救，对计划进度进行适时修正，最终确保计划进度指标得以实现的过程。

由以上的检查对比方法可知，横道图、香蕉曲线以及网络图实际进度前锋线能方便地记录和对比工程进度，提供进度提前或拖后等信息，但用网络图法进行检查对比，能更方便、准确地分析检查结果对工期的影响，从而为准确调整进度计划提供便利。因此，检查与调整进度计划一般采用网络计划法。

在施工项目实施过程中，项目进度控制人员每天均应在项目网络进度计划图上标画出实际施工进度前锋线，检查网络进度计划执行情况。一般每周做一次检查结果分析，并向主管部门提出相应的施工进度控制报告。

主管部门应根据具体情况，及时调整网络进度计划。调整内容主要包括：从网络进度计划中删除多余的工序，在网络图上增加新的工序，调整某些工序的持续时间，以及重新计算未完工序的各项时间参数。

项目网络进度计划调整周期的长短，应视项目规模和施工阶段的不同而异。通常工期为 6 个月至 1 年的施工项目，其调整周期以 2 周为宜；工期为 1 年以上的施工项目，其调整周期以 1 个月为宜；对于施工高峰阶段，其调整周期应缩短至正常周期的一半；对于施工淡季，其调整周期可以增至正常周期的一倍。

施工项目网络进度计划的调整，应与有关施工协调会议结合起来。在会前一两天项目进度控制部门应提出网络进度计划调整方案，并拟定相应的调整报告，然后由施工协调会议讨论并作出相应的决策。

网络进度计划的调整方法，应根据调整范围的大小确定。当调整范围不大时，可在原网络进度计划基础上修订，重新计算未完工序各项时间参数，并进行相应的优化；当调整范围很大时，应重新安排施工顺序，调整施工力量，编制新的项目网络进度计划，计算各项时间参数，进行网络进度计划优化，并确定出最优方案付诸实施。有关调整优化方法可参见《施工组织设计》教材有关部分。

8.2.7 施工进度控制总结分析

施工进度控制总结分析是控制的一个必需的过程，应形成制度。总结分析的依据是：施工进度计划；施工进度计划执行的实际记录；施工进度计划检查结果；施工进度计划的调整资料。总结分析的内容有：合同工期目标完成情况；计划工期目标完成情况；施工进度控制经验及问题；科学的施工进度计划方法应用情况；施工进度控制的改进意见；提高进度控制水平的措施。

8.2.8 施工进度控制的主要措施

1. 进度控制的组织措施

组织是目标能否实现的决定性因素，为实现项目管理的进度目标，在项目组织结构中应有专门的工作部门和符合进度控制岗位资格的专人负责进度控制工作。

进度控制的主要工作环节包括进度目标的分析和论证、编制进度计划、定期跟踪进度计划的执行情况、采取纠偏措施以及调整进度计划，对于这些工作任务和相应的管理职能应在项目管理组织设计的任务分工表和管理职能分工表中标示并落实。

编制项目进度控制的工作流程，如：

(1) 定义项目进度计划系统的组成。

(2) 各类进度计划的编制程序、审批程序和计划调整程序等。

进度控制工作包含了大量的组织和协调工作，而会议是组织和协调的重要手段，应进行有关进度控制会议的组织设计，以明确：

(1) 会议的类型；

(2) 各类会议的主持人及参加单位和人员；

(3) 各类会议的召开时间；

(4) 各类会议文件的整理、分发和确认等。

另外，组织平行流水、立体交叉施工，充分利用空间和时间；增加机械设备；增加施工作业面；增加劳动力或提高出勤率，采用二班或三班作业等都是很好的措施。

2. 进度控制的管理措施

建设工程项目进度控制的管理措施涉及管理的思想、管理的方法、管理的手段、承发包模式、合同管理和风险管理等。

目前建设工程项目进度控制在管理观念上存在的主要问题有：

(1) 缺乏进度计划系统的观念-分别编制各种独立而互不联系的计划，形成不了计划系统。

(2) 缺乏动态控制的观念-只重视计划的编制，而不重视及时地进行计划的动态调整。

(3) 缺乏进度计划多方案比较和选优的观念-合理的进度计划应体现资源的合理使用、

工作面的合理安排、有利于提高建设质量、有利于文明施工和有利于合理地缩短建设周期。

用工程网络计划的方法编制进度计划必须很严谨地分析和考虑工作之间的逻辑关系，通过工程网络的计算可发现关键工作和关键线路，也可知道非关键工作可使用的时差，进行网络优化，从而缩短工期。

承发包模式的选择直接关系到工程实施的组织和协调。为了实现进度目标，应选择合理的合同结构，以避免过多的合同交界面而影响工程的进展。工程物资的采购模式对进度也有直接的影响，对此应作比较分析。

为实现进度目标，不但应进行进度控制，还应注意分析影响工程进度的风险，并在分析的基础上采取风险管理措施，以减少进度失控的风险量。常见的影响工程进度的风险，如：

(1) 组织风险；
(2) 管理风险；
(3) 合同风险；
(4) 资源（人力、物力和财力）风险；
(5) 技术风险等。

重视信息技术（包括相应的软件、局域网、互联网以及数据处理设备）在进度控制中的应用。虽然信息技术对进度控制而言只是一种管理手段，但它的应用有利于提高进度信息处理的效率、有利于提高进度信息的透明度、有利于促进进度信息的交流和项目各参与方的协同工作。

3. 进度控制的经济措施

建设工程项目进度控制的经济措施涉及资金需求计划、资金供应的条件和经济激励措施等。

为确保进度目标的实现，应编制与进度计划相适应的资源需求计划（资源进度计划），包括资金需求计划和其他资源（人力和物力资源）需求计划，以反映工程实施的各时段所需要的资源。通过资源需求的分析，可发现所编制的进度计划实现的可能性，若资源条件不具备，则应调整进度计划。资金需求计划也是工程融资的重要依据。

资金供应条件包括，可能的资金总供应量、资金来源（自有资金和外来资金）以及资金供应的时间。在工程预算中应考虑加快工程进度所需要的资金，其中包括为实现进度目标将要采取的经济激励措施所需要的费用，如奖励一专多能、增加优良分项工程作业时间提前奖。

4. 进度控制的技术措施

建设工程项目进度控制的技术措施设计对实现目标有利的设计技术和施工技术的选用。不同的设计理念、设计技术路线、设计方案会对工程进度产生不同的影响，在设计工作的前期，特别是在设计方案评审和选用时，应对设计技术与工程进度的关系作分析比较。在工程进度受阻时，应分析是否存在设计技术的影响因素，为实现进度目标有无设计变更的可能性。施工方案对工程进度有直接的影响，在决策其选用时，不仅应分析技术的先进性和经济合理性，还应考虑其对进度的影响。在工程进度受阻时，应分析是否存在施工技术的影响因素，为实现进度目标有无改变施工技术、施工方法和施工机械的可能性。

通常采用的技术措施有：

(1) 机械代替手工操作，或选用高效机械设备，提高生产率。
(2) 改变施工工艺，减少工程量，如基槽采用原槽开挖，减少土方挖、填数量等。
(3) 改进施工方法，缩短技术停歇时间，如采用架空支模，混凝土中采用早强剂等。
(4) 采用新型粗钢筋连接技术，缩短作业时间，如竖向钢筋用电渣焊，水平钢筋用直螺纹连接等。
(5) 采用新型模板，改进装拆方法，提高效率。
(6) 减少现场湿作业，提高预制装配程度，如隔断墙预制安装，水磨石预粘贴等。
(7) 应用新型防水材料和技术，减少气象影响。

8.3 施工项目质量管理

8.3.1 质量管理与质量控制的关系

按照《GB/T 19000—ISO 9000（2000）质量管理体系标准》的定义："质量管理是指确立质量方针及实施质量方针的全部职能及工作内容，并对其工作效果进行评价和改进的一系列工作。"

根据《GB/T 19000—ISO 9000（2000）质量管理体系标准》中质量术语的定义："质量控制是质量管理的一部分，致力于满足质量要求的一系列相关活动。"由于建设工程项目的质量要求是由业主（或投资者、项目法人）提出的，即建设工程项目的质量总目标，是业主的建设意图通过项目策划，包括项目的定义及建设规模、系统构成、使用功能和价值、规格档次标准等的定位策划和目标决策来确定的。因此，建设工程项目质量控制，在工程勘察设计、招标采购、施工安装、竣工验收等各个阶段，项目干系人均应围绕着致力于满足业主要求的质量总目标而展开。

质量控制的一系列相关活动，包括作业技术活动和管理活动。

总之，质量控制是质量管理的一部分而不是全部。两者的区别在于概念不同、职能范围不同和作用不同。

8.3.2 质量管理

1. 质量管理的 PDCA 循环

在长期的生产实践过程和理论研究中形成的 PDCA 循环，是确立质量管理和建立质量体系的基本原理。从实践论的角度看，管理就是确定任务目标，并按照 PDCA 循环原理来实现预期目标。每一循环都围绕着实现预期的目标，进行计划、实施、检查和处置活动，随着对存在问题的克服、解决和改进，不断增强质量能力，提高质量水平。一个循环的四大职能活动相互联系，共同构成了质量管理的系统过程。

(1) 计划 P（Plan）

质量管理的计划职能，包括确定或明确质量目标和制定实现质量目标的行动方案两方面。

建设工程项目的质量计划，是由项目干系人根据其在项目实施中所承担的任务、责任范围和质量目标，分别进行质量计划而形成的质量计划体系，其中，建设单位的工程项目质量计划，包括确定和论证项目总体的质量目标，提出项目质量管理的组织、制度、工作程序、方法和要求。项目其他各方干系人，则根据工程合同规定的质量标准和责任，在明确各自质量目标的基础上，制定实施相应范围质量管理的行动方案，包括技术方法、业务流程、资源配置、检验试验要求、质量记录方式、不合格处理、管理措施等具体内容和做法的质量管理文件，同时也须对其实现预期目标的可行性、有效性、经济合理性进行分析论证，并按照规定的程序与权限，经过审批后执行。

(2) 实施 D（Do）

实施职能在于将质量的目标值，通过生产要素的投入、作业技术活动和产出过程，转换为质量的实际值。为保证工程质量的产出或形成过程能够达到预期的结果，在各项质量活动实施前，要根据质量管理计划进行行动方案的部署和交底；交底的目的在于使具体的作业者和管理者明确计划的意图和要求，掌握质量标准及其实现的程序与方法。在质量活动的实施过程中，则要求严格执行计划的行动方案、规范行为，把质量管理计划的各项规定和安排落实到具体的资源配置和作业技术活动中去。

(3) 检查 C（Check）

指对计划实施过程进行各种检查，包括作业者的自检、互检和专职管理者专检。各类检查也都包含两大方面：一是检查是否严格执行了计划的行动方案，实际条件是否发生了变化，不执行计划的原因；二是检查计划执行的结果，即产出的质量是否达到标准的要求，对此进行确认和评价。

(4) 处置 A（Action）

对于质量检查所发现的质量问题或质量不合格，及时进行原因分析，采取必要的措施，予以纠正，保持工程质量形成过程的受控状态。处置分纠偏和预防改进两个方面。前者是采取应急措施，解决当前的质量偏差、问题或事故；后者是提出目前质量状况信息，并反馈管理部门，反思问题症结或计划时的不周，确定改进目标和措施，为今后类似问题的质量预防提供借鉴。

2. 全面质量管理（TQC）的思想

TQC 即全面质量管理（Total Quality Control），是 20 世纪中期在欧美和日本广泛应用的质量管理理念和方法，我国从 20 世纪 80 年代开始引进和推广全面质量管理方法。其基本原理就是强调在企业或组织的最高管理者质量方针的指引下，实行全面、全过程和全员参与的质量管理。

TQC 的主要特点是以顾客满意为宗旨；领导参与质量方针和目标的制定；提倡预防为主、科学管理、用数据说话等。在当今国际标准化组织颁布的 ISO 9000—2000 版质量管理体系标准中，都体现了这些重要特点和思想。建设工程项目的质量管理，同样应贯彻如下三全管理的思想和方法。

(1) 全方位质量管理

建设工程项目的全面质量管理，是指建设工程项目各方干系人所进行的工程项目质量管理的总称，其中包括工程（产品）质量和工作质量的全面管理。工作质量是产品质量的保证，工作质量直接影响产品质量的形成。业主、监理单位、勘察单位、设计单位、施工总包单位、施工分包单位、材料设备供应商等，任何一方任何环节的怠慢、疏忽或质量责任不到位都会造成对建设工程质量的影响。

(2) 全过程质量管理

是指根据工程质量的形成规律,从源头抓起,全过程推进。GB/T 19000强调质量管理的"过程方法"管理原则。因此,必须掌握识别过程和应用"过程方法"进行全程质量控制。主要的过程有:项目策划与决策过程;勘察设计过程;施工采购过程;施工组织与准备过程;检测设备控制与计量过程;施工生产的检验试验过程;工程质量的评定过程;工程竣工验收与交付过程;工程回访维修服务过程等。

(3) 全员参与质量管理

按照全面质量管理的思想,组织内部的每个部门和工作岗位都承担有相应的质量职能,组织的最高管理者确定了质量方针和目标,就应组织和动员全体员工参与到实施质量方针的系统活动中去,发挥自己的角色作用。开展全员参与质量管理的重要手段就是运用目标管理方法,将组织的质量总目标逐级进行分解,使之形成自上而下的质量目标分解体系和自下而上的质量目标保证体系。发挥组织系统内部每个工作岗位、部门或团队在实现质量总目标过程中的作用。

8.3.3 质量控制

质量控制的基本原理是运用全面全过程质量管理的思想和动态控制的原理,进行质量的事前预控、事中控制和事后纠偏控制。

1. 事前质量预控

事前质量预控就是要求预先进行周密的质量计划,包括质量策划、管理体系和岗位设置,把各项质量职能活动,包括作业技术和管理活动建立在有充分能力、条件保证和运行机制的基础上。对于建设工程项目,尤其施工阶段的质量预控,就是通过施工质量计划或施工组织设计或施工项目管理实施规划的制定过程,运用目标管理的手段,实施工程质量事前预控,或称为质量的计划预控。

事前质量预控必须充分发挥组织的技术和管理方面的整体优势,把长期形成的先进技术、管理方法和经验智慧,创造性地应用于工程项目。

事前质量预控要求针对质量控制对象的控制目标、活动条件、影响因素进行周密分析,找出薄弱环节,制定有效的控制措施和对策。

2. 事中质量控制

事中质量控制也称作业活动过程质量控制,是指质量活动主体的自我控制和他人监控的控制方式。自我控制是第一位的,即作业者在作业过程中对自己质量活动行为的约束和技术能力的发挥,以完成预定质量目标的作业任务;他人监控是指作业者的质量活动过程和结果,接受来自企业内部管理者和来自企业外部有关方面的检查检验,如工程监理机构、政府质量监督部门等的监控。事中质量控制的目标是确保工序质量合格,杜绝质量事故发生。

由此可知,关键是增强质量意识,发挥操作者自我约束、自我控制,即坚持质量标准是根本的,他人监控是必要的补充,没有前者或用后者取代前者都是不正确的。因此,有效进行过程质量控制,也就在于创造一种过程控制的机制和活力。

3. 事后质量控制

事后质量控制也称为事后质量把关,以使不合格的工序或产品不流入后道工序、不流入市场。事后质量控制的任务就是对质量活动结果进行评价、认定;对工序质量偏差进行纠正;对不合格产品进行整改和处理。

从理论上分析，对于建设工程项目如果计划预控过程所制定的行动方案考虑得越周密、事中自控能力越强、监控越严格，实现质量预期目标的可能性就越大。理想的状况就是希望做到各项作业活动"一次成活"、"一次交验合格率达100%"。但要达到这样的管理水平和质量形成能力是相当不容易的，即使坚持不懈的努力，也还可能有个别工序或分部分项施工质量会出现偏差，这是因为在作业过程中不可避免地会存在一些计划时难以预料的因素，包括系统因素和偶然因素的影响。

建设工程项目质量的事后控制，具体体现在施工质量验收各个环节的控制方面。

以上系统控制的三大环节，不是孤立和截然分开的，它们之间构成有机的系统过程，实质上也就是质量管理PDCA循环的具体化，并在每一次滚动循环中不断提高，达到质量管理和质量控制的持续改进。

8.3.4 建设工程项目质量的形成过程

1. 建设工程项目质量的基本特性

建设工程项目从本质上说是一项拟建或在建的建筑产品，它和一般产品具有同样的质量内涵，即一组固有特性满足需要的程度。这些特性是指产品的适用性、可靠性、安全性、经济性以及环境的适宜性等。由于建筑产品一般是采用单件性筹划、设计和施工的生产组织方式，因此，其具体的质量特性指标是在各建设工程项目的策划、决策和设计过程中进行定义的。在工程管理实践和理论研究中，也有把建设工程项目质量的基本特性概括如下。

(1) 反映使用功能的质量特性。

(2) 反映安全可靠的质量特性。

(3) 反映艺术文化的质量特性。

(4) 反映建筑环境的质量特性。

2. 建设工程项目质量的形成过程

(1) 质量需求的识别过程

在建设项目决策阶段，主要工作包括建设项目发展策划、可行性研究、建设方案论证和投资决策。这一过程的质量职能在于识别建设意图和需求，对建设项目的性质、建设规模、使用功能、系统构成和建设标准要求等进行策划、分析、论证，为整个建设项目的质量总目标，以及建设项目内各建设工程项目的质量目标提出明确要求。

必须指出，由于建筑产品采取定制式的承发包生产，因此，其质量目标的决策是建设单位（业主）或项目法人的质量职能，尽管建设项目的前期工作，业主可以采用社会化、专业化的方式，委托咨询机构、设计单位或建设工程总承包企业进行，但这一切并不改变业主或项目法人的决策性质。业主的需求和法律法规的要求，是决定建设工程项目质量目标的主要依据。

(2) 质量目标的定义过程

(3) 质量目标的实现过程

建设工程项目质量目标实现的最重要和最关键的过程是在施工阶段，包括施工准备过程和施工作业技术活动过程，其任务是按照质量策划的要求，制定企业或工程项目内控标准，实施目标管理、过程监控、阶段考核、持续改进的方法，严格按图纸施工。正确合理地配备施工生产要素，把特定的劳动对象转化成符合质量标准的建设工程产品。

8.3.5 建设工程项目质量的影响因素

建设工程项目质量的影响因素，主要是指在建设工程项目质量目标策划、决策和实现过程的各种客观因素和主观因素，包括人的因素、技术因素、管理因素、环境因素和社会因素等。

1. 人的因素

人的因素对建设工程项目质量形成的影响，包括两个方面的含义：一是指直接承担建设工程项目质量职能的决策者、管理者和作业者个人的质量意识及质量活动能力；二是指承担建设工程项目策划、决策或实施的建设单位、勘察设计单位、咨询服务机构、工程承包企业等实体组织。前者是个体的人，后者是群体的人。我国实行建筑业企业经营资质管理制度、市场准入制度、执业资格注册制度、作业及管理人员持证上岗制度等，从本质上说，都是对从事建设工程活动的人的素质和能力进行必要的控制。此外，《建筑法》和《建设工程质量管理条例》还对建设工程的质量责任制度作出明确规定，如规定按资质等级承包工程任务，不得越级，不得挂靠，不得转包，严禁无证设计、无证施工等，从根本上说也是为了防止因人的资质或资格失控而导致质量能力的失控。

2. 技术因素

影响建设工程项目质量的技术因素涉及的内容十分广泛，包括直接的工程技术和辅助的生产技术，前者如工程勘察技术、设计技术、施工技术、材料技术等，后者如工程检测检验技术、试验技术等。建设工程技术的先进性程度，从总体上说是取决于国家一定时期的经济发展和科技水平，取决于建筑业及相关行业的技术进步。对于具体的建设工程项目，主要是通过技术工作的组织与管理，优化技术方案，发挥技术因素对建设工程项目质量的保证作用。

3. 管理因素

影响建设工程项目质量的管理因素，主要是决策因素和组织因素。其中，决策因素首先是业主方的建设工程项目决策，其次是建设工程项目实施过程中，实施主体的各项技术决策和管理决策。实践证明，没有经过资源论证、市场需求预测，盲目建设，重复建设，建成后不能投入生产或使用，所形成的合格而无用途的建筑产品，从根本上是社会资源的极大浪费，不具备质量的适用性特征。同样盲目追求高标准、缺乏质量经济性考虑的决策，也将对工程质量的形成产生不利的影响。

4. 环境因素

一个建设项目的决策、立项和实施，受到经济、政治、社会、技术等多方面因素的影响，是建设项目可行性研究、风险识别与管理所必须考虑的环境因素。对于建设工程项目质量控制而言，无论该建设工程项目是某建设项目的一个子项工程，还是本身就是一个独立的建设项目，作为直接影响建设工程项目质量的环境因素，一般是指建设工程项目所在地点的水文、地质和气象等自然环境；施工现场的通风、照明、安全卫生防护设施等劳动作业环境；以及由多单位、多专业交叉协同施工的管理关系、组织协调方式、质量控制系统等构成的管理环境。对这些环境条件的认识与把握，是保证建设工程项目质量的重要工作环节。

5. 社会因素

影响建设工程项目质量的社会因素，表现在建设法律法规的健全程度及其执法力度；

建设工程项目法人或业主的理性化以及建设工程经营者的经营理念；建筑市场包括建设工程交易市场和建筑生产要素市场的发育程度及交易行为的规范程度；政府的工程质量监督及行业管理成熟度；建设咨询服务业的发展及其服务水准的提高；廉政建设及行风建设的状况等。

作为建设工程项目管理者，不仅要系统认识和思考以上各种因素对建设工程项目质量形成的影响及其规律，而且要分清对于建设工程项目质量控制，哪些是可控因素，哪些属不可控因素。不难理解，人、技术、管理和环境因素，对于建设工程项目而言是可控因素；社会因素存在于建设工程项目系统之外，一般情形下对于建设工程项目管理者而言，属于不可控因素，但可以通过自身的努力，尽可能做到趋利去弊。

8.3.6 建设工程项目质量控制系统

1. 项目质量控制系统的性质

建设工程项目质量控制系统既不是建设单位的质量管理体系或质量保证体系，也不是工程承包企业的质量管理体系或质量保证体系，而是建设工程项目目标控制的一个工作系统，具有下列性质：

（1）建设工程项目质量控制系统是以工程项目为对象，由工程项目实施的总组织者负责建立的面向对象开展质量控制的工作体系。

（2）建设工程项目质量控制系统是建设工程项目管理组织的一个目标控制体系，它与项目投资控制、进度控制、职业健康安全与环境管理等目标控制体系，共同依托于同一项目管理的组织机构。

（3）建设工程项目质量控制系统根据工程项目管理的实际需要而建立，随着建设工程项目的完成和项目管理组织的解体而消失，因此，是一个一次性的质量控制工作体系，不同于企业的质量管理体系。

2. 项目质量控制系统的范围

（1）系统涉及的工程范围

系统涉及的工程范围，一般根据项目的定义或工程承包合同来确定。具体说可能有以下三种情况：

1）建设工程项目范围内的全部工程；

2）建设工程项目范围内的某一单项工程或标段工程；

3）建设工程项目某单项工程范围内的一个单位工程。

（2）系统涉及的任务范围

建设工程项目质量控制系统服务于建设工程项目管理的目标控制，因此，其质量控制的系统职能应贯穿于项目的勘察、设计、采购、施工和竣工验收等各个实施环节，即建设工程项目全过程质量控制的任务或若干阶段承包的质量控制任务。

（3）系统涉及的主体范围

建设工程项目质量控制系统所涉及的质量责任自控主体和监控主体，通常情况下包括有建设单位、设计单位、工程总承包企业、施工企业、建设工程监理机构、材料设备供应厂商等。这些质量责任和控制主体，在质量控制系统中的地位与作用不同。承担建设工程项目设计、施工或材料设备供货的单位，负有直接的产品质量责任，属质量控制系统中的自控主体；在建设工程项目实施过程，对各质量责任主体的质量活动行为和活动结果实施监督控制的组织，称质量监控主体，如业主、项目监理机构等。

3. 项目质量控制系统的特点

(1) 建立的目的不同。
(2) 服务的范围不同。
(3) 控制的目标不同。
(4) 作用的时效不同。
(5) 评价的方式不同。

8.3.7 建设工程项目质量控制系统的建立

1. 建立的原则

实践经验表明，建设工程项目质量控制系统的建立，遵循以下原则对于质量目标的总体规划、分解和有效实施控制是非常重要的。

(1) 分层次规划的原则。
(2) 总目标分解的原则。
(3) 质量责任制的原则。
(4) 系统有效性的原则。

2. 建立的程序

工程项目质量控制系统的建立过程，一般可按以下环节依次展开工作。

(1) 确立系统质量控制网络。
(2) 制定系统质量控制制度。
(3) 分析系统质量控制界面。
(4) 编制系统质量控制计划。

3. 建立的主体

按照建设工程项目质量控制系统的性质、范围和主体的构成，一般情况下其质量控制系统应由建设单位或建设工程项目总承包企业的工程项目管理机构负责建立。

8.3.8 建设工程项目质量控制系统的运行

1. 运行环境

建设工程项目质量控制系统的运行环境，主要是指以下几方面为系统运行提供支持的管理关系、组织制度和资源配置的条件。

(1) 建设工程的合同结构。
(2) 质量管理的资源配置。
(3) 质量管理的组织制度。

2. 运行机制

(1) 动力机制

动力机制是建设工程项目质量控制系统运行的核心机制，它来源于公正、公开、公平的竞争机制和利益机制的制度设计或安排。这是因为建设工程项目的实施过程是由多主体参与的价值增值链，只有保持合理的供方及分供方等各方关系，才能形成合力，是建设工程项目成功的重要保证。

(2) 约束机制

没有约束机制的控制系统是无法使工程质量处于受控状态的，约束机制取决于各主体内部的自我约束能力和外部的监控效力。约束能力表现为组织及个人的经营理念、质量意识、职业道德及技术能力的发挥；监控效力取决于建设工程项目实施主体外部对质量工作的推动和检查监督。两者相辅相成，构成了质量控制过程的制衡关系。

(3) 反馈机制

运行的状态和结果的信息反馈，是对质量控制系统的能力和运行效果进行评价，并及时作出处置，提供决策依据。因此，必须有相关的制度安排，保证质量信息反馈的及时和准确，保持质量管理者深入生产第一线，掌握第一手资料，才能形成有效的质量信息反馈机制。

(4) 持续改进机制

在建设工程项目实施的各个阶段，不同的层面、不同的范围和不同的主体间，应用PDCA循环原理，即计划、实施、检查和处置的方式展开质量控制，同时必须注重抓好控制点的设置，加强重点控制和例外控制；并不断寻求改进机会，研究改进措施。这样才能保证建设工程项目质量控制系统的不断完善和持续改进，不断提高质量控制能力和控制水平。

8.3.9 施工阶段质量控制的目标

建设工程项目施工质量控制的总目标，是实现由建设工程项目决策、设计文件和施工合同所决定的预期使用功能和质量标准。尽管建设单位、设计单位、施工单位、供货单位和监理机构等在施工阶段质量控制的地位和任务目标不同，但从建设工程项目管理的角度，都是致力于实现建设工程项目的质量总目标。因此，施工质量控制目标，可具体表述如下。

(1) 建设单位的控制目标

建设单位在施工阶段，通过对施工全过程、全面的质量监督管理、协调和决策，保证竣工项目达到投资决策所确定的质量标准。

(2) 设计单位的控制目标

设计单位在施工阶段，通过对关键部位和重要施工项目施工质量的验收签证、设计变更控制及纠正施工中所发现的设计问题，采纳变更设计的合理化建议等，保证竣工项目的各项施工结果与设计文件（包括变更文件）所规定的质量标准相一致。

(3) 施工单位的控制目标

施工单位包括施工总包和分包单位，作为建设工程产品的生产者和经营者，应根据施工合同的任务范围和质量要求，通过全过程、全面的施工质量自控，保证最终交付满足施工合同及设计文件所规定质量标准（含建设工程质量创优要求）的建设工程产品。我国《建设工程质量管理条例》规定，施工单位对建设工程的施工质量负责；分包单位应当按照分包合同的约定对其分包工程的质量向总承包单位负责，总承包单位与分包单位对分包工程的质量承担连带责任。

(4) 供货单位的控制目标

建筑材料、设备、构配件等供应厂商，应按照采购供货合同约定的质量标准提供货物及其质量保证、检验试验单据、产品规格和使用说明书，以及其他必要的数据和资料，并对其产品质量负责。

(5) 监理单位的控制目标

建设工程监理单位在施工阶段，通过审核施工质量文件、报告报表及采取现场旁站、巡视、平行检测等形式进行施工过程质量监理；并应用施工指令和结算支付控制等手段，监控施工承包单位的质量活动行为、协调施工关系，正确履行对工程施工质量的监督责任，以保证工程质量达到施工合同和设计文件所规定的质量标准。我国《建筑法》规定建设工程监理人员认为工程施工不符合工程设计要求、施工技术标准和合同约定的，有权要求建筑施工企业改正。

8.3.10 施工质量计划的编制

按照 GB/T 19000 质量管理体系标准，质量计划是质量管理体系文件的组成内容。在合同环境下质量计划是企业向顾客表明质量管理方针、目标及其具体实现的方法、手段和措施，体现企业对质量责任的承诺和实施的具体步骤。

1. 施工质量计划的编制主体和范围

（1）施工质量计划的编制主体

施工质量计划应由自控主体即施工承包企业进行编制。在平行承发包方式下，各承包单位应分别编制施工质量计划；在总分包模式下，施工总承包单位应编制总承包工程范围的施工质量计划，各分包单位编制相应分包范围的施工质量计划作为施工总承包方质量计划的深化和组成。施工总承包方有责任对各分包施工质量计划的编制进行指导和审核，并承担相应施工质量的连带责任。

（2）施工质量计划的编制范围

施工质量计划编制的范围，从工程项目质量控制的要求，应与建筑安装工程施工任务的实施范围相一致，以此保证整个项目建筑安装工程的施工质量总体受控；对具体施工任务承包单位而言，施工质量计划的编制范围，应能满足其履行工程承包合同质量责任的要求。建设工程项目的施工质量计划，应在施工程序、控制组织、控制措施、控制方式等方面，形成一个有机的质量计划系统，确保项目质量总目标和各分解目标的控制能力。

2. 现行施工质量计划的方式和内容

质量计划是质量管理体系标准的一个质量术语和职能，在建筑施工企业的质量管理体系中，以施工项目为对象的质量计划称为施工质量计划。

（1）现行施工质量计划的方式

目前，我国除了已经建立质量管理体系的部分施工企业直接采用施工质量计划的方式外，通常还普遍使用工程项目施工组织设计或在施工项目管理实施规划中包含质量计划的内容。因此，现行的施工质量计划有三种方式：

1）工程项目施工质量计划；
2）工程项目施工组织设计（含施工质量计划）；
3）施工项目管理实施规划（含施工质量计划）。

（2）施工质量计划的基本内容

在已经建立质量管理体系的情况下，质量计划的内容必须全面体现和落实企业质量管理体系文件的要求（也可引用质量体系文件中的相关条文），编制程序、内容和编制依据要符合有关规定，同时结合本工程的特点，在质量计划中编写专项管理要求。施工质量计划的基本内容，一般包括：

1) 工程特点及施工条件分析（合同条件、法规条件和现场条件）；
2) 质量总目标及其分解目标；
3) 质量管理组织机构和职责、人员及资源配置计划；
4) 确定施工工艺与操作方法的技术方案和施工任务的流程组织方案；
5) 施工材料、设备物资等的质量管理及控制措施；
6) 施工质量检验、检测、试验工作的计划安排及其实施方法与接收准则；
7) 施工质量控制点及其跟踪控制的方式与要求；
8) 记录的要求等。

3. 施工质量计划的审批与执行

施工单位的项目施工质量计划或施工组织设计文件编成后，应按照工程施工管理程序进行审批，包括施工企业内部的审批和项目监理机构的审查。

（1）企业内部的审批

施工单位的项目施工质量计划或施工组织设计的编制与审批，应根据企业质量管理程序性文件规定的权限和流程进行。通常是由项目经理部主持编制，报企业组织管理层批准，并报送项目监理机构核准确认。

施工质量计划或施工组织设计文件的审批过程，是施工企业自主技术决策和管理决策的过程，也是发挥企业职能部门与施工项目管理团队的智慧和经验的过程。

（2）监理工程师的审查

实施工程监理的施工项目，按照我国建设工程监理规范的规定，施工承包单位必须填写《施工组织设计（方案）报审表》并附施工组织设计（方案），报送项目监理机构审查。规范规定项目监理机构"在工程开工前，总监理工程师应组织专业监理工程师审查承包单位报送的施工组织设计（方案）报审表，提出意见，并经总监理工程师审核、签认后报建设单位"。

（3）审批关系的处理原则

正确执行施工质量计划的审批程序，是正确理解工程质量目标和要求，保证施工部署、技术工艺方案和组织管理措施的合理性、先进性和经济性的重要环节，也是进行施工质量事前预控的重要方法。因此，在执行审批程序时，必须正确处理施工企业内部审批和监理工程师审批的关系，其基本原则如下：

1) 充分发挥质量自控主体和监控主体的共同作用，在坚持项目质量标准和质量控制能力的前提下，正确处理承包人利益和项目利益的关系；施工企业内部的审批首先应从履行工程承包合同的角度，审查实现合同质量目标的合理性和可行性，以项目质量计划向发包方提供信任。

2) 施工质量计划在审批过程中，对监理工程师审查所提出的建议、希望、要求等意见是否采纳以及采纳的程度，应由负责质量计划编制的施工单位自主决策。在满足合同和相关法规要求的情况下，确定质量计划的调整、修改和优化，并承担相应执行结果的责任。

3) 经过按规定程序审查批准的施工质量计划，在实施过程中如因条件变化需要对某些重要决定进行修改时，其修改内容仍应按照相应程序经过审批后执行。

8.3.11 施工质量控制点的设置与管理

1. 质量控制点的设置

施工质量控制点的设置，是根据工程项目施工管理的基本程序，结合项目特点，在制订项目总体质量计划后，列出各基本施工过程对局部和总体质量水平有影响的项目，作为具体实施的质量控制点。如，高层建筑施工质量管理中，基坑支护与地基处理、工程测量与沉降观测、大体积钢筋混凝土施工、工程的防水排水、钢结构的制作、焊接及检测、大型设备吊装及有关分部分项工程中必须进行重点控制的内容或部位，可列为质量控制点。又如，在工程功能性检测的控制程序中，可设立建筑物（构筑物）防雷检测、消防系统调试检测、通风设备系统调试检测、智能化系统调试检测等专项质量控制点。工程采用的新材料、新技术、新工艺、新设备的具体施工方案、技术标准、材料要求、质量检验措施等，也必须列入专项质量控制点。

通过质量控制点的设定，质量控制的目标及工作重点就能更加明晰。事前质量预控的措施也就更加明确。施工质量控制点的事前质量预控工作，包括：

(1) 明确质量控制的目标与控制参数。
(2) 制定技术规程和控制措施，如施工操作规程及质量检测评定标准。
(3) 确定质量检查检验方式及抽样的数量与方法。
(4) 明确检查结果的判断标准及质量记录与信息反馈要求等。

2. 质量控制点的实施

施工质量控制点的实施主要是通过控制点的动态设置和动态跟踪管理来实现。所谓动态设置，是指一般情况下在工程开工前、设计交底和图纸会审时，可确定一批整个项目的质量控制点，随着工程的展开、施工条件的变化，随时或定期进行控制点范围的调整和更新。动态跟踪是应用动态控制原理，落实专人负责跟踪和记录控制点质量控制的状态和效果，并及时向项目管理组织的高层管理者反馈质量控制信息，保持施工质量控制点的受控状态。

实施建设工程监理的施工项目，应根据现场工程监理机构的要求，对施工作业质量控制点，按照不同的性质和管理要求，细分为"见证点"和"待检点"进行施工质量的监督和检查。凡属"见证点"的施工作业，如重要部位、特种作业、专门工艺等，施工方必须在该项作业开始前24小时，书面通知现场监理机构到位旁站，见证施工作业过程；凡属"待检点"的施工作业，如隐蔽工程等，施工方必须在完成施工质量自检的基础上，提前24小时通知项目监理机构进行检查验收之后，才能进行工程隐蔽或下道工序的施工。未经过项目监理机构检查验收合格，不得进行工程隐蔽或下道工序的施工。

8.3.12 施工生产要素的质量控制

施工生产要素是施工质量形成的物质基础，包括作为劳动主体的生产人员，即作业者、管理者的素质及其组织效果；作为劳动对象的建筑材料、半成品、工程用品、设备等的质量；作为劳动方法的施工工艺及技术措施的水平；作为劳动手段的施工机械、设备、工具、模具等的技术性能；以及施工环境-现场水文、地质、气象等自然环境，通风、照明、安全等作业环境以及协调配合的管理环境。

1. 劳动主体的控制

劳动主体的质量包括工程各类参与人员的生产技能、文化素养、生理体能、心理行为等方面的个体素质及经过合理组织充分发挥其潜在能力的群体素质。因此，企业应通过择优录用、加强思想教育及技能方面的教育培训，合理组织，严格考核，并辅以必要的激励机制，使企业员工的潜在能力得到最好的组合和充分的发挥，从而保证劳动主体在质量控制系统中发挥主体自控作用。

2. 劳动对象的控制

原材料、半成品及设备是构成工程实体的基础，其质量是工程项目实体质量的组成部分。故加强原材料、半成品设备的质量控制，不仅是保证工程质量的必要条件，也是实现工程项目投资目标和进度目标的前提。要优先采用节能降耗的新型建筑材料，禁止使用国家明令淘汰的建筑材料。

对原材料、半成品及设备进行质量控制的主要内容为：

1）控制材料设备性能、标准与设计文件的相符性。
2）控制材料设备各项技术性能指标、检验测试指标与标准要求的相符性。
3）控制材料设备进场验收程序及质量文件资料的齐全程度等。

施工企业应在施工过程中贯彻执行企业质量程序文件中材料设备在封样、采购、进场检验、抽样检测及质保资料提交等方面一系列明确规定的控制标准。

3. 施工工艺的控制

施工工艺的先进合理是直接影响工程质量、工程进度及工程造价的关键因素，施工工艺的合理可靠也直接影响到工程施工安全。因此在工程项目质量控制系统中，制定和采用先进、合理、可靠的施工技术工艺方案，是工程质量控制的重要环节。对施工方案的质量控制主要包括以下内容：

1）全面正确地分析工程特征、技术关键及环境条件等资料，明确质量目标、验收标准、控制的重点和难点。
2）制定合理有效的、有针对性的施工技术方案和组织方案，前者包括施工工艺、施工方法，后者包括施工区段划分、施工流向及劳动组织等。
3）合理选用施工机械设备和施工临时设施，合理布置施工总平面图和各阶段施工平面图。
4）选用和设计保证质量与安全的模具、脚手架等施工设备。
5）编制工程所采用的新材料、新技术、新工艺的专项技术方案和质量管理方案。

4. 施工设备的控制

1）对施工所用的机械设备，包括起重设备、各项加工机械、专项技术设备、检查测量仪器仪表及人货两用电梯等，应根据工程需要，从设备选型、主要性能参数及使用操作要求等方面加以控制。
2）模板、脚手架等施工设施，除按适用的标准定型选用外，一般需按设计及施工要求进行专项设计，对其设计方案及制作质量的控制及验收应作为重点。
3）按现行施工管理制度要求，工程所用的施工机械、模板、脚手架，特别是危险性较大的现场安装的起重机械设备，施工单位不仅要履行设计安装方案的审批手续，而且安装完毕启用前必须经专业管理部门的验收，合格后方可使用。同时，在使用过程中尚需落实相应的管理制度，以确保其安全正常使用。

5. 施工环境的控制

环境因素主要包括地质水文状况、气象变化及其他不可抗力因素,以及施工现场的通风、照明、安全卫生防护设施等劳动作业环境等内容。环境因素对工程施工的影响一般难以避免,要消除其对施工质量的不利影响,主要是采取预测预防的控制方法。

1) 对地质、水文等方面影响因素的控制,应根据设计要求,分析工程岩土地质资料,预测不利因素,并会同设计等方面采取相应的措施,如基坑降水、排水、加固维护等技术控制方案。

2) 对天气气象方面的不利条件,应在施工方案中制定专项施工方案,明确施工措施,落实人员、器材等方面各项准备,从而控制其对施工质量的不利影响。

3) 环境因素造成的施工中断,往往也会对工程质量造成不利影响,必须通过加强管理、调整计划等措施,加以控制。

8.3.13 施工过程的作业质量控制

1. 施工作业质量的自控

(1) 施工作业质量自控的意义

施工质量的自控,从经营的层面上说,强调的是作为建筑产品生产者和经营者的施工企业,应全面履行企业的质量责任,向顾客提供质量合格的工程产品;从生产的过程说,强调施工作业者的岗位质量责任,向后道工序提供合格的作业成果(中间产品)质量。同理,供货厂商必须按照供货合同约定的质量标准和要求,对施工材料物资的供应过程实施产品质量自控。因此,施工承包方和供应方在施工阶段是质量自控主体,他们不能因为监控主体的存在和监控责任的实施而减轻或免除其质量责任。我国《建筑法》和《建设工程质量管理条例》规定:建筑施工企业对工程的施工质量负责;建筑施工企业必须按照工程设计要求、施工技术标准和合同的约定,对建筑材料、建筑构配件和设备进行检验,不合格的不得使用。

施工方作为工程施工质量的自控主体,既要遵循本企业质量管理体系的要求,也要根据其在所承建的工程项目质量控制系统中的地位和责任,通过具体项目质量计划的编制与实施,有效地实现施工质量的自控目标。

(2) 施工作业质量自控的程序

1) 施工作业技术的交底;

2) 施工作业活动的实施;

3) 施工作业质量的检验。

(3) 施工作业质量自控的要求

工序作业质量是直接形成工程质量的基础,为达到对工序作业质量控制的效果,在加强工序管理和质量目标控制方面应坚持以下要求:

1) 预防为主。严格按照施工质量计划的要求,进行各分部分项施工作业的部署。同时,根据施工作业的内容、范围和特点,制定施工作业计划,明确作业质量目标和作业技术要领,认真进行作业技术交底,落实各项作业技术组织措施。

2) 重点控制。在施工作业计划中,一方面要认真贯彻实施施工质量计划中的质量控制点的控制措施;另一方面,要根据作业活动的实际需要,进一步建立工序作业控制点,深化工序作业的重点控制。

3) 坚持标准。工序作业人员在工序作业过程中严格进行质量自检,通过自检不断改善作业；并创造条件开展作业质量互检，通过互检加强技术与经验的交流；对已完工序作业产品，即检验批或分部分项工程，应严格坚持质量标准。对不合格的施工作业质量，不得进行验收签证，必须按照规定的程序进行处理。

《建筑工程施工质量验收统一标准》及配套使用的专业工程质量验收规范，是施工作业质量自控的合格标准。企业或项目经理部应结合自己的条件编制高于国家标准的企业内控标准或工程项目内控标准；建设合同对采用标准有明确规定，都要列入质量计划中，作为质量验收依据，提升工程质量水平。

4) 记录完整。施工图纸、质量计划、作业指导书、材料质保书、检验试验及检测报告、质量验收记录等，是形成可追溯性的质量保证依据，也是工程竣工验收所不可缺少的质量控制资料。因此，对工序作业质量的纪录，应有计划、有步骤地按照施工管理规范的要求进行填写记载，做到及时、准确、完整、有效，并具有可追溯性。

2. 施工作业质量的监控

业主、监理单位、设计单位及政府的工程质量监督部门，在施工阶段依据法律法规和工程施工合同，对施工单位的质量行为和质量状况实施监督控制。

8.3.14 施工阶段质量控制的主要途径

建设工程项目施工质量的控制途径，分别通过事前预控、过程控制和事后控制的相关途径进行质量控制。因此，施工质量控制的途径包括事前预控途径、事中控制途径和事后控制途径。

1. 施工质量的事前预控途径

(1) 施工条件的调查和分析

包括合同条件、法规条件和现场条件，做好施工条件的调查和分析，发挥其重要的质量预控作用。

(2) 施工图纸会审和设计交底

理解设计意图和对施工的要求，明确质量控制的重点、要点和难点，以及消除施工图纸的差错等。因此，严格进行设计交底和图纸会审，具有重要的事前预控作用。

(3) 施工组织设计文件的编制与审查

施工组织设计文件是直接指导现场施工作业技术活动和管理工作的纲领性文件。工程项目施工组织设计是以施工技术方案为核心，通盘考虑施工程序，施工质量、进度、成本和安全目标的要求。科学合理的施工组织设计对于有效地配置合格的施工生产要素，规范施工作业技术活动行为和管理行为，将起到重要的导向作用。

(4) 工程测量定位和标高基准点的控制

施工单位必须按照设计文件所确定的工程测量定位及标高的引测依据，建立工程测量基准点，自行做好技术复核，并报告项目监理机构进行监督检查。

(5) 施工分包单位的选择和资质的审查

对分包商资格与能力的控制是保证工程施工质量的重要方面。确定分包内容、选择分包单位及分包方式既直接关系到施工总承包方的利益和风险，更关系到建设工程质量的保证问题。因此，施工总承包企业必须有健全有效的分包选择程序，同时，按照我国现行法规的规定，在订立分包合同前，施工单位必须将所选择的分包商情况，报送项目监理机构进行资格审查。

(6) 材料设备和部品采购质量控制

建筑材料、构配件、部品和设备是直接构成工程实体的物质，应从施工备料开始进行控制，包括对供货厂商的评审、询价、采购计划与方式的控制等。因此，施工承包单位必须有健全有效的采购控制程序，同时，按我国现行法规规定，主要材料设备采购前必须将采购计划报送工程监理机构审查，实施采购质量预控。

(7) 施工机械设备及工器具的配置与性能控制

施工机械设备、设施、工器具等施工生产手段的配置及其性能，对施工质量、安全、进度和施工成本有重要的影响，应在施工组织设计过程中根据施工方案的要求来确定，施工组织设计批准之后应对其落实的状态进行检查控制，以保证技术预案的质量能力。

2. 施工质量的事中控制途径

在建设工程项目施工展开后的过程质量控制，如前所述，这是最基本的控制途径。此外，还必须抓好与作业工序质量形成相关的配套技术与管理工作，其主要途径有：

(1) 施工技术复核。
(2) 施工计量管理。
(3) 见证取样送检。
(4) 技术核定和设计变更。
(5) 隐蔽工程验收。
(6) 其他。

3. 施工质量的事后控制途径

施工质量的事后控制，主要是进行已完施工的成品保护、质量验收和不合格的处理，以保证最终验收的建设工程质量。

8.3.15 施工过程质量验收

根据《建筑工程施工质量验收统一标准》(GB 50300—2001) 的规定，施工质量验收分为检验批、分项工程、分部（子分部）工程、单位（子单位）工程的质量验收，即把一个单项建筑工程分为 9 个分部工程、67 个子分部工程、419 个分项工程，并规定了与之配合使用的各专业工程施工质量验收规范。在其中每一个专业工程施工质量验收规范中，又明确规定了各分项工程的施工质量的基本要求，规定了分项工程检验批量的抽查办法和抽查数量，规定了检验批主控项目、一般项目的检查内容和允许偏差，规定了对主控项目、一般项目的检验方法，规定了各分部工程验收的方法和需要的技术资料等，同时对涉及人的生命财产安全、人身健康、环境保护和公共利益的内容以强制性条文作出规定，要求必须坚决、严格遵照执行。

检验批和分项工程是质量验收的基本单元，分部工程是在所含全部分项工程验收合格的基础上进行验收的，它们是在施工过程中"随完工随验收"，并留下完整的质量验收记录和资料。单位工程作为具有独立使用功能的完整的建筑产品，进行竣工质量验收。

施工过程的质量验收包括以下验收环节，通过验收后留下完整的质量验收记录和资料，为工程项目竣工质量验收提供依据。

1. 检验批质量验收

所谓检验批是指"按同一的生产条件或按规定的方式汇总起来供检验用的，由一定数量样本组成的检验体"，"检验批可根据施工及质量控制和专业验收需要按楼层、施工段、变形缝等进行划分"。国家标准《建筑工程施工质量验收统一标准》(GB 50300—2001)规定：

(1) 检验批应由监理工程师（建设单位项目技术负责人）组织施工单位项目专业质量（技术）负责人等进行验收。

(2) 检验批合格质量应符合下列规定：

1) 主控项目和一般项目的质量经抽样检验合格；

2) 具有完整的施工操作依据、质量检查记录。

主控项目是指建筑工程中对安全、卫生、环境保护和公众利益起决定性作用的检验项目。因此，主控项目的验收必须从严要求，不允许有不符合要求的检验结果，主控项目的检查具有否决权。除主控项目以外的检验项目称为一般项目。

2. 分项工程质量验收

按照国家标准《建筑工程施工质量验收统一标准》(GB 50300—2001)的规定：分项工程应按主要工种、材料、施工工艺、设备类别等进行划分。分项工程可由一个或若干检验批组成。

(1) 分项工程应由监理工程师（建设单位项目技术负责人）组织施工单位项目专业质量（技术）负责人进行验收。

(2) 分项工程质量验收合格应符合下列规定：

1) 分项工程所含的检验批均应符合合格质量的规定；

2) 分项工程所含的检验批的质量验收记录应完整。

3. 分部工程质量验收

按照国家标准《建筑工程施工质量验收统一标准》(GB 50300—2001)的规定：分部工程的划分应按专业性质、建筑部位确定；当分部工程较大或较复杂时，可按材料种类、施工特点、施工程序、专业系统及类别等分为若干子分部工程。

(1) 分部工程应由总监理工程师（建设单位项目负责人）组织施工单位项目负责人和技术、质量负责人等进行验收；地基与基础、主体结构分部工程的勘察、设计单位工程项目负责人和施工单位技术、质量部门负责人也应参加相关分部工程验收。

(2) 分部（子分部）工程质量验收合格应符合下列规定：

1) 所含分项工程的质量均应验收合格；

2) 质量控制资料应完整；

3) 地基与基础、主体结构和设备安装等有关安全及功能的检验和抽样检测结果应符合有关规定；

4) 观感质量验收应符合要求。

8.3.16 施工过程质量验收不合格的处理

施工过程的质量验收是以检验批的施工质量为基本验收单元。检验批质量不合格可能是由于使用的材料不合格，或施工作业质量不合格，或质量控制资料不完整等原因所致，按照《建筑工程施工质量验收统一标准》(GB 50300—2001)的规定，其处理方法有：

1. 在检验批验收时，对严重的缺陷应推倒重来，一般的缺陷通过翻修或更换器具、设备予以解决后重新进行验收。

2. 个别检验批发现试块强度等不满足要求等难以确定是否验收时，应请有资质的法定检测单位检测鉴定,当鉴定结果能够达到设计要求时,应通过验收。

3. 当检测鉴定达不到设计要求、但经原设计单位核算仍能满足结构安全和使用功能的检验批,可予以验收。

4. 严重质量缺陷或超过检验批范围内的缺陷,经法定检测单位检测鉴定以后,认为不能满足最低限度的安全储备和使用功能,则必须进行加固处理,虽然改变外形尺寸,但能满足安全使用要求,可按技术处理方案和协商文件进行验收,责任方应承担经济责任。

5. 通过返修或加固后处理仍不能满足安全使用要求的分部工程、单位(子单位)工程,严禁验收。

8.3.17 竣工质量验收

竣工验收有两层含义,一是指承发包单位之间进行的工程竣工验收,也称做工程交工验收;一是指建设工程项目的竣工验收。两者在验收的范围、依据、时间、方式、程序、组织和权限等方面存在不同。

1. 竣工工程质量验收的依据

竣工工程质量验收的依据有:

(1) 工程施工承包合同;
(2) 工程施工图纸;
(3) 工程施工质量验收统一标准;
(4) 专业工程施工质量验收规范;
(5) 建设法律、法规、管理标准和技术标准。

2. 竣工工程质量验收的要求

单位工程是工程项目竣工质量验收的基本对象,也是工程项目投入使用前的最后一次验收,其重要性不言而喻。国家标准《建筑工程施工质量验收统一标准》(GB 50300—2001)规定,建筑工程施工质量应按下列要求进行验收:

(1) 工程施工质量应符合各类工程质量统一验收标准和相关专业验收规范的规定;
(2) 工程施工应符合工程勘察、设计文件的要求;
(3) 参加工程施工质量验收的各方人员应具备规定的资格;
(4) 工程质量的验收均应在施工单位自行检查评定的基础上进行;
(5) 隐蔽工程在隐蔽前应由施工单位通知有关单位进行验收,并应形成验收文件;
(6) 涉及结构安全的试块、试件以及有关材料,应按规定进行见证取样检测;
(7) 检验批的质量应按主控项目、一般项目验收;
(8) 对涉及结构安全和功能的重要分部工程应进行抽样检测;
(9) 承担见证取样检测及有关结构安全检测的单位应具有相应资质;
(10) 工程的观感质量应由验收人员通过现场检查共同确认。

3. 竣工工程质量验收的标准

按照国家标准《建筑工程施工质量验收统一标准》(GB 50300—2001)的规定,建筑工程的单位(子单位)工程质量验收合格应符合下列规定:

(1) 单位(子单位)工程所含分部(子分部)工程质量验收均应合格;
(2) 质量控制资料应完整;

（3）单位（子单位）工程所含分部工程有关安全和功能的检测资料应完整；

（4）主要功能项目的抽查结果应符合相关专业质量验收规范的规定；

（5）观感质量验收应符合要求。

4．竣工工程质量验收的程序

（1）竣工验收准备

施工单位按照合同规定的施工范围和质量标准完成施工任务后，经质量自检并合格后，向现场监理机构（或建设单位）提交工程竣工申请报告，要求组织工程竣工验收。施工单位的竣工验收准备，包括工程实体的验收准备和相关工程档案资料的验收准备，使之达到竣工验收的要求，其中设备及管道安装工程等，应经过试压、试车和系统联动试运行检查并有检查记录。

（2）初步验收

监理机构收到施工单位的工程竣工申请报告后，应就验收的准备情况和验收条件进行检查。对工程实体质量及档案资料存在的缺陷，及时提出整改意见，并与施工单位协商整改清单，确定整改要求和完成时间。

（3）正式验收

当初步验收检查结果符合竣工验收要求时，监理工程师应将施工单位的竣工申请报告报送建设单位，着手组织勘察、设计、施工、监理等单位和其他方面的专家组成竣工验收小组并制定验收方案。

建设单位应在工程竣工验收前7个工作日将验收时间、地点、验收组名单通知该工程的工程质量监督机构。

建设单位组织竣工验收会议。正式验收过程的主要工作有：

1）建设、勘察、设计、施工、监理单位分别汇报工程合同履约情况及工程施工各环节施工满足设计要求，质量符合法律、法规和强制性标准的情况；

2）检查审核设计、勘察、施工、监理单位的工程档案资料及质量验收资料；

3）实地检查工程外观质量，对工程的使用功能进行抽查；

4）对工程施工质量管理各环节工作、对工程实体质量及质保资料情况进行全面评价，形成经验收组人员共同确认签署的工程竣工验收意见；

5）竣工验收合格，建设单位应及时提出工程竣工验收报告。验收报告还应附有工程施工许可证、设计文件审查意见、质量检测功能性试验资料、工程质量保修书等法规所规定的其他文件；

6）工程质量监督机构应对工程竣工验收工作进行监督。

5．工程竣工验收备案

我国实行建设工程竣工验收备案制度。新建、扩建和改建的各类房屋建筑工程和市政基础设施工程的竣工验收，均应按《建设工程质量管理条例》规定进行备案。

1）建设单位应当自建设工程竣工验收合格之日起15日内，将建设工程竣工验收报告和规划、公安、消防、环保等部门出具的认可文件或准许使用文件，报建设行政主管部门或者其他相关部门备案。

2）备案部门在收到备案文件资料后的15日内，对文件资料进行审查，符合要求的工程，在验收备案表上加盖"竣工验收备案专用章"，并将一份退建设单位存档。如审查中发现建设单位在竣工验收过程中，有违反国家有关建设工程质量管理规定行为的，责令停止使用，重新组织竣工验收。

3）建设单位有下列行为之一的，责令改正，处以工程合同价款百分之二以上百分之四以下的罚款；造成损失的依法承担赔偿责任：

①未组织竣工验收，擅自交付使用的；

②验收不合格，擅自交付使用的；

③对不合格的建设工程按照合格工程验收的。

8.3.18 建设工程项目质量的政府监督

为加强对建设工程质量的管理，我国《建筑法》及《建设工程质量管理条例》明确政府行政主管部门设立专门机构对建设工程质量行使监督职能，其目的是保证建设工程质量、保证建设工程的使用安全及环境质量。国务院建设行政主管部门对全国建设工程质量实行统一监督管理，国务院铁路、交通、水利等有关部门按照规定的职责分工，负责对全国有关专业建设工程质量的监督管理。

1. 建设工程项目质量政府监督的职能

各级政府质量监督机构对建设工程质量监督的依据是国家、地方和各专业建设管理部门颁发的法律、法规及各类规范和强制性标准。其监督的职能包括两大方面：

（1）监督工程建设的各方主体（包括建设单位、施工单位、材料设备供应单位、设计勘察单位和监理单位等）的质量行为是否符合国家法律法规及各项制度的规定；查处违法违规行为和质量事故。

（2）监督检查工程实体的施工质量，尤其是地基基础、主体结构、专业设备安装等涉及结构安全和使用功能的施工质量。

2. 建设工程项目质量政府监督的内容

（1）受理质量监督申报

在工程项目开工前，政府质量监督机构在受理建设工程质量监督的申报手续时，对建设单位提供的文件资料进行审查，审查合格签发有关质量监督文件。

（2）开工前的质量监督

开工前召开项目参与各方参加的首次监督会议，公布监督方案，提出监督要求，并进行第一次监督检查。监督检查的主要内容为工程项目质量控制系统及各施工方的质量保证体系是否已经建立，以及完善的程度。具体内容为：

1）检查项目各施工方的质保体系，包括组织机构、质量控制方案及质量责任制等制度；

2）审查施工组织设计、监理规划等文件及审批手续；

3）检查项目各参与方的营业执照、资质证书及有关人员的资格证书；

4）检查的结果记录保存。

3. 施工期间的质量监督

（1）在建设工程施工期间，质量监督机构按照监督方案对工程项目施工情况进行不定期的检查。其中在基础和结构阶段每月安排监督检查。检查内容为工程参与各方的质量行为及质量责任制的履行情况、工程实体质量和质保资料的状况。

（2）对建设工程项目结构主要部位（如桩基、基础、主体结构）除了常规检查外，还要在分部工程验收时,要求建设单位将施工、设计、监理、建设方分别签字的质量验收证明在验收后3天内报监督机构备案。

(3) 对施工过程中发生的质量问题、质量事故进行查处。根据质量检查状况,对查实的问题签发"质量问题整改通知单"或"局部暂停施工指令单",对问题严重的单位也可根据问题情况发出"临时收缴资质证书通知书"等处理意见。

4. 竣工阶段的质量监督

政府建设工程质量监督机构按规定对工程竣工验收备案工作实施监督。

(1) 做好竣工验收前的质量复查

对质量监督检查中提出质量问题的整改情况进行复查,了解其整改情况。

(2) 参与竣工验收会议

对竣工工程的质量验收程序、验收组织与方法、验收过程等进行监督。

(3) 编制单位工程质量监督报告

工程质量监督报告作为竣工验收资料的组成部分提交竣工验收备案部门。

(4) 建立建设工程质量监督档案

建设工程质量监督档案按单位工程建立,要求归档及时,资料记录等各类文件齐全,经监督机构负责人签字后归档,按规定年限保存。

8.3.19 企业质量管理体系

建筑业企业质量管理体系是按照我国《质量管理体系标准》(GB/T 19000)进行建立和认证的,该标准是我国按照等同原则,采用国际标准化组织颁布的 ISO 9000—2000 质量管理体系族标准。ISO 9000—2000 族标准提出的质量管理体系八项原则、企业质量管理体系文件的构成,以及企业质量管理体系的建立与运行、认证与监督等相关内容。

1. 熟悉质量管理体系八项原则

质量管理体系八项原则是 2000 版 ISO 9000 族标准的编制基础,是世界各国质量管理成功经验的科学总结,其中不少内容与我国全面质量管理的经验吻合。它的贯彻执行能促进企业管理水平的提高,并能提高顾客对其产品或服务的满意程度,帮助企业达到持续成功的目的。质量管理体系八项原则的具体内容如下。

(1) 以顾客为关注焦点

组织(从事一定范围生产经营活动的企业)依存于其顾客。组织应理解顾客当前的和未来的需求,满足顾客要求并争取超越顾客的期望。这是组织进行质量管理的基本出发点和归宿点。

(2) 领导作用

领导者确立本组织统一的质量宗旨和方向,并营造和保持使员工充分参与实现组织目标的内部环境。因此领导在企业的质量管理中起着决定的作用。只有领导重视,各项质量活动才能有效开展。

(3) 全员参与

各级人员都是组织之本,只有全员充分参加,才能使他们的才干为组织带来收益。产品质量是产品形成过程中全体人员共同努力的结果,其中也包含着为他们提供支持的管理、检查、行政人员的贡献。企业领导应对员工进行质量意识等各方面的教育,激发他们的积极性和责任感,为其能力、知识、经验的提高提供机会,发挥创造精神,鼓励持续改进，给予必要的物质和精神奖励，使全员积极参与，为达到让顾客满意的目标而奋斗。

（4）过程方法

将相关的资源和活动作为过程进行管理，可以更高效地得到期望的结果。任何使用资源生产活动和将输入转化为输出的一组相关联的活动都可视为过程。2000版ISO 9000族标准是建立在过程控制的基础上。一般在过程的输入端、过程的不同位置及输出端都存在着可以进行测量、检查的机会和控制点，对这些控制点实行测量、检测和管理，便能控制过程的有效实施。

（5）管理的系统方法

将相互关联的过程作为系统加以识别、理解和管理，有助于组织提高实现其目标的有效性和效率。不同企业应根据自己的特点，建立资源管理、过程实现、测量分析改进等方面的关联关系，并加以控制。即采用过程网络的方法建立质量管理体系，实施系统管理。

一般建立实施质量管理体系包括：

1) 确定顾客期望；
2) 建立质量目标和方针；
3) 确定实现目标的过程和职责；
4) 确定必须提供的资源；
5) 规定测量过程有效性的方法；
6) 实施测量，确定过程的有效性；
7) 确定防止不合格并清除产生原因的措施；
8) 建立和应用持续改进质量管理体系的过程。

（6）持续改进

持续改进总体业绩是组织的一个永恒目标，其作用在于增强企业满足质量要求的能力，包括产品质量、过程及体系的有效性和效率的提高。持续改进是增强和满足质量要求能力的循环活动，使企业的质量管理走上良性循环的轨道。

（7）基于事实的决策方法

有效的决策应建立在数据和信息分析的基础上，数据和信息分析是事实的高度提炼。以事实为依据做出决策，可防止决策失误。为此企业领导应重视数据信息的收集、汇总和分析，以便为决策提供依据。

（8）与供方互利的关系

组织与供方是相互依存的，建立双方的互利关系可以增强双方创造价值的能力。供方提供的产品是企业提供产品的一个组成部分。处理好与供方的关系，涉及企业能否持续稳定提供顾客满意产品的重要问题。因此，对供方不能只讲控制，不讲合作互利，特别是关键供方，更要建立互利关系，这对企业与供方双方都有利。

2. 企业质量管理体系文件构成

（1）质量管理体系文件的作用

GB/T 19000质量管理体系对文件提出明确要求，企业应具有完整和科学的质量体系文件。

（2）质量管理体系文件的构成

质量管理体系文件的构成有：

1) 形成文件的质量方针和质量目标;
2) 质量手册;
3) 质量管理标准所要求的各种生产、工作和管理的程序性文件;
4) 质量管理标准所要求的质量记录。

3. 质量管理体系文件的要求

以上各类文件的详略程度无统一规定,以适合于企业使用,使过程受控为准则。

(1) 质量方针和质量目标

一般都以简明的文字来表述,是企业质量管理的方向目标,应反映用户及社会对工程质量的要求及企业相应的质量水平和服务承诺,也是企业质量经营理念的反映。

(2) 质量手册的要求

质量手册是规定企业组织建立质量管理体系的文件,质量手册对企业质量管理体系作系统、完整和概要的描述。其内容一般包括:企业的质量方针、质量目标;组织机构及质量职责;体系要素或基本控制程序;质量手册的评审、修改和控制的管理办法。

质量手册作为企业质量管理系统的纲领性文件,应具备指令性、系统性、协调性、先进性、可行性和可检查性。

(3) 程序文件的要求

质量体系程序文件是质量手册的支持性文件,是企业各职能部门为落实质量手册要求而规定的细则,企业为落实质量管理工作而建立的各项管理标准、规章制度都属程序文件范畴。各企业程序文件的内容及详略可视企业情况而定。一般有以下六个方面的程序为通用性管理程序,各类企业都应在程序文件中制定:

1) 文件控制程序;
2) 质量记录管理程序;
3) 内部审核程序;
4) 不合格品控制程序;
5) 纠正措施控制程序;
6) 预防措施控制程序。

除以上六个程序以外,涉及产品质量形成过程各环节控制的程序文件,如生产过程、服务过程、管理过程、监督过程等管理程序,不作统一规定,可视企业质量控制的需要而制定。

为确保过程的有效运行和控制,在程序文件的指导下,尚可按管理需要编制相关文件,如作业指导书、具体工程的质量计划等。

(4) 质量记录的要求

质量记录是产品质量水平和质量体系中各项质量活动进行及结果的客观反映。对质量管理体系程序文件所规定的运行过程及控制测量检查的内容如实加以记录,用以证明产品质量达到合同要求及质量保证的满足程度。如在控制体系中出现偏差,则质量记录不仅需反映偏差情况,而且应反映针对不足之处所采取的纠正措施及纠正效果。

质量记录应完整地反映质量活动实施、验证和评审的情况,并记载关键活动的过程参数,具有可追溯性的特点。质量记录以规定的形式和程序进行,并有实施、验证、审核等签署意见。

4. 企业质量管理体系的建立和运行

（1）企业质量管理体系的建立

1）企业质量管理体系的建立，是在确定市场及顾客需求的前提下，按照八项质量管理原则制定企业的质量方针、质量目标、质量手册、程序文件及质量记录等体系文件，并将质量目标分解落实到相关层次、相关岗位的职能和职责中，形成企业质量管理体系的执行系统。

2）企业质量管理体系的建立，还包含组织企业不同层次的员工进行培训，使体系的工作内容和执行要求为员工所了解，为形成全员参与的企业质量管理体系的运行创造条件。

3）企业质量管理体系的建立，需识别并提供实现质量目标和持续改进所需的资源，包括人员、基础设施、环境、信息等。

（2）企业质量管理体系的运行

1）企业质量管理体系的运行是在生产及服务的全过程，按质量管理体系文件所制定的程序、标准、工作要求及目标分解的岗位职责进行运作。

2）在企业质量管理体系运行的过程中，按各类体系文件的要求，监视、测量和分析过程的有效性和效率，做好文件规定的质量记录，持续收集、记录并分析过程的数据和信息，全面反映产品质量和过程符合要求，并具有可追溯的效能。

3）按文件规定的办法进行质量管理评审和考核。对过程运行的评审考核工作，应针对发现的主要问题，采取必要的改进措施，使这些过程达到所策划的结果并实现对过程的持续改进。

4）为确保系统内部审核的效果，企业领导应发挥决策领导作用，制定审核政策和计划，组织内审人员队伍，落实内审条件，并对审核发现的问题采取纠正措施和提供人、财、物等方面的支持。落实质量管理体系的内部审核程序，有组织有计划地开展内部质量审核活动，其主要目的是：

①评价质量管理程序的执行情况及适用性；

②揭露过程中存在的问题，为质量改进提供依据；

③建立质量管理体系运行的信息；

④向外部审核单位提供体系有效的证据。

5. 企业质量管理体系的认证与监督

（1）企业质量管理体系认证的程序

1）申请和受理。

具有法人资格，并已按 GB/T 19000—ISO 9000 族标准或其他国际公认的质量管理体系规范建立了文件化的质量管理体系，并在生产经营全过程贯彻执行的企业可提出申请。申请单位须按要求填写申请书，认证机构经审查符合后接受申请，如不符合则不接受申请，均发出书面通知书。

2）审核。

认证机构派出审核组对申请方质量管理体系进行检查和评定。包括文件审查、现场审核，并提出审核报告。

3）审批与注册发证。

认证机构对审核组提出的审核报告进行全面审查，符合标准者批准并予以注册，发给认证证书（内容包括证书号、注册企业名称地址、认证和质量体系覆盖产品的范围、评价依据及质量保证模式标准及说明、发证机构、签发人和签发日期）。

(2) 获准认证后的维持与监督管理

企业获准认证的有效期为3年。企业获准认证后，应通过经常性的内部审核，维持质量管理体系的有效性，并接受认证机构对企业质量管理体系实施监督管理。获准认证后的质量管理体系，维持与监督管理内容如下。

1) 企业通报。

认证合格的企业质量管理体系在运行中出现较大变化时，需向认证机构通报，认证机构接到通报后，视情况采取必要的监督检查措施。

2) 监督检查。

监督检查是认证机构对认证合格单位质量维持情况进行监督性现场检查，包括定期和不定期的监督检查。定期检查通常是每年一次，不定期检查视需要临时安排。

3) 认证注销。

认证注销是企业的自愿行为。在企业质量管理体系发生变化或证书有效期届满时未提出重新申请等情况下，认证持证者提出注销的，认证机构予以注销，收回体系认证证书。

4) 认证暂停。

认证暂停是认证机构对获证企业质量管理体系发生不符合认证要求情况时采取的警告措施。认证暂停期间，企业不得使用质量管理体系认证证书作宣传。企业在规定期间采取纠正措施满足规定条件后，认证机构撤销认证暂停。否则，将撤销认证注册，收回认证合格证书。

5) 认证撤销。

当获证企业发生质量管理体系存在严重不符合规定，或在认证暂停的规定期限未予整改的，或发生其他构成撤销体系认证资格情况时，认证机构作出撤销认证的决定。企业不服可提出申诉。撤销认证的企业一年后可重新提出认证申请。

6) 复评。

认证合格有效期满前，如企业愿继续延长，可向认证机构提出复评申请。

7) 重新换证。

在认证证书有效期内，出现体系认证标准变更、体系认证范围变更、体系认证证书持有者变更，可按规定重新换证。

8.3.20 工程质量统计方法

人们应用数理统计原理所创立的分层法、因果分析法、直方图法、排列图法、管理图法、分布图法、检查表法等定量和定性方法，对施工现场质量管理都有实际的应用价值。要求掌握其中分层法和因果分析图法的应用；熟悉排列图法和直方图的观察分析。

1. 分层法

(1) 分层法的基本原理

由于工程质量形成的影响因素多，因此，对工程质量状况的调查和质量问题的分析，必须分门别类地进行，以便准确有效地找出问题及其原因，这就是分层法的基本思想。

(2) 分层法的实际应用

调查分析的层次划分，根据管理需要和统计目的，通常可按照以下分层方法取得原始数据：

1）按施工时间分：月、日、上午、下午、白天、晚间、季节。
2）按地区部位分：区域、城市、乡村、楼层、外墙、内墙。
3）按产品材料分：产地、厂商、规格、品种。
4）按检测方法分：方法、仪器、测定人、取样方式。
5）按作业组织分：工法、班组、工长、工人、分包商。
6）按工程类型分：住宅、办公楼、道路、桥梁、隧道。
7）按合同结构分：总承包、专业分包、劳务分包。

2. 因果分析图法

（1）因果分析图法的基本原理

因果分析图法，也称为质量特性要因分析法。其基本原理是对每一个质量特性或问题，逐层深入排查可能原因。然后确定其中最主要原因，进行有的放矢的处置和管理。

（2）因果分析图法的简单示例

混凝土强度不合格的原因分析，其中，把混凝土施工的生产要素，即人、机械、材料、施工方法和施工环境作为第一层面的因素进行分析；然后对第一层面的各个因素，再进行第二层面的可能原因的深入分析。依此类推，直至把所有可能的原因，分层次地罗列出来。

（3）因果分析图法应用时的注意事项：

1）一个质量特性或一个质量问题使用一张图分析。
2）通常采用 QC 小组活动的方式进行，集思广益，共同分析。
3）必要时可以邀请小组以外的有关人员参与，广泛听取意见。
4）分析时要充分发表意见，层层深入，排出所有可能的原因。
5）在充分分析的基础上，由各参与人员采用投票或其他方式，从中选择 1）至 5）项多数人达成共识的最主要原因。

3. 排列图法

在质量管理过程，通过抽样检查或检验试验所得到的质量问题、偏差、缺陷、不合格等统计数据，以及造成质量问题的原因分析统计数据，均可采用排列图方法进行状况描述，它具有直观、主次分明的特点。

累计频率 0~80% 定为 A 类问题，即主要问题，进行重点管理；将累计频率在 80%~90% 区间的问题定为 B 类问题，即次要问题，作为次重点管理；将其余累计频率在 90%~100% 区间的问题定为 C 类问题，即一般问题，按照常规适当加强管理。以上方法称为 ABC 分类管理法。

4. 直方图法

（1）直方图法的主要用途

1）整理统计数据，了解统计数据的分布特征，即数据分布的集中或离散状况。从中掌握质量能力状态。

2）观察分析生产过程质量是否处于正常、稳定和受控状态，以及质量水平是否保持在公差允许的范围内。

(2) 通过分布形状观察分析

所谓形状观察分析是指将绘制好的直方图形状与正态分布图的形状进行比较分析，一看形状是否相似，二看分布区间的宽窄。直方图的分布形状及分布区间宽窄是由质量特性统计数据的平均值和标准偏差所决定的。

1) 正常直方图呈正态分布，其形状特征是中间高、两边低、成对称。正常直方图反映生产过程质量处于正常、稳定状态。数理统计研究证明，当随机抽样方案合理且样本数量足够大时，在生产能力处于正常、稳定状态，质量特性检测数据趋于正态分布。

2) 异常直方图呈偏态分布，常见的异常直方图有折齿型、缓坡型、孤岛型、双峰型、峭壁型。出现异常的原因可能是生产过程存在影响质量的系统因素，或收集整理数据制作直方图的方法不当，要具体分析。

(3) 通过分布位置观察分析

1) 所谓位置观察分析是指将直方图的分布位置与质量控制标准的上下限范围进行比较分析。

2) 生产过程的质量正常、稳定和受控，还必须在公差标准上、下界限范围内达到质量合格的要求。只有这样的正常、稳定和受控才是经济合理的受控状态。

8.4 施工项目成本管理

建设工程项目施工成本控制应从工程投标报价开始，直至项目竣工结算完成为止，贯穿于项目实施的全过程。成本作为项目管理的一个关键性目标，包括责任成本目标和计划成本目标，它们的性质和作用不同。前者反映组织对施工成本目标的要求，后者是前者的具体化，把施工成本在组织管理层和项目经理部的运行有机地连接起来。

根据成本运行规律，成本管理责任体系应包括组织管理层和项目管理层。组织管理层的成本管理除生产成本以外，还包括经营管理费用，项目管理层应对生产成本进行管理。组织管理层贯穿于项目投标、实施和结算过程，体现效益中心的管理职能，项目管理层则着眼于执行组织确定的施工成本管理目标，发挥现场生产成本控制中心的管理职能。

本节内容包括：施工成本管理的任务与措施、施工成本计划的编制、工程变更价款的确定、建筑安装工程费用的结算、施工成本控制和施工成本分析等。

8.4.1 施工成本管理的任务

施工成本是指在建设工程项目的施工过程中所发生的全部生产费用的总和，包括消耗的原材料、辅助材料、构配件等费用，周转材料的摊销费或租赁费，施工机械的使用费或租赁费，支付给生产工人的工资、奖金、工资性质的津贴等，以及进行施工组织与管理所发生的全部费用支出。建设工程项目施工成本由直接成本和间接成本组成。

直接成本是指施工过程中耗费的构成工程实体或有助于工程实体形成的各项费用支出，是可以直接计入工程对象的费用，包括人工费、材料费、施工机械使用费和施工措施费等。

间接成本是指为施工准备、组织和管理施工生产的全部费用的支出，是非直接用于也无法直接计入工程对象，但为进行工程施工所必需的费用，包括管理人员工资、办公费、差旅交通费等。

施工成本管理就是要在保证工期和质量满足要求的情况下，采取相应管理措施，包括组织措施、经济措施、技术措施、合同措施把成本控制在计划范围内，并进一步寻求最大程度的成本节约。

施工成本管理的任务和环节主要包括：

1. 施工成本预测

施工成本预测就是根据成本信息和施工项目的具体情况，运用一定的专门方法，对未来的成本水平及其可能发展趋势作出科学的估计，就是在工程施工以前对成本进行的估算。通过成本预测，可以在满足项目业主和本企业要求的前提下，选择成本低、效益好的最佳成本方案，并能够在施工项目成本形成过程中，针对薄弱环节，加强成本控制，克服盲目性，提高预见性。因此，施工成本预测是施工项目成本决策与计划的依据。施工成本预测，通常是对施工项目计划工期内影响其成本变化的各个因素进行分析，比照近期已完工施工项目或将完工施工项目的成本（单位成本），预测这些因素对工程成本中有关项目（成本项目）的影响程度，预测出工程的单位成本或总成本。

2. 施工成本计划

施工成本计划是以货币形式编制施工项目在计划期内的生产费用、成本水平、成本降低率，以及为降低成本所采取的主要措施和规划的书面方案，是建立施工项目成本管理责任制、开展成本控制和核算的基础，是该项目降低成本的指导文件，是设立目标成本的依据。可以说，成本计划是目标成本的一种形式。

（1）施工成本计划应满足的要求

1）合同规定的项目质量和工期要求。

2）组织对施工成本管理目标的要求。

3）以经济合理的项目实施方案为基础的要求。

4）有关定额及市场价格的要求。

（2）施工成本计划的具体内容

1）编制说明。

指对工程的范围、投标竞争过程及合同条件、承包人对项目经理提出的责任成本目标、施工成本计划编制的指导思想和依据等具体说明。

2）施工成本计划的指标。

施工成本计划的指标应经过科学的分析预测确定，可以采用对比法、因素分析法等方法来进行测定。

施工成本计划一般情况下有以下三类指标。

① 成本计划的数量指标，如：

按子项汇总的工程项目计划总成本指标；

按分部汇总的各单位工程（或子项目）计划成本指标；

按人工、材料、机械等各主要生产要素计划成本指标。

② 成本计划的质量指标，如施工项目总成本降低率，可采用：

设计预算成本计划降低率＝设计预算总成本计划降低额/设计预算总成本

责任目标成本计划降低率＝责任目标总成本计划降低额/责任目标总成本

③成本计划的效益指标，如工程项目成本降低额：

设计预算成本计划降低额＝设计预算总成本－计划总成本
责任目标成本计划降低额＝责任目标总成本－计划总成本

3) 按成本性质划分的单位工程成本汇总表，根据清单项目的造价分析，分别对人工费、材料费、机械费、措施费、企业管理费和税费进行汇总，形成单位工程成本计划表。

成本计划应在项目实施方案确定和不断优化的前提下进行编制，因为不同的实施方案将导致直接工程费、措施费和企业管理费的差异。成本计划的编制是施工成本预控的重要手段。因此，应在工程开工前编制完成，以便将计划成本目标分解落实，为各项成本的执行提供明确的目标、控制手段和管理措施。

3. 施工成本控制

施工成本控制是指在施工过程中，对影响施工成本的各种因素加强管理，并采取各种有效措施，将施工中实际发生的各种消耗和支出严格控制在成本计划范围内，随时揭示并及时反馈，严格审查各项费用是否符合标准，计算实际成本和计划成本之间的差异并进行分析，进而采取多种措施，消除施工中的损失浪费现象。

建设工程项目施工成本控制应贯穿于项目从投标阶段开始直至竣工验收的全过程，它是企业全面成本管理的重要环节。施工成本控制可分为事先控制、事中控制（过程控制）和事后控制。在项目的施工过程中，需按动态控制原理对实际施工成本的发生过程进行有效控制。

合同文件和成本计划是成本控制的目标，进度报告和工程变更与索赔资料是成本控制过程中的动态资料。

成本控制的程序体现了动态跟踪控制的原理。成本控制报告可单独编制，也可以根据需要与进度、质量、安全和其他进展报告结合，提出综合进展报告。

成本控制应满足下列要求：

(1) 要按照计划成本目标值来控制生产要素的采购价格，并认真做好材料、设备进场数量和质量的检查、验收与保管。

(2) 要控制生产要素的利用效率和消耗定额，如任务单管理、限额领料、验收报告审核等，同时要做好不可预见成本风险的分析和预控，包括编制相应的应急措施等。

(3) 控制影响效率和消耗量的其他因素（如工程变更等）所引起的成本增加。

(4) 把施工成本管理责任制度与对项目管理者的激励机制结合起来，以增强管理人员的成本意识和控制能力。

(5) 承包人必须有一套健全的项目财务管理制度，按规定的权限和程序对项目资金的使用和费用的结算支付进行审核、审批，使其成为施工成本控制的一个重要手段。

4. 施工成本核算

施工成本核算包括两个基本环节：一是按照规定的成本开支范围对施工费用进行归集和分配，计算出施工费用的实际发生额；二是根据成本核算对象，采用适当的方法，计算出该施工项目的总成本和单位成本。施工成本管理需要正确及时地核算施工过程中发生的各项费用，计算施工项目的实际成本。施工项目成本核算所提供的各种成本信息，是成本预测、成本计划、成本控制、成本分析和成本考核等各个环节的依据。

施工成本一般以单位工程为成本核算对象，但也可以按照承包工程项目的规模、工期、结构类型、施工组织和施工现场等情况，结合成本管理要求，灵活划分成本核算对象。施工成本核算的基本内容包括：
1) 人工费核算。
2) 材料费核算。
3) 周转材料费核算。
4) 结构件费核算。
5) 机械使用费核算。
6) 措施费核算。
7) 分包工程成本核算。
8) 间接费核算。
9) 项目月度施工成本报告编制。

施工成本核算制是明确施工成本核算的原则、范围、程序、方法、内容、责任及要求的制度。项目管理必须实行施工成本核算制，它和项目经理责任制等共同构成了项目管理的运行机制。组织管理层与项目管理层的经济关系、管理责任关系、管理权限关系，以及项目管理组织所承担的责任成本核算的范围、核算业务流程和要求等，都应以制度的形式作出明确的规定。

项目经理部要建立一系列项目业务核算台账和施工成本会计账户，实施全过程的成本核算，具体可分为定期的成本核算和竣工工程成本核算，如每天、每周、每月的成本核算。定期的成本核算是竣工工程全面成本核算的基础。

形象进度、产值统计、实际成本归集三同步，即三者的取值范围应是一致的。形象进度表达的工程量、统计施工产值的工程量和实际成本归集所依据的工程量均应是相同的数值。

对竣工工程的成本核算，应区分为竣工工程现场成本和竣工工程完全成本，分别由项目经理部和企业财务部门进行核算分析，其目的在于分别考核项目管理绩效和企业经营效益。

5. 施工成本分析

施工成本分析是在施工成本核算的基础上，对成本的形成过程和影响成本升降的因素进行分析，以寻求进一步降低成本的途径，包括有利偏差的挖掘和不利偏差的纠正。施工成本分析贯穿于施工成本管理的全过程，它是在成本的形成过程中，主要利用施工项目的成本核算资料（成本信息），与目标成本、预算成本以及类似的施工项目的实际成本等进行比较，了解成本的变动情况，同时也要分析主要技术经济指标对成本的影响，系统地研究成本变动的因素，检查成本计划的合理性，并通过成本分析，深入揭示成本变动的规律，寻找降低施工项目成本的途径，以便有效地进行成本控制。成本偏差的控制，分析是关键，纠偏是核心，要针对分析得出的偏差发生原因，采取切实措施，加以纠正。

成本偏差分为局部成本偏差和累计成本偏差。局部成本偏差包括项目的月度（或周、天等）核算成本偏差、专业核算成本偏差以及分部分项作业成本偏差等；累计成本偏差是指已完工程在某一时间点上实际总成本与相应的计划总成本的差异。分析成本偏差的原因，应采取定性和定量相结合的方法。

6. 施工成本考核

施工成本考核是指在施工项目完成后，对施工项目成本形成中的各责任者，按施工项目成本目标责任制的有关规定，将成本的实际指标与计划、定额、预算进行对比和考核，评定施工项目成本计划的完成情况和各责任者的业绩，并以此给予相应的奖励和处罚。通过成本考核，做到有奖有惩，赏罚分明，才能有效地调动每一位员工在各自施工岗位上努力完成目标成本的积极性，为降低施工项目成本和增加企业的积累，作出自己的贡献。

施工成本考核是衡量成本降低的实际成果，也是对成本指标完成情况的总结和评价。成本考核制度，包括：考核的目的、时间、范围、对象、方式、依据、指标、组织领导、评价与奖惩原则等内容。

以施工成本降低额和施工成本降低率作为成本考核的主要指标，要加强组织管理层对项目管理部的指导，并充分依靠技术人员、管理人员和作业人员的经验和智慧，防止项目管理在企业内部异化为靠少数人承担风险的以包代管模式。成本考核也可分别考核组织管理层和项目经理部。

项目管理组织对项目经理部进行考核与奖惩时，既要防止虚盈实亏，也要避免实际成本归集差错等的影响，使施工成本考核真正做到公平、公正、公开，在此基础上兑现施工成本管理责任制的奖惩或激励措施。

施工成本管理的每一个环节都是相互联系和相互作用的。成本预测是成本决策的前提，成本计划是成本决策所确定目标的具体化。成本计划控制则是对成本计划的实施进行控制和监督，保证决策的成本目标的实现，而成本核算又是对成本计划是否实现的最后检验，它所提供的成本信息又对下一个施工项目成本预测和决策提供基础资料。成本考核是实现成本目标责任制的保证和实现决策目标的重要手段。

8.4.2 施工成本管理的措施

为了取得施工成本管理的理想成效，应当从多方面采取措施实施管理，通常可以将这些措施归纳为组织措施、技术措施、经济措施、合同措施。

1. 组织措施

组织措施是从施工成本管理的组织方面采取的措施。施工成本控制是全员的活动，如实行项目经理责任制，落实施工成本管理的组织机构和人员，明确各级施工成本管理人员的任务和职能分工、权利和责任。施工成本管理不仅是专业成本管理人员的工作，各级项目管理人员都负有成本控制责任。

组织措施的另一方面是编制施工成本控制工作计划，确定合理详细的工作流程。要做好施工采购规划，可采取以下方法：

（1）通过生产要素的优化配置、合理使用、动态管理，有效控制实际成本。

（2）加强施工定额管理和施工任务单管理，控制活劳动和物化劳动的消耗。

（3）加强施工调度，避免因施工计划不周和盲目调度造成窝工损失、机械利用率降低、物料积压等而使施工成本增加。

（4）成本控制工作只有建立在科学管理的基础之上，具备合理的管理体制，完善的规章制度，稳定的作业秩序，完整准确的信息传递，才能取得成效。

组织措施是其他各类措施的前提和保障，而且一般不需要增加什么费用，运用得当可以收到良好的效果。

2. 技术措施

施工过程中降低成本的技术措施，包括：

(1) 进行技术经济分析,确定最佳的施工方案。

(2) 结合施工方法,进行材料使用的比选,在满足功能要求的前提下,通过代用、改变配合比、使用添加剂等方法降低材料消耗的费用。

(3) 确定最合适的施工机械、设备使用方案。

(4) 结合项目的施工组织设计及自然地理条件,降低材料的库存成本和运输成本,先进的施工技术的应用,新材料的运用,新开发机械设备的使用等。

在实践中,也要避免仅从技术角度选定方案而忽视对其经济效果的分析论证。

技术措施不仅对解决施工成本管理过程中的技术问题是不可缺少的,而且对纠正施工成本管理目标偏差也有相当重要的作用。因此,运用技术纠偏措施的关键,一是要能提出多个不同的技术方案,二是要对不同的技术方案进行技术经济分析。

3. 经济措施

经济措施是最易为人们所接受和采用的措施。

(1) 管理人员应编制资金使用计划,确定、分解施工成本管理目标。

(2) 对施工成本管理目标进行风险分析,并制定防范性对策。

(3) 对各种支出,应认真做好资金的使用计划,并在施工中严格控制各项开支。

(4) 及时准确地记录、收集、整理、核算实际发生的成本。

(5) 对各种变更,及时做好增减账,及时落实业主签证,及时结算工程款。

(6) 通过偏差分析和未完工程预测,可发现一些潜在的问题将引起未完工程施工成本增加,对这些问题应以主动控制为出发点,及时采取预防措施。

由此可见,经济措施的运用绝不仅仅是财务人员的事情。

4. 合同措施

采用合同措施控制施工成本,应贯穿整个合同周期,包括从合同谈判开始到合同终结的全过程。

(1) 选用合适的合同结构,对各种合同结构模式进行分析、比较,在合同谈判时,要争取选用适合于工程规模、性质和特点的合同结构模式。

(2) 在合同的条款中应仔细考虑一切影响成本和效益的因素,特别是潜在的风险因素。通过对引起成本变动的风险因素的识别和分析,采取必要的风险对策,如通过合理的方式,增加承担风险的个体数量,降低损失发生的比例,并最终使这些策略反映在合同的具体条款中。

(3) 在合同执行期间,既要密切注视对方合同执行的情况,以寻求合同索赔的机会;同时也要密切关注自己履行合同的情况,以防止被对方索赔。

8.4.3 施工成本计划的编制

1. 施工成本计划的类型

对于一个施工项目而言,其成本计划是一个不断深化的过程。在这一过程的不同阶段形成深度和作用不同的成本计划,按其作用可分为三类。

(1) 竞争性成本计划

竞争性成本计划即工程项目投标及签订合同阶段的估算成本计划。这类成本计划以招标文件中的合同条件、投标者须知、技术规程、设计图纸或工程量清单等为依据,以有关价格条件说明为基础,结合调研和现场考察获得的情况,根据本企业的工料消耗标准、水平、价格资料和费用指标,对本企业完成招标工程所需要支出的全部费用的估算。在投标报价过程中,虽也着力考虑降低成本的途径和措施,但总体上较为粗略。

(2) 指导性成本计划

指导性成本计划即选派项目经理阶段的预算成本计划,是项目经理的责任成本目标。它以合同标书为依据,按照企业的预算定额标准制订设计预算成本计划,且一般情况下只是确定责任总成本指标。

(3) 实施性计划成本

实施性成本计划即项目施工准备阶段的施工预算成本计划,它以项目实施方案为依据,落实项目经理责任目标为出发点,采用企业的施工定额,通过施工预算的编制而形成的实施性施工成本计划。

施工预算和施工图预算虽仅一字之差,但区别较大。

1) 编制的依据不同。

施工预算的编制以施工定额为主要依据,施工图预算的编制以预算定额为主要依据,而施工定额比预算定额划分得更详细、更具体,并对其中所包括的内容,如质量要求、施工方法以及所需劳动工日、材料品种、规格型号等均有较详细的规定或要求。

2) 适用的范围不同。

施工预算是施工企业内部管理用的一种文件,与建设单位无直接关系;而施工图预算既适用于建设单位,又适用于施工单位。

3) 发挥的作用不同。

施工预算是施工企业组织生产、编制施工计划、准备现场材料、签发任务书、考核工效、进行经济核算的依据,也是施工企业改善经营管理、降低生产成本和推行内部经营承包责任制的重要手段;而施工图预算则是投标报价的主要依据。

以上三类成本计划互相衔接和不断深化,构成了整个工程施工成本的计划过程。其中,竞争性计划成本带有成本战略的性质,是项目投标阶段商务标书的基础,而有竞争力的商务标书又是以其先进合理的技术标书为支撑的。因此,它奠定了施工成本的基本框架和水平。指导性计划成本和实施性计划成本,都是战略性成本计划的进一步展开和深化,是对战略性成本计划的战术安排。此外,根据项目管理的需要,成本计划又可按施工成本组成、按项目组成、按工程进度分别编制施工成本计划。

2. 施工成本计划的编制依据

施工成本计划是施工项目成本控制的一个重要环节,是实现降低施工成本任务的指导性文件。如果针对施工项目所编制的成本计划达不到目标成本要求时,就必须组织施工项目管理班子的有关人员重新研究寻找降低成本的途径,重新进行编制。同时,编制成本计划的过程也是动员全体施工项目管理人员的过程,是挖掘降低成本潜力的过程,是检验施工技术质量管理、工期管理、物资消耗和劳动力消耗管理等是否落实的过程。

编制施工成本计划,需要广泛收集相关资料并进行整理,以作为施工成本计划编制的依据。在此基础上,根据有关设计文件、工程承包合同、施工组织设计、施工成本预测资料等,按照施工项目应投入的生产要素,结合各种因素的变化和拟采取的各种措施,估算施工项目生产费用支出的总水平,进而提出施工项目的成本计划控制指标,确定目标总成本。目标总成本确定后,应将总目标分解落实到各个机构、班组,及便于进行控制的子项目或工序。最后，通过综合平衡，编制完成施工成本计划。

施工成本计划的编制依据包括：

1) 投标报价文件；
2) 企业定额、施工预算；
3) 施工组织设计或施工方案；
4) 人工、材料、机械台班的市场价；
5) 企业颁布的材料指导价、企业内部机械台班价格、劳动力内部挂牌价格；
6) 周转设备内部租赁价格、摊销损耗标准；
7) 已签订的工程合同、分包合同（或估价书）；
8) 结构件外加工计划和合同；
9) 有关财务成本核算制度和财务历史资料；
10) 施工成本预测资料；
11) 拟采取的降低施工成本的措施；
12) 其他相关资料。

3. 施工成本计划的编制方法

施工成本计划的编制以成本预测为基础，关键是确定目标成本。计划的制订，需结合施工组织设计的编制过程，通过不断地优化施工技术方案和合理配置生产要素，进行工、料、机消耗的分析，制定一系列节约成本和挖潜措施，确定施工成本计划。一般情况下，施工成本计划总额应控制在目标成本的范围内，并使成本计划建立在切实可行的基础上。

施工总成本目标确定之后，还需通过编制详细的实施性施工成本计划把目标成本层层分解，落实到施工过程的每个环节，有效地进行成本控制。施工成本计划的编制方式有：

（1）按施工成本的组成编制施工成本计划的方法

目前我国的建筑安装工程费由直接费、间接费、利润和税金组成。

施工成本可以按成本组成，分解为人工费、材料费、施工机械使用费、措施费和间接费，编制按施工成本组成分解的施工成本计划。

（2）按项目组成编制施工成本计划的方法

大中型工程项目通常是由若干单项工程构成的，而每个单项工程包括了多个单位工程，每个单位工程又是由若干个分部分项工程所构成。因此，首先要把项目总施工成本分解到单项工程和单位工程中，再进一步分解到分部工程和分项工程中。

在完成施工项目成本目标分解之后，接下来就要具体地分配成本，编制分项工程的成本支出计划，从而得到详细的成本计划表。

在编制成本支出计划时，要在项目总的方面考虑总的预备费，也要在主要的分项工程中安排适当的不可预见费，避免在具体编制成本计划时，可能发现个别单位工程或工程量表中某项内容的工程量计算有较大出入，使原来的成本预算失实，并在项目实施过程中对其尽可能地采取一些措施。

（3）按工程进度编制施工成本计划的方法

编制按工程进度的施工成本计划，通常可利用控制项目进度的网络图进一步扩充而得。即在建立网络图时，一方面确定完成各项工作所需花费的时间；另一方面确定完成这一工作的合适的施工成本支出计划。在实践中，将工程项目分解为既能方便地表示时间，又能方便地表示施工成本支出计划的工作是不容易的。通常，如果项目分解程度对时间控制合适的话，则对施工成本支出计划可能分解过细，以至于不可能对每项工作确定其施工成本支出计划。反之亦然。因此在编制网络计划时，应在充分考虑进度控制对项目划分要求的同时，还要考虑确定施工成本支出计划对项目划分的要求，做到二者兼顾。通过对施工成本目标按时间进行分解，在网络计划基础上，可获得项目进度计划的横道图，并在此基础上编制成本计划。其表示方式有两种：一种是在时标网络图上按月编制的成本计划；另一种是利用时间—成本累积曲线（S曲线）表示。

时间—成本累积曲线的绘制步骤如下：

1）确定工程项目进度计划，编制进度计划的横道图。

2）根据每单位时间内完成的实物工程量或投入的人力、物力和财力，计算单位时间（月或旬）的成本，在时标网络图上按时间编制成本支出计划。

3）计算规定时间（t）计划累计支出的成本额，其计算方法为：各单位时间计划完成的成本额累加求和。

4）按各规定时间的 Q_t 值，绘制 S 曲线。

每一条 S 形曲线都对应某一特定的工程进度计划。因为在进度计划的非关键线路中存在许多有时差的工序或工作，因而 S 形曲线（成本计划值曲线）必然包络在由全部工作都按最早开始时间开始和全部工作都按最迟必须开始时间开始的曲线所组成的"香蕉图"内。项目经理可根据编制的成本支出计划来合理安排资金，同时项目经理也可以根据筹措的资金来调整 S 形曲线，即通过调整非关键线路上的工序项目的最早或最迟开工时间，力争将实际的成本支出控制在计划的范围内。

一般而言，所有工作都按最迟开始时间开始，对节约资金贷款利息是有利的；但同时，也降低了项目按期竣工的保证率，因此项目经理必须合理地确定成本支出计划，达到既节约成本支出，又能控制项目工期的目的。

以上三种编制施工成本计划的方式并不是相互独立的。在实践中，往往是将这几种方式结合起来使用，从而可以取得扬长避短的效果。例如，将按项目分解总施工成本与按施工成本构成分解总施工成本两种方式相结合，横向按施工成本构成分解，纵向按项目分解，或相反。这种分解方式有助于检查各分部分项工程施工成本构成是否完整，有无重复计算或漏算；同时还有助于检查各项具体的施工成本支出的对象是否明确或落实，并且可以从数字上校核分解的结果有无错误。或者还可将按子项目分解总施工成本计划与按时间分解总施工成本计划结合起来，一般纵向按项目分解，横向按时间分解。

8.4.4 工程变更价款的确定

1. 工程变更价款的确定程序

(1)《建设工程施工合同（示范文本）》条件下的工程变更

1) 工程设计变更的程序

①发包人对原设计进行变更。施工中发包人如果需要对原工程设计进行变更，应提前14天以书面形式向承包人发出变更通知。承包人对于发包人的变更通知没有拒绝的权利，这是合同赋予发包人的一项权利。因为发包人是工程的出资人、所有人和管理者，对将来工程的运行承担主要的责任，只有赋予发包人这样的权利才能减少更大的损失。但是，变更超过原设计标准或批准的建设规模时，发包人应报规划管理部门和其他有关部门重新审

查批准，并由原设计单位提供变更的相应图纸和说明。承包人按照工程师发出的变更通知及有关要求变更。

②承包人原因对原设计进行变更。施工中承包人不得为了施工方便而要求对原工程设计进行变更，承包人应当严格按照图纸施工，不得随意变更设计。施工中承包人提出的合理化建议涉及对设计图纸或者施工组织设计的更改及对原材料、设备的更换，须经工程师同意。工程师同意变更后，也须经原规划管理部门和其他有关部门审查批准，并由原设计单位提供变更的相应图纸和说明。

未经工程师同意承包人擅自更改或换用，承包人应承担由此发生的费用，并赔偿发包人的有关损失，延误的工期不予顺延。工程师同意采用承包人的合理化建议，所发生费用和获得收益的分担或分享，由发包人和承包人另行约定。

2）工程变更价款的确定程序

①承包人在工程变更确定后14天内，可提出变更涉及的追加合同价款要求的报告，经工程师确认后相应调整合同价款。如果承包人在双方确定变更后的14天内，未向工程师提出变更工程价款的报告，视为该项变更不涉及合同价款的调整。

②工程师应在收到承包人的变更合同价款报告后14天内，对承包人的要求予以确认或作出其他答复。工程师无正当理由不确认或答复时，自承包人的报告送达之日起14天后，视为变更价款报告已被确认。

③工程师确认增加的工程变更价款作为追加合同价款，与工程进度款同期支付。

④因承包人自身原因导致的工程变更，承包人无权要求追加合同价款。

(2)《FIDIC施工合同条件》下的工程变更

1) 工程变更权

根据《FIDIC施工合同条件》（1999年第一版）的约定，在颁发工程接收证书前的任何时间，工程师可通过发布指示或要求承包人提交建议书的方式，提出变更。

2) 工程变更程序

如果工程师在发出变更指示前要求承包人提出一份建议书，承包人应尽快作出书面回应，或提出他不能照办的理由（如果情况如此），或提交：

①对建议要完成的工作的说明，以及实施的进度计划；

②根据进度计划和竣工时间的要求，承包人对进度计划作出必要修改的建议书；

③承包人对变更估价的建议书。

工程师收到此类建议书后，应尽快给予批准、不批准或提出意见的回复。在等待答复期间，承包人不应延误任何工作。应由工程师向承包人发出执行每项变更并附做好各项费用记录的任何要求的指示，承包人应确认收到该指示。

(3) 建设工程监理规范规定的工程变更程序

建设工程监理规范规定：项目监理机构应按下列程序处理工程变更。

1) 设计单位对原设计存在的缺陷提出的工程变更，应编制设计变更文件；建设单位或承包单位提出的变更，应提交总监理工程师，由总监理工程师组织专业监理工程师审查。审查同意后，应由建设单位转交原设计单位编制设计变更文件。当工程变更涉及安全、环保等内容时，应按规定经有关部门审定。

2) 项目监理机构应了解实际情况和收集与工程变更有关的资料。

3) 总监理工程师必须根据实际情况、设计变更文件和其他有关资料，按照施工合同的有关款项，在指定专业监理工程师完成下列工作后，对工程变更的费用和工期作出评估：

①确定工程变更项目与原工程项目之间的类似程度和难易程度；
②确定工程变更项目的工程量；
③确定工程变更的单价或总价。

4) 总监理工程师应就工程变更费用及工期的评估情况与承包人和发包人进行协调。

5) 总监理工程师签发工程变更单。工程变更单应包括工程变更要求、工程变更说明、工程变更费用和工期、必要的附件等内容，有设计变更文件的工程变更应附设计变更文件。

6) 项目监理机构根据项目变更单监督承包人实施。

在发包人和承包人未能就工程变更的费用等方面达成协议时，项目监理机构应提出一个暂定的价格，作为临时支付工程款的依据。该工程款最终结算时，应以发包人和承包人达成的协议为依据。在总监理工程师签发工程变更单之前，承包人不得实施工程变更。未经总监理工程师审查同意而实施的工程变更，项目监理机构不得予以计量。

2. 工程变更价款的确定方法

(1) 《建设工程施工合同（示范文本）》约定的工程变更价款的确定方法

在工程变更确定后14天内，设计变更涉及工程价款调整的，由承包人向发包人提出，经发包人审核同意后调整合同价款。变更合同价款按照下列方法进行：

1) 合同中已有适用于变更工程的价格，按合同已有的价格变更合同价款。
2) 合同中只有类似于变更工程的价格，可以参照类似价格变更合同价款。
3) 合同中没有适用或类似于变更工程的价格，由承包人或发包人提出适当的变更价格，经对方确认后执行。

如双方不能达成一致意见，双方可提请工程所在地工程造价管理机构进行咨询或按合同约定的争议或纠纷解决程序办理。

采用合同中工程量清单的单价或价格有几种情况：一是直接套用，即从工程量清单上直接拿来使用；二是间接套用，即依据工程量清单，通过换算后采用；三是部分套用，即依据工程量清单，取其价格中的某一部分使用。

(2) FIDIC施工合同条件下工程变更价款的确定方法

1) 工程变更价款确定的一般原则

计算变更工程应采用的费率或价格，可分为三种情况：

①变更工作在工程量表中有同种工作内容的单价，应以该费率计算变更工程费用。
②工程量表中虽然列有同类工作的单价或价格，但对具体变更工作而言已不适用，则应在原单价和价格的基础上制定合理的新单价或价格。
③变更工作的内容在工程量表中没有同类工作的费率和价格，应按照与合同单价水平相一致的原则，确定新的费率或价格。

2) 工程变更采用新费率或价格的情况

《FIDIC施工合同条件》（1999年第一版）约定：在以下情况下宜对有关工作内容采用新的费率或价格。

第一种情况
①如果此项工作实际测量的工程量比工程量表或其他报表中规定的工程量的变动大于10%。
②工程量的变化与该项工作规定的费率的乘积超过了中标的合同金额的0.01%。
③此工程量的变化直接造成该项工作单位成本的变动超过1%。
④此项工作不是合同中规定的"固定费率项目"。

第二种情况
①此工作是根据变更与调整的指示进行的。
②合同没有规定此项工作的费率或价格。
③由于该项工作与合同中的任何工作没有类似的性质或不在类似的条件下进行，故没有一个规定的费率或价格适用。

(3)《建设工程工程量清单计价规范》规定的工程变更价款的确定方法

1) 招标工程以投标截止日前28天，非招标工程以合同签订前28天为基准日，其后国家的法律、法规、规章和政策发生变化影响工程造价的，应按省级或行业建设主管部门或其授权的工程造价管理机构发布的规定调整合同价款。

2) 若施工中出现施工图纸（含设计变更）与工程量清单项目特征描述不符的，发、承包双方应按新的项目特征确定相应工程量清单项目的综合单价。

3) 因分部分项工程量清单漏项或非承包人原因的工程变更，造成增加新的工程量清单项目，其对应的综合单价按下列方法确定：
①合同中已有适用的综合单价，按合同中已有的综合单价确定。
②合同中有类似的综合单价，参照类似的综合单价确定。
③合同中没有适用或类似的综合单价，由承包人提出综合单价，经发包人确认后执行。

4) 因分部分项工程量清单漏项或非承包人原因的工程变更，引起措施项目发生变化，造成施工组织设计或施工方案变更，原措施费中已有的措施项目，按原措施费的组价方法调整；原措施费中没有的措施项目，由承包人根据措施项目变更情况，提出适当的措施费变更，经发包人确认后调整。

5) 因非承包人原因引起的工程量增减，该项工程量变化在合同约定幅度以内的，应执行原有的综合单价；该项工程量变化在合同约定幅度以外的，其综合单价及措施项目费应予以调整。在合同履行过程中，因非承包人原因引起的工程量增减与招标文件中提供的工程量可能有偏差，该偏差对工程量清单项目的综合单价将产生影响，是否调整综合单价以及如何调整应在合同中约定。若合同未作约定，本条条文说明指出，按以下原则办理：
①当工程量清单项目工程量的变化幅度在10%以内时，其综合单价不作调整，执行原有综合单价。
②当工程量清单项目工程量的变化幅度在10%以外，且其影响分部分项工程费超过0.1%时，其综合单价以及对应的措施费（如有）均应作调整。调整的方法是由承包人对增加的工程量或减少后剩余的工程量提出新的综合单价和措施项目费，经发包人确认后调整。

6) 若施工期内市场价格波动超出一定幅度时，应按合同约定调整工程价款；合同没有约定或约定不明确的,应按省级或行业建设主管部门或其授权的工程造价管理机构的规定调整。

7) 因不可抗力事件导致的费用,发、承包双方应按以下原则分别承担并调整工程价款。

①工程本身的损害、因工程损害导致第三方人员伤亡和财产损失以及运至施工场地用于施工的材料和待安装的设备的损害,由发包人承担。

②发包人、承包人人员伤亡由其所在单位负责,并承担相应费用。

③承包人的施工机械设备损坏及停工损失,由承包人承担。

④停工期间,承包人应发包人要求留在施工场地的必要的管理人员及保卫人员的费用,由发包人承担。

⑤工程所需清理、修复费用,由发包人承担。

8) 工程价款调整报告应由受益方在合同约定时间内向合同的另一方提出,经对方确认后调整合同价款。受益方未在合同约定时间内提出工程价款调整报告的,视为不涉及合同价款的调整。

收到工程价款调整报告的一方应在合同约定时间内确认或提出协商意见,否则,视为工程价款调整报告已经确认。

9) 经发、承包双方确定调整的工程价款,作为追加(减)合同价款与工程进度款同期支付。

8.4.5 建筑安装工程费用的结算

1. 建筑安装工程费用的主要结算方式

建筑安装工程费用的结算可以根据不同情况采取多种方式。

1) 按月结算。即先预付部分工程款,在施工过程中按月结算工程进度款,竣工后进行竣工结算。

2) 竣工后一次结算。建设工程项目或单项工程全部建筑安装工程建设期在12个月以内,或者工程承包合同价值在100万元以下的,可以实行工程价款每月月中预支,竣工后一次结算。

3) 分段结算。即当年开工,当年不能竣工的单项工程或单位工程按照工程形象进度,划分不同阶段进行结算。分段结算可以按月预支工程款。

4) 按结算双方约定的其他结算方式。

实行竣工后一次结算和分段结算的工程,当年结算的工程款应与分年度的工作量一致,年终不另清算。

2. 工程预付款

《建设工程工程量清单计价规范》(GB 50500—2008)规定:发包人应按照合同约定支付工程预付款。支付的工程预付款,按照合同约定在工程进度款中抵扣。

当合同对工程预付款的支付没有约定时,按照财政部、建设部印发的《建设工程价款结算暂行办法》(财建[2004]369号)的规定办理:

(1) 工程预付款的额度:包工包料的工程原则上预付比例不低于合同金额(扣除暂列金额)的10%,不高于合同金额(扣除暂列金额)的30%;对重大工程项目,按年度工程计划逐年预付。实行工程量清单计价的工程,实体性消耗和非实体性消耗部分应在合同中分别约定预付款比例（或金额）。

（2）工程预付款的支付时间：在具备施工条件的前提下，发包人应在双方签订合同后的一个月内或约定的开工日期前的 7 天内预付工程款。

（3）若发包人未按合同约定预付工程款，承包人应在预付时间到期后 10 天内向发包人发出要求预付的通知，发包人收到通知后仍不按要求预付，承包人可在发出通知 14 天后停止施工，发包人应从约定应付之日起按同期银行贷款利率计算向承包人支付应付预付款的利息，并承担违约责任。

（4）凡是没有签订合同或不具备施工条件的工程，发包人不得预付工程款，不得以预付款为名转移资金。

3. 工程预付款的扣回

发包人支付给承包人的工程预付款其性质是预支。随着工程进度的推进，拨付的工程进度款数额不断增加，工程所需主要材料、构件的用量逐渐减少，原已支付的预付款应以抵扣的方式予以陆续扣回，扣款的方法有以下几种。

（1）发包人和承包人通过洽商用合同的形式予以确定，可采用等比率或等额扣款的方式。也可针对工程实际情况具体处理，如有些工程工期较短、造价较低，就无需分期扣还；有些工期较长，如跨年度工程，其预付款的占用时间很长，根据需要可以少扣或不扣。

（2）从未施工工程尚需的主要材料及构件的价值相当于工程预付款数额时扣起，从每次中间结算工程价款中，按材料及构件比重扣抵工程价款，至竣工之前全部扣清。因此确定起扣点是工程预付款起扣的关键。确定工程预付款起扣点的依据是：未完施工工程所需主要材料和构件的费用，等于工程预付款的数额。

工程预付款起扣点可按下式计算：

$$T = P - M/N$$

式中 T——起扣点，即工程预付款开始扣回的累计完成工程金额；

P——承包工程合同总额；

M——工程预付款数额；

N——主要材料、构件所占比重。

【例 8-1】 某工程合同总额 200 万元，工程预付款为 24 万元，主要材料、构件所占比重为 60%。问：起扣点为多少万元？

解： 按起扣点计算公式：$T = P - M/N = 200 - 24/60\% = 160$ 万元

则当工程价格完成 160 万元时，本项工程预付款开始起扣。

4. 工程进度款

《建设工程工程量清单计价规范》（GB 50500—2008）有关工程计量与价款支付的规定如下。

（1）发包人支付工程进度款，应按照合同约定计量和支付，支付周期同计量周期。

（2）工程计量时，若发现工程量清单中出现漏项、工程量计算偏差，以及工程变更引起工程量的增减，应按承包人在履行合同义务过程中实际完成的工程量计算。

（3）承包人应按照合同约定，向发包人递交已完工程量报告。发包人应在接到报告后按合同约定进行核对。

(4) 承包人应在每个付款周期末，向发包人递交进度款支付申请，并附相应的证明文件。除合同另有约定外，进度款支付申请应包括下列内容：
1) 本周期已完成工程的价款；
2) 累计已完成的工程价款；
3) 累计已支付的工程价款；
4) 本周期已完成计日工金额；
5) 应增加和扣减的变更金额；
6) 应增加和扣减的索赔金额；
7) 应抵扣的工程预付款；
8) 应扣减的质量保证金；
9) 根据合同应增加和扣减的其他金额；
10) 本付款周期实际应支付的工程价款。

(5) 发包人在收到承包人递交的工程进度款支付申请及相应的证明文件后，发包人应在合同约定时间内核对和支付工程进度款。发包人应扣回的工程预付款，与工程进度款同期结算抵扣。

(6) 发包人未在合同约定时间内支付工程进度款，承包人应及时向发包人发出要求付款的通知，发包人收到承包人通知后仍不按要求付款，可与承包人协商签订延期付款协议，经承包人同意后延期支付。协议应明确延期支付的时间和从付款申请生效后按同期银行贷款利率计算应付款的利息。

(7) 发包人不按合同约定支付工程进度款，双方又未达成延期付款协议，导致施工无法进行时，承包人可停止施工，由发包人承担违约责任。

5. 竣工结算

《建设工程工程量清单计价规范》（GB 50500—2008）有关竣工结算做了以下规定：

(1) 工程完工后，发、承包双方应在合同约定时间内办理工程竣工结算。

(2) 工程竣工结算由承包人或受其委托具有相应资质的工程造价咨询人编制，由发包人或受其委托具有相应资质的工程造价咨询人核对。

(3) 工程竣工结算应依据：
1)《建设工程工程量清单计价规范》（GB 50500—2008）；
2) 施工合同；
3) 工程竣工图纸及资料；
4) 双方确认的工程量；
5) 双方确认追加（减）的工程价款；
6) 双方确认的索赔、现场签证事项及价款；
7) 投标文件；
8) 招标文件；
9) 其他依据。

(4) 分部分项工程费应依据双方确认的工程量、合同约定的综合单价计算；如发生调整的，以发、承包双方确认调整的综合单价计算。

(5) 措施项目费应依据合同约定的项目和金额计算；如发生调整的，以发、承包双方确认调整的金额计算,其中安全文明施工费应按规范的规定计算。
（6）其他项目费用应按下列规定计算：
1）计日工应按发包人实际签证确认的事项计算。
2）暂估价中的材料单价应按发、承包双方最终确认价在综合单价中调整；专业工程暂估价应按中标价或发包人、承包人与分包人最终确认价计算。
3）总承包服务费应依据合同约定金额计算，如发生调整的，以发、承包双方确认调整的金额计算。
4）索赔费用应依据发、承包双方确认的索赔事项和金额计算。
5）现场签证费用应依据发、承包双方签证资料确认的金额计算。
6）暂列金额应减去工程价款调整与索赔、现场签证金额计算，如有余额归发包人。
（7）规费和税金应按政府管理部门的规定计算。
（8）承包人应在合同约定时间内编制完成竣工结算书，并在提交竣工验收报告的同时递交给发包人。

承包人未在合同约定时间内递交竣工结算书，经发包人催促后仍未提供或没有明确答复的，发包人可以根据已有资料办理结算。
（9）发包人在收到承包人递交的竣工结算书后，应按合同约定时间核对。

同一工程竣工结算核对完成，发、承包双方签字确认后，禁止发包人又要求承包人与另一个或多个工程造价咨询人重复核对竣工结算。
（10）发包人或受其委托的工程造价咨询人收到承包人递交的竣工结算书后，在合同约定时间内，不核对竣工结算或未提出核对意见的，视为承包人递交的竣工结算书已经认可，发包人应向承包人支付工程结算价款。

承包人在接到发包人提出的核对意见后，在合同约定时间内，不确认也未提出异议的视为发包人提出的核对意见已经认可，竣工结算办理完毕。
（11）发包人应对承包人递交的竣工结算书签收，拒不签收的，承包人可以不交付竣工工程。

承包人未在合同约定时间内递交竣工结算书的，发包人要求交付竣工工程，承包人应当交付。
（12）竣工结算办理完毕，发包人应将竣工结算书报送工程所在地工程造价管理机构备案。竣工结算书作为工程竣工验收备案、交付使用的必备文件。
（13）竣工结算办理完毕，发包人应根据确认的竣工结算书在合同约定时间内向承包人支付工程竣工结算价款。
（14）发包人未在合同约定时间内向承包人支付工程结算价款的，承包人可催告发包人支付结算价款。如达成延期支付协议的，发包人应按同期银行同类贷款利率支付拖欠工程价款的利息。如未达成延期支付协议，承包人可以与发包人协商将该工程折价，或申请人民法院将该工程依法拍卖，承包人就该工程折价或者拍卖的价款优先受偿。

6. 建筑安装工程费用的动态结算

建筑安装工程费用的动态结算就是要把各种动态因素渗透到结算过程中，使结算大体能反映实际的消耗费用。下面介绍几种常用的动态结算办法。
（1）按实际价格结算法

在我国，由于建筑材料需要市场采购的范围越来越大，有些地区规定对钢材、木材、水泥三大材的价格采取按实际价格结算的办法。工程承包人可凭发票按实报销。这种方法方便。但由于是实报实销，因而承包人对降低成本不感兴趣，为了避免副作用，造价管理部门要定期公布最高结算限价，同时合同文件中应规定建设单位或监理工程师有权要求承包人选择更廉价的供应来源。

(2) 按主材计算价差

发包人在招标文件中列出需要调整价差的主要材料表及其基期价格（一般采用当时当地工程造价管理机构公布的信息价或结算价），工程竣工结算时按竣工当时当地工程造价管理机构公布的材料信息价或结算价，与招标文件中列出的基期价比较计算材料差价。

(3) 竣工调价系数法

按工程价格管理机构公布的竣工调价系数及调价计算方法计算差价。

(4) 调值公式法（又称动态结算公式法）

即在发包方和承包方签订的合同中明确规定了调值公式。

(5) 标准施工招标文件对物价波动引起的价格调整规定：

按照国家发改委、财政部、建设部等九部委第56号令发布的标准施工招标文件中的通用合同条款，对物价波动引起的价格调整规定了以下两种方式：

1) 采用价格指数调整价格差额

①价格调整公式。因人工、材料和设备等价格波动影响合同价格时，根据投标函附录中的价格指数和权重表约定的数据，按以下公式计算差额并调整合同价格：

$$\Delta P = P_0 \left[A + \left(B_1 \times \frac{F_{t1}}{F_{01}} + B_2 \times \frac{F_{t2}}{F_{02}} + B_3 \times \frac{F_{t3}}{F_{03}} + \cdots + B_n \times \frac{F_{tn}}{F_{0n}} \right) - 1 \right]$$

式中　　ΔP——需调整的价格差额；

P_0——约定的付款证书中承包人应得到的已完成工程量的金额。此项金额应不包括价格调整、不计质量保证金扣留和支付、预付款的支付和扣回。约定的变更及其他金额已按现行价格计价的，也不计在内；

A——定值权重（即不调部分的权重）；

B_1，B_2，$B_3 \cdots B_n$——各可调因子的变值权重（即可调部分的权重），为各可调因子在投标函投标总报价中所占的比例；

F_{t1}；F_{t2}；$F_{t3} \cdots F_{tn}$——各可调因子的现行价格指数，指约定的付款证书相关周期最后一天的前42天的各可调因子的价格指数；

F_{01}；F_{02}；$F_{03} \cdots F_{0n}$——各可调因子的基本价格指数，指基准日期的各可调因子的价格指数。

以上价格调整公式中的各可调因子、定值和变值权重，以及基本价格指数及其来源在投标函附录价格指数和权重表中约定。价格指数应首先采用有关部门提供的价格指数，缺乏上述价格指数时，可采用有关部门提供的价格代替。

②暂时确定调整差额。在计算调整差额时得不到现行价格指数的，可暂用上一次价格指数计算，并在以后的付款中再按实际价格指数进行调整。

③权重的调整。约定的变更导致原定合同中的权重不合理时，由监理人与承包人和发

包人协商后进行调整。

④承包人工期延误后的价格调整。由于承包人原因未在约定的工期内竣工的,则对原约定竣工日期后继续施工的工程,在使用第①款的价格调整公式时,应采用原约定竣工日期与实际竣工日期的两个价格指数中较低的一个作为现行价格指数。

2) 采用造价信息调整价格差额

施工期内,因人工、材料、设备和机械台班价格波动影响合同价格时,人工、机械使用费按照国家或省、自治区、直辖市建设行政管理部门、行业建设管理部门或其授权的工程造价管理机构发布的人工成本信息、机械台班单价或机械使用费系数进行调整;需要进行价格调整的材料,其单价和采购数应由监理人复核,监理人确认需调整的材料单价及数量,作为调整工程合同价格差额的依据。

上述物价波动引起的价格调整中的第1种方法适用于使用的材料品种较少,但每种材料使用量较大的土木工程,如公路、水坝等工程。第2种方法适用于使用的材料品种较多,相对而言,每种材料使用量较小的房屋建筑与装饰工程。

7. FIDIC 合同条件下建筑安装工程费用的结算

(1) 工程支付的范围

FIDIC 合同条件所规定的工程支付的范围主要包括两部分。

一部分费用是工程量清单中的费用,这部分费用是承包人在投标时,根据合同条件的有关规定提出的报价,并经发包人认可的费用。

另一部分费用是工程量清单以外的费用,这部分费用虽然在工程量清单中没有规定,但是在合同条件中却有明确的规定。因此它也是工程支付的一部分。

(2) 工程支付的条件

1) 质量合格是工程支付的必要条件。

2) 符合合同条件。

3) 变更项目必须有工程师的变更通知。

4) 支付金额必须大于期中支付证书规定的最小限额。

5) 承包人的工作使工程师满意。

(3) 工程支付的项目

1) 工程量清单项目

工程量清单项目分为一般项目、暂列金额和计日工作三种。

2) 工程量清单以外项目

①动员预付款;

②材料设备预付款;

③保留金;

④工程变更的费用;

⑤索赔费用;

⑥价格调整费用;

⑦迟付款利息;

⑧业主索赔;

(4) 工程费用支付的程序

1) 承包人提出付款申请。
2) 工程师审核,编制期中付款证书。
3) 业主支付。

8.4.6 施工成本控制

1. 施工成本控制的依据

(1) 工程承包合同

施工成本控制要以工程承包合同为依据,围绕降低工程成本这个目标,从预算收入和实际成本两方面,努力挖掘增收节支潜力,以求获得最大的经济效益。

(2) 施工成本计划

施工成本计划是根据施工项目的具体情况制定的施工成本控制方案,既包括预定的具体成本控制目标,又包括实现控制目标的措施和规划,是施工成本控制的指导文件。

(3) 进度报告

进度报告提供了每一时刻工程实际完成量,工程施工成本实际支付情况等重要信息。施工成本控制工作正是通过实际情况与施工成本计划相比较,找出二者之间的差别,分析偏差产生的原因,从而采取措施改进以后的工作。此外,进度报告还有助于管理者及时发现工程实施中存在的问题,并在事态还未造成重大损失之前采取有效措施,尽量避免损失。

(4) 工程变更

在项目的实施过程中,由于各方面的原因,工程变更是很难避免的。工程变更一般包括设计变更、进度计划变更、施工条件变更、技术规范与标准变更、施工次序变更、工程数量变更等。一旦出现变更,工程量、工期、成本都必将发生变化,从而使得施工成本控制工作变得更加复杂和困难。因此,施工成本管理人员就应当通过对变更要求当中各类数据的计算、分析,随时掌握变更情况,包括已发生工程量、将要发生工程量、工期是否拖延、支付情况等重要信息,判断变更以及变更可能带来的索赔额度等。

除了上述几种施工成本控制工作的主要依据以外,有关施工组织设计、分包合同等也都是施工成本控制的依据。

2. 施工成本控制的步骤

在确定了施工成本计划之后,必须定期地进行施工成本计划值与实际值的比较,当实际值偏离计划值时,分析产生偏差的原因,采取适当的纠偏措施,以确保施工成本控制目标的实现。其步骤如下。

(1) 比较

按照某种确定的方式将施工成本计划值与实际值逐项进行比较,以发现施工成本是否已超支。

(2) 分析

在比较的基础上,对比较的结果进行分析,以确定偏差的严重性及偏差产生的原因。这一步是施工成本控制工作的核心,其主要目的在于找出产生偏差的原因,从而采取有针对性的措施,减少或避免相同原因的再次发生或减少由此造成的损失。

(3) 预测

按照完成情况估计完成项目所需的总费用。

(4) 纠偏

当工程项目的实际施工成本出现了偏差,应当根据工程的具体情况、偏差分析和预测的结果,采取适当的措施,以期达到使施工成本偏差尽可能小的目的。纠偏是施工成本控制中最具实质性的一步。只有通过纠偏,才能最终达到有效控制施工成本的目的。

对偏差原因进行分析的目的是为了有针对性地采取纠偏措施,从而实现成本的动态控制和主动控制。纠偏首先要确定纠偏的主要对象,偏差原因有些是无法避免和控制的,如客观原因,充其量只能对其中少数原因做到防患于未然,力求减少该原因所产生的经济损失。在确定了纠偏的主要对象之后,就需要采取有针对性的纠偏措施。纠偏可采用组织措施、经济措施、技术措施和合同措施等。

(5) 检查

它是指对工程的进展进行跟踪和检查,及时了解工程进展状况以及纠偏措施的执行情况和效果,为今后的工作积累经验。

3. 施工成本的过程控制方法

施工阶段是控制建设工程项目成本发生的主要阶段,它通过确定成本目标并按计划成本进行施工资源配置,对施工现场发生的各种成本费用进行有效控制,其具体的控制方法如下。

(1) 人工费的控制

人工费的控制实行"量价分离"的方法,将作业用工及零星用工按定额工日的一定比例综合确定用工数量与单价,通过劳务合同进行控制。

(2) 材料费的控制

材料费控制同样按照"量价分离"原则,控制材料用量和材料价格。

1) 材料用量的控制

在保证符合设计要求和质量标准的前提下,合理使用材料,通过定额管理、计量管理等手段有效控制材料物资的消耗,具体方法如下。

①定额控制。对于有消耗定额的材料,以消耗定额为依据,实行限额发料制度。在规定限额内分期分批领用,超过限额领用的材料,必须先查明原因,经过一定审批手续方可领料。

②指标控制。对于没有消耗定额的材料,则实行计划管理和按指标控制的办法。根据以往项目的实际耗用情况,结合具体施工项目的内容和要求,制定领用材料指标,据以控制发料。超过指标的材料,必须经过一定的审批手续方可领用。

③计量控制。准确做好材料物资的收发计量检查和投料计量检查。

④包干控制。在材料使用过程中,对部分小型及零星材料(如钢钉、钢丝等)根据工程量计算出所需材料量,将其折算成费用,由作业者包干控制。

2) 材料价格的控制

材料价格主要由材料采购部门控制。由于材料价格是由买价、运杂费、运输中的合理损耗等所组成,因此控制材料价格,主要是通过掌握市场信息,应用招标和询价等方式控制材料、设备的采购价格。

施工项目的材料物资,包括构成工程实体的主要材料和结构件,以及有助于工程实体形成的周转使用材料和低值易耗品。从价值角度看,材料物资的价值,约占建筑安装工程造价的 60%～70%以上，其重要程度自然是不言而喻。由于材料物资的供应渠道和管理方式各不相同，所以控制的内容和所采取的控制方法也将有所不同。

(3) 施工机械使用费的控制

合理选择施工机械设备、合理使用施工机械设备对成本控制具有十分重要的意义，尤其是高层建筑施工。据某些工程实例统计，高层建筑地面以上部分的总费用中，垂直运输机械费用约占 6%～10%。由于不同的起重运输机械各有不同的用途和特点，因此在选择起重运输机械时，首先应根据工程特点和施工条件确定采取何种不同起重运输机械的组合方式。在确定采用何种组合方式时，首先应满足施工需要，同时还要考虑到费用的高低和综合经济效益。

施工机械使用费主要由台班数量和台班单价两方面决定，为有效控制施工机械使用费支出，主要从以下几个方面进行控制：

1) 合理安排施工生产，加强设备租赁计划管理，减少因安排不当引起的设备闲置。
2) 加强机械设备的调度工作，尽量避免窝工，提高现场设备利用率。
3) 加强现场设备的维修保养，避免因不正当使用造成机械设备的停置。
4) 做好机上人员与辅助生产人员的协调与配合，提高施工机械台班产量。

(4) 施工分包费用的控制

分包工程价格的高低，必然对项目经理部的施工项目成本产生一定的影响。因此，施工项目成本控制的重要工作之一是对分包价格的控制。项目经理部应在确定施工方案的初期就要确定需要分包的工程范围。决定分包范围的因素主要是施工项目的专业性和项目规模。对分包费用的控制，主要是要做好分包工程的询价、订立平等互利的分包合同、建立稳定的分包关系网络、加强施工验收和分包结算等工作。

4. 赢得值（挣值）法

赢得值法（EarnedValueManagement，EVM）作为一项先进的项目管理技术，最初是美国国防部于 1967 年首次确立的。到目前为止国际上先进的工程公司已普遍采用赢得值法进行工程项目的费用、进度综合分析控制。用赢得值法进行费用、进度综合分析控制，基本参数有三项，即已完工作预算费用、计划工作预算费用和已完工作实际费用。

(1) 赢得值法的三个基本参数

1) 已完工作预算费用

已完工作预算费用为 $BCWP$（Budgeted Cost for Work Performed），是指在某一时间已经完成的工作（或部分工作），以批准认可的预算为标准所需要的资金总额，由于业主正是根据这个值为承包人完成的工作量支付相应的费用，也就是承包人获得（挣得）的金额，故称赢得值或挣值。

已完工作预算费用($BCWP$)=已完成工作量×预算单价

2) 计划工作预算费用

计划工作预算费用，简称 $BCWS$（Budgeted Cost for Work Scheduled），即根据进度计划，在某一时刻应当完成的工作（或部分工作），以预算为标准所需要的资金总额，一般来说，除非合同有变更，$BCWS$ 在工程实施过程中应保持不变。

计划工作预算费用($BCWS$)=计划工作量×预算单价

3) 已完工作实际费用

已完工作实际费用，简称 ACWP（Actual Cost for Work Performed），即到某一时刻为止，已完成的工作（或部分工作）所实际花费的总金额。

已完工作实际费用（ACWP）＝已完成工作量×实际单价

（2）赢得值法的四个评价指标

在以上三个基本参数的基础上，可以确定赢得值法的四个评价指标，它们也都是时间的函数。

1）费用偏差 CV（Cost Variance）

费用偏差（CV）＝已完工作预算费用（$BCWP$）－已完工作实际费用（$ACWP$）

当费用偏差（CV）为负值时，即表示项目运行超出预算费用；

当费用偏差（CV）为正值时，表示项目运行节支，实际费用没有超出预算费用。

2）进度偏差 SV（Schedule Variance）

进度偏差（SV）＝已完工作预算费用（$BCWP$）－计划工作预算费用（$BCWS$）

当进度偏差（SV）为负值时，表示进度延误，即实际进度落后于计划进度；

当进度偏差（SV）为正值时，表示进度提前，即实际进度快于计划进度。

3）费用绩效指数（CPI）

费用绩效指数（CPI）＝已完工作预算费用（$BCWP$）/已完工作实际费用（$ACWP$）

当费用绩效指数 $CPI<1$ 时，表示超支，即实际费用高于预算费用；

当费用绩效指数 $CPI>1$ 时，表示节支，即实际费用低于预算费用。

4）进度绩效指数（SPI）

进度绩效指数（SPI）＝已完工作预算费用（$BCWP$）/计划工作预算费用（$BCWS$）

当进度绩效指数 $SPI<1$ 时，表示进度延误，即实际进度比计划进度拖后；

当进度绩效指数 $SPI>1$ 时，表示进度提前，即实际进度比计划进度快。

费用（进度）偏差反映的是绝对偏差，结果很直观，有助于费用管理人员了解项目费用出现偏差的绝对数额，并依此采取一定措施，制定或调整费用支出计划和资金筹措计划。但是绝对偏差有其不容忽视的局限性。

（3）偏差分析的方法

偏差分析可采用不同的方法，常用的有横道图法、表格法和曲线法。

1）横道图法

用横道图法进行费用偏差分析，是用不同的横道标识已完工作预算费用（$BCWP$）、计划工作预算费用（$BCWS$）和已完工作实际费用（$ACWP$），横道的长度与其金额成正比例。

横道图法具有形象、直观、一目了然等优点，它能够准确表达出费用的绝对偏差，而且能一眼感受到偏差的严重性。但这种方法反映的信息量少，一般在项目的较高管理层应用。

2）表格法

表格法是进行偏差分析最常用的一种方法。它将项目编号、名称、各费用参数以及费用偏差数综合归纳入一张表格中，并且直接在表格中进行比较。由于各偏差参数都在表中列出，使得费用管理者能够综合地了解并处理这些数据。

用表格法进行偏差分析具有如下优点：

①灵活、适用性强。可根据实际需要设计表格，进行增减项。
②信息量大。可以反映偏差分析所需的资料，从而有利于费用控制人员及时采取针对性措施，加强控制。
③表格处理可借助于计算机，从而节约大量数据处理所需的人力，并大大提高速度。

3) 曲线法

在项目实施过程中，以上三个参数可以形成三条曲线，即计划工作预算费用（BCWS）、已完工作预算费用（BCWP）、已完工作实际费用（ACWP）曲线。

(4) 偏差原因分析与纠偏措施

1) 偏差原因分析

偏差分析的一个重要目的就是要找出引起偏差的原因，从而有可能采取有针对性的措施，减少或避免相同原因的再次发生。

一般来说，产生费用偏差的原因有以下几种，如图8-1所示。

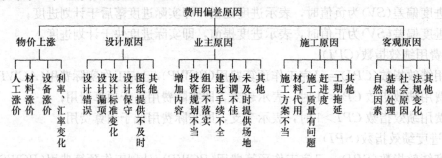

图8-1 费用偏差原因

2) 纠偏措施
①寻找新的、更好更省的、效率更高的设计方案。
②购买部分产品，而不是采用完全由自己生产的产品。
③重新选择供应商，但会产生供应风险，选择需要时间。
④改变实施过程。
⑤变更工程范围。
⑥索赔，例如向业主、承（分）包商、供应商索赔以弥补费用超支。

8.4.7 施工成本分析

1. 施工成本分析的依据

施工成本分析，一方面，就是根据会计核算、业务核算和统计核算提供的资料，对施工成本的形成过程和影响成本升降的因素进行分析，以寻求进一步降低成本的途径；另一方面，通过成本分析，可从账簿、报表反映的成本现象看清成本的实质，从而增强项目成本的透明度和可控性，为加强成本控制，实现项目成本目标创造条件。

(1) 会计核算

会计核算主要是价值核算。会计是对一定单位的经济业务进行计量、记录、分析和检查，作出预测，参与决策，实行监督，旨在实现最优经济效益的一种管理活动。它通过设置账户、复式记账、填制和审核凭证、登记账簿、成本计算、财产清查和编制会计报表等一系列有组织有系统的方法，来记录企业的一切生产经营活动，然后据以提出一些用货币来反映的有关各种综合性经济指标的数据。资产、负债、所有者权益、营业收入、成本、利润等会计六要素指标，主要是通过会计来核算。由于会计记录具有连续性、系统性、综合性等特点，所以它是施工成本分析的重要依据。

（2）业务核算

业务核算是各业务部门根据业务工作的需要而建立的核算制度，它包括原始记录和计算登记表，如单位工程及分部分项工程进度登记、质量登记、工效、定额计算登记，物资消耗定额记录，测试记录等。业务核算的范围比会计、统计核算要广，会计和统计核算一般是对已经发生的经济活动进行核算，而业务核算，不但可以对已经发生的，而且还可以对尚未发生或正在发生的经济活动进行核算，看是否可以做，是否有经济效果。它的特点是，对个别的经济业务进行单项核算。例如，各种技术措施、新工艺等项目，可以核算已经完成的项目是否达到原定的目的，取得预期的效果，也可以对准备采取措施的项目进行核算和审查，看是否有效果，值不值得采纳，随时都可以进行。业务核算的目的，在于迅速取得资料，在经济活动中及时采取措施进行调整。

（3）统计核算

统计核算是利用会计核算资料和业务核算资料，把企业生产经营活动客观现状的大量数据，按统计方法加以系统整理，表明其规律性。它的计量尺度比会计宽，可以用货币计算，也可以用实物或劳动量计量。它通过全面调查和抽样调查等特有的方法，不仅能提供绝对数指标，还能提供相对数和平均数指标，可以计算当前的实际水平，确定变动速度，可以预测发展的趋势。

2. 施工成本分析的方法

（1）成本分析的基本方法

施工成本分析的基本方法，包括：比较法、因素分析法、差额计算法、比率法等。

1）比较法

比较法，又称"指标对比分析法"，就是通过技术经济指标的对比，检查目标的完成情况，分析产生差异的原因，进而挖掘内部潜力的方法。这种方法，具有通俗易懂、简单易行、便于掌握的特点，因而得到了广泛的应用，但应用时必须注意各技术经济指标的可比性。比较法的应用，通常有下列形式：

①将实际指标与目标指标对比。以此检查目标完成情况，分析影响目标完成的积极因素和消极因素，以便及时采取措施，保证成本目标的实现。在进行实际指标与目标指标对比时，还应注意目标本身有无问题。如果目标本身出现问题，则应调整目标，重新正确评价实际工作的成绩。

②本期实际指标与上期实际指标对比。通过本期实际指标与上期实际指标对比，可以看出各项技术经济指标的变动情况，反映施工管理水平的提高程度。

③与本行业平均水平、先进水平对比。通过这种对比，可以反映本项目的技术管理和经济管理与行业的平均水平和先进水平的差距，进而采取措施赶超先进水平。

2）因素分析法

因素分析法又称做连环置换法。这种方法可用来分析各种因素对成本的影响程度。在进行分析时，首先要假定众多因素中的一个因素发生了变化，而其他因素不变，然后逐个替换，分别比较其计算结果，以确定各个因素的变化对成本的影响程度。因素分析法的计算步骤如下：

①确定分析对象，并计算出实际与目标数的差异；

②确定该指标是由哪几个因素组成的，并按其相互关系进行排序（排序规则是：先实物量，后价值量；先绝对值，后相对值）；

③以目标数为基础，将各因素的目标数相乘，作为分析替代的基数；

④将各个因素的实际数按照上面的排列顺序进行替换计算，并将替换后的实际数保留下来；

⑤将每次替换计算所得的结果，与前一次的计算结果相比较，两者的差异即为该因素对成本的影响程度；

⑥各个因素的影响程度之和，应与分析对象的总差异相等。

3）差额计算法

差额计算法是因素分析法的一种简化形式，它利用各个因素的目标值与实际值的差额来计算其对成本的影响程度。

4）比率法

比率法是指用两个以上的指标的比例进行分析的方法。它的基本特点是：先把对比分析的数值变成相对数，再观察其相互之间的关系。常用的比率法有以下几种。

①相关比率法。

②构成比率法。

③动态比率法。

(2) 综合成本的分析方法

所谓综合成本，是指涉及多种生产要素，并受多种因素影响的成本费用，如分部分项工程成本，月（季）度成本、年度成本等。由于这些成本都是随着项目施工的进展而逐步形成的，与生产经营有着密切的关系。因此，做好上述成本的分析工作，无疑将促进项目的生产经营管理，提高项目的经济效益。

1）分部分项工程成本分析

分部分项工程成本分析是施工项目成本分析的基础。分部分项工程成本分析的对象为已完成分部分项工程。分析的方法是：进行预算成本、目标成本和实际成本的"三算"对比，分别计算实际偏差和目标偏差，分析偏差产生的原因，为今后的分部分项工程成本寻求节约途径。

分部分项工程成本分析的资料来源是：预算成本来自投标报价成本，目标成本来自施工预算，实际成本来自施工任务单的实际工程量、实耗人工和限额领料单的实耗材料。

由于施工项目包括很多分部分项工程，不可能也没有必要对每一个分部分项工程都进行成本分析。特别是一些工程量小、成本费用微不足道的零星工程。但是，对于那些主要分部分项工程则必须进行成本分析，而且要做到从开工到竣工进行系统的成本分析。这是一项很有意义的工作，因为通过主要分部分项工程成本的系统分析，可以基本上了解项目成本形成的全过程，为竣工成本分析和今后的项目成本管理提供一份宝贵的参考资料。

2）月（季）度成本分析

月（季）度成本分析，是施工项目定期的、经常性的中间成本分析。对于具有一次性特点的施工项目来说，有着特别重要的意义。因为通过月（季）度成本分析，可以及时发现问题，以便按照成本目标指定的方向进行监督和控制，保证项目成本目标的实现。

月（季）度成本分析的依据是当月（季）的成本报表。分析的方法，通常有以下几个方面。

①通过实际成本与预算成本的对比，分析当月（季）的成本降低水平；通过累计实际成本与累计预算成本的对比，分析累计的成本降低水平，预测实现项目成本目标的前景。

②通过实际成本与目标成本的对比，分析目标成本的落实情况，以及目标管理中的问题和不足，进而采取措施，加强成本管理，保证成本目标的落实。

③通过对各成本项目的成本分析，可以了解成本总量的构成比例和成本管理的薄弱环节。例如，在成本分析中，发现人工费、机械费和间接费等项目大幅度超支，就应该对这些费用的收支配比关系认真研究，并采取对应的增收节支措施，防止今后再超支。如果是属于规定的"政策性"亏损，则应从控制支出着手，把超支额压缩到最低限度。

④通过主要技术经济指标的实际与目标对比，分析产量、工期、质量、"三材"节约率、机械利用率等对成本的影响。

⑤通过对技术组织措施执行效果的分析，寻求更加有效的节约途径。

⑥分析其他有利条件和不利条件对成本的影响。

3）年度成本分析

企业成本要求一年结算一次，不得将本年成本转入下一年度。而项目成本则以项目的寿命周期为结算期，要求从开工到竣工到保修期结束连续计算，最后结算出成本总量及其盈亏。由于项目的施工周期一般较长，除进行月（季）度成本核算和分析外，还要进行年度成本的核算和分析。这不仅是为了满足企业汇编年度成本报表的需要，同时也是项目成本管理的需要。因为通过年度成本的综合分析，可以分析一年来成本管理的成绩和不足，为今后的成本管理提供经验和教训，从而可对项目成本进行更有效的管理。

年度成本分析的依据是年度成本报表。年度成本分析的内容，除了月（季）度成本分析的六个方面以外，重点是针对下一年度的施工进展情况规划切实可行的成本管理措施，以保证施工项目成本目标的实现。

4）竣工成本的综合分析

凡是有几个单位工程而且是单独进行成本核算（即成本核算对象）的施工项目，其竣工成本分析应以各单位工程竣工成本分析资料为基础，再加上项目经理部的经营效益（如资金调度、对外分包等所产生的效益）进行综合分析。如果施工项目只有一个成本核算对象（单位工程），就以该成本核算对象的竣工成本资料作为成本分析的依据。

单位工程竣工成本分析，应包括以下三方面内容：

①竣工成本分析。

②主要资源节超对比分析。

③主要技术节约措施及经济效果分析。

通过以上分析，可以全面了解单位工程的成本构成和降低成本的来源，对今后同类工程的成本管理很有参考价值。

【本 章 小 结】

本章介绍了施工项目目标管理的基本知识，阐述了施工进度、质量、成本三大管理的基本知识及相互关系。重点突出了对施工项目的质量进行正确评价和分析；进度计划的编制、执行、检查与调整、分析；施工成本管理的任务和环节，工程变更价款的确定，工程费用的结算，会对一个具体的工程项目在某阶段进行进度和费用偏差的分析。

【思 考 题】

1. 简述在施工项目实施过程中目标动态控制的原理。
2. 施工进度控制的主要措施有哪些？
3. 建设工程项目质量的影响因素有哪些？
4. 施工质量计划由谁编制？施工质量计划的基本内容包括哪些？
5. 施工过程质量验收不合格时如何处理？
6. 质量管理体系八项原则是什么？
7. 企业质量管理体系文件构成有哪些？
8. 常用的工程质量统计方法有哪些？
9. 施工成本管理的任务和环节主要包括哪些？
10. 工程变更价款的确定程序如何？
11. 施工成本控制的依据及步骤是什么？
12. 施工成本分析的基本方法主要有哪些？

【案 例 题】

1. 某项工程项目，业主与承包人签订了工程施工承包合同。合同中估算工程量为 5300m^3，单价为 180 元/m^3，合同工期为 6 个月。有关付款条款如下：

(1) 开工前业主应向承包商支付估算合同总价 20% 的工程预付款；

(2) 业主自第一个月起，从承包商的工程款中，按 5% 的比例扣留保修金；

(3) 当累计实际完成工程量超过（或低于）估算工程量的 10% 时，可进行调价，调价系数为 1.1（或 0.9）；

(4) 每月签发付款最低金额为 15 万元；

(5) 工程预付款从承包人获得累计工程款超过估算合同价的 30% 以后的下一个月起，至第 5 个月均匀扣除。

承包人每月实际完成并经签证确认的工程量见下表。

承包人每月实际完成工程量

月　份	1	2	3	4	5	6
实际完成工程量（m^3）	800	1000	1200	1200	1200	500

问题：

(1) 工程预付款为多少？工程预付款从哪个月起扣留？每月应扣工程预付款为多少？

(2) 每月工程量价款为多少？应签证的工程款为多少？应签发的付款凭证金额为多少？

2. 某工程项目进展到第 10 周后，对前 9 周的工作进行了统计检查，有关统计情况见下表。

前 9 周成本统计

工作代号	计划完成预算成本 BCWS（元）	已完成工作（%）	实际发生成本 ACWP（元）	已完成工作的预算成本 BCWP（元）
A	420000	100	425200	
B	308000	80	246800	
C	230880	100	254034	
D	280000	100	280000	
9 周末合计	1238880		1206034	

问题：
(1) 将上表复制到答题卡上，在表中计算前 9 周每项工作（即 A、B、C、D 各工作项）的 BCWP。
(2) 计算 9 周末的费用偏差 CV 与进度偏差 SV，并对其结果含义加以说明。
(3) 计算 9 周末的费用绩效指数 CPI 与进度绩效指数 SPI（计算结果小数点后面保留 3 位），并对其结果含义加以说明。

第9章 建筑施工安全管理

【教学目标】
➢ **学习目标**：明确建筑施工安全管理的任务；掌握建筑施工安全管理的实施方法和措施；掌握施工现场安全管理的程序和文明施工措施；熟悉安全检查的内容和安全检查的评分标准。
➢ **能力目标**：能在当前施工现场的背景下编制施工现场安全管理方案；具有能基本抓住施工现场的安全控制点，采取相应安全防范措施的能力；能对施工现场安全管理进行正确的安全检查和评定；结合本章知识能判别一个安全施工方案的全面性。

【本章教学情景】
"安全第一，预防为主，综合治理"，是我国安全生产的基本方针，贯彻这一方针必须要有科学的安全管理方式，针对我国目前建筑施工安全事故，制订安全管理目标，采取怎样的安全管理技术措施和组织措施将在本章结合第10章第3节工程案例详细讲述。

9.1 建筑施工安全管理概述

9.1.1 施工安全管理体系概述

施工安全管理体系是项目管理体系中的一个子系统，建筑施工现场管理一直是整个行业工程管理的中心。它是根据 PDCA 循环模式的运行方式，以逐步提高、持续改进的思想指导企业系统地实现安全管理的既定目标。因此施工安全管理体系是一个动态的、自我调整和完善的管理系统。

1. 建立施工安全管理体系的重要性

（1）建立施工安全管理体系，能使劳动者获得安全与健康，是体现社会经济发展和社会公正、安全、文明的基本标志。

（2）通过建立施工安全管理体系，可以改善企业的安全生产规章制度不健全、管理方式不适当、安全生产状况不佳的现状。

（3）施工安全管理体系对企业环境的安全卫生状态规定了具体的要求和限定，从而使企业必须根据安全管理体系标准实施管理，才能促进工作环境达到安全卫生标准的要求。

（4）推行施工安全管理体系，是适应国内外市场经济一体化趋势的需要。

（5）实施施工安全管理体系，可以促使企业尽快改变安全卫生的落后状况，从根本上调整企业的安全卫生管理机制，改善劳动者的安全卫生条件，增强企业参与国内外市场的竞争能力。

2. 建立施工安全管理体系的原则

(1) 贯彻"安全第一，预防为主"的方针，企业必须建立健全安全生产责任制和群防群治制度，确保工程施工劳动者的人身和财产安全。

(2) 施工安全管理体系的建立，必须适用于工程施工全过程的安全管理和控制。

(3) 施工安全管理体系文件的编制，必须符合《中华人民共和国建筑法》、《中华人民共和国安全生产法》、《建设工程安全生产管理条例》、《职业安全卫生管理体系标准》和国际劳工组织167号公约等法律、行政法规及规程的要求。

(4) 项目经理部应根据本企业的安全管理体系标准，结合各项目的实际加以充实，确保工程项目的施工安全。

3. 施工安全管理控制目标及目标体系

安全控制通常包括安全法规、安全技术、工业卫生。安全法规侧重于"劳动者"的管理、约束，控制劳动者的不安全行为；安全技术侧重于"劳动对象和劳动手段"的管理，清除或减少物的不安全因素；工业卫生侧重于"环境"的管理，以形成良好的劳动条件。施工项目安全控制主要以施工活动中人、物、环境所构成的生产体系为对象，建立一个安全的生产体系，确保施工活动的顺利进行。

(1) 施工项目安全控制目标

施工项目安全控制目标是在施工过程中，安全工作所要达到的预期效果。工程项目采用总承包方式的，该目标由总承包单位负责制定。制定目标应遵循以下原则。

1) 安全控制目标要按照项目施工的规模、特点制定，需具有先进性和可行性，应符合国家安全生产法律、行政法规和建筑行业安全规章、规程及对社会、业主的承诺。

2) 安全控制的首要目标应实现重大伤亡事故为零。在此基础上控制其他安全目标指标如：死亡率、重伤率、千人负伤率、经济损失额等。

(2) 施工项目安全控制目标体系

1) 施工项目总安全目标确定后，还要按层次进行安全目标分解。分解到岗、落实到人，形成安全目标体系。具体包括施工项目安全总目标；项目经理部下属各单位、各部门的安全指标；施工作业班组安全目标；个人安全目标等。

2) 在安全目标体系中，总目标值是最基本的安全指标，而下一层的目标值应略高些，以保证上一层安全目标的实现。如项目安全控制总目标是实现重大伤亡事故为零，中层的安全目标就应是除此之外还要求重伤事故为零，施工队一级的安全目标还应进一步要求轻伤事故为零，班组一级要求不出现事故或事故频率很低。

3) 施工项目安全控制目标体系应形成为全体员工所理解的文件并实施。

9.1.2 施工项目安全管理的背景

1. 我国当前安全管理体制

1993年，国务院提出了"实行企业负责、行业管理、国家监察、群众监督、劳动者遵章守纪"的安全生产管理机制。经实践证明，这是适应我国市场经济体制要求，也是市场经济国家的普遍做法，符合国际惯例。

"企业负责"。就是企业在其经营活动中必须对本企业的安全生产负全面责任。

"行业管理"。就是各级行业主管部门对用人单位的劳动保护工作应加强指导，充分发挥行业主管部门对本行业劳动保护工作进行管理的作用。

"国家监察"。就是各级政府部门对用人单位遵守劳动保护法律、法规的情况实施监督检查，并对用人单位违反劳动法律、法规的行为实施行政处罚。

"群众监督"。就是要规定工会依法对用人单位的劳动保护工作实行监督，劳动者对违反劳动法律、法规和危害生命及身体健康的行为，有权提出批评、检举和控告。

"劳动者遵章守纪"。安全生产目标的实现，根本取决于劳动者素质的提高，取决于劳动者能否自觉履行好自己的安全法律责任。按照《劳动法》的规定，就是"劳动者在劳动过程中，必须严格遵守安全操作规程"，要"珍惜生命，爱护自己，勿忘安全"，广泛深入地开展"三不伤害（不伤害自己、不伤害他人、不被别人伤害）"活动，自觉做到遵章守纪，确保安全。

2. 施工企业安全生产现状

(1) 企业领导对安全生产认识不足，重生产、轻安全，安全意识淡薄，只给职工下达任务指标，不提供安全保障，甚至出了事故也不认真查处，将安全风险转嫁给分包单位和群众，降低了安全的风险值和人的生命价值。

(2) 经济成分多样性，特别是改制企业和私营企业及境外企业安全管理薄弱，或处于事后型、被动型状态，有的片面追求经济利益，急功近利思想严重，冒险蛮干；有的安全规章制度不健全，管理不到位、不规范，存在家庭作坊式管理，主观随意性大；有的为了降低管理成本，撤掉安全管理机构，安全管理处于空缺状态，事故隐患随处可见，各类事故明显上升。

(3) 在深化企业改革过程中，一些困难企业安全管理力度减小，企业领导忽略施工现场管理。施工现场、作业班组有令不行、有禁不止，管理不严、责任不落实。施工作业人员的劳动保护用品得不到保证。管理、指挥、操作人员缺乏应有的安全技术常识，设备老化、陈旧、带病工作。违章指挥、违章作业、违反劳动纪律的"三违"现象突出，事故隐患严重。

(4) 在生产经营承包中，一包了之和层层转包的现象比较普遍，甚至签订非法合同，安全责任不明确，安全管理无章可循。

(5) 企业对《建筑施工安全检查标准》（JGJ 59—2011）的执行力度不足。

由于目前施工企业现状如此，建筑施工伤害事故频频发生，这些事故主要集中在高空坠落（占建筑施工总事故的80%左右）、触电事故（占15%～20%）、物体打击（占15%左右）和机械伤害（占10%左右）四个方面。

9.2 建筑施工安全管理

9.2.1 施工项目安全管理控制

施工安全管理控制必须坚持"安全第一，预防为主，综合治理"的方针。项目经理部应建立安全管理体系和安全生产责任制。安全员应持证上岗，保证项目安全目标的实现。

1. 施工安全管理控制对象

施工安全管理控制主要以施工活动中的人力、物力和环境为对象，建立一个安全的生产体系，确保施工活动的顺利进行。施工安全管理控制对象见表9-1。

施工安全管理控制对象 表 9-1

对象	措施	目的
劳动者	依法制定有关安全的政策、法规、条例，给予劳动者的人身安全、健康及法律保障的措施	约束控制劳动者的不安全行为，消除或减少主观上的安全隐患
劳动手段 劳动对象	改善施工工艺、改进设备性能，以消除和控制生产过程中可能出现的危险因素，避免损失扩大的安全技术保证措施	规范物的状态，以消除和减轻其对劳动者的威胁和造成财产损失
劳动条件 劳动环境	防止和控制施工中高温、严寒、粉尘、噪声、振动、毒气、毒物等对劳动者安全与健康影响的医疗、保健、防护措施及对环境的保护措施	改善和创造良好的劳动条件，防止职业伤害，保护劳动者身体健康和生命安全

2. 施工项目安全控制的程序

施工项目安全控制的程序主要有：确定施工安全目标。编制安全保证计划。安全保证计划实施，安全保证计划实施前，应按要求上报，经项目业主或企业有关负责人确认审批后报上级主管部门备案。执行安全计划的项目经理部负责人也应参与确认。确认安全计划的完整性和可行性，项目经理部满足安全保证的能力，各级安全生产岗位责任制与安全计划是否一致等。

施工项目安全控制流程图如图9-1所示。

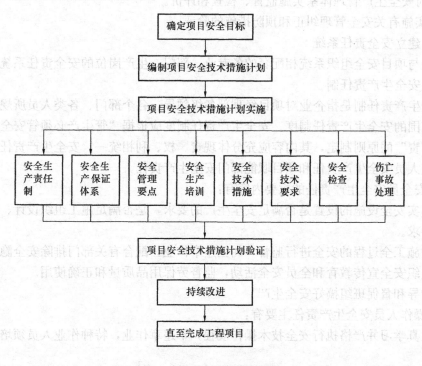

图 9-1 施工安全控制的程序

（1）确定项目安全目标。

安全控制的目标是减少和消除生产过程中的事故，保证人身健康安全和财产免受损失，具体包括：减少或消除人的不安全行为的目标；减少或消除设备、材料的不安全状态的目标；改善生产环境和保护环境的目标。施工安全管理目标实施的主要内容：

1）六杜绝：杜绝因公受伤、死亡事故；杜绝坍塌伤害事故；杜绝物体打击事故；杜绝高处坠落事故；杜绝机械伤害事故；杜绝触电事故。

2）三消灭：消灭违章指挥；消灭违章作业；消灭"惯性事故"。

3）二控制：控制年负伤率；负伤频率控制在千分之六以内；控制年安全事故率。

4）一创建：创建安全文明示范工地。

(2) 编制项目安全技术措施。

(3) 实施项目安全技术措施。主要从图9-1中八个方面实施。

(4) 安全技术措施计划的验证。

(5) 持续改进，直到完成建设工程项目的所有目标。

3. 施工项目安全管理组织

安全管理组织措施包括：建立施工项目安全组织系统，即项目安全管理委员会；建立安全责任系统；建立各项安全生产责任制度。

(1) 建立安全管理委员会

安全管理委员会是实施项目安全管理的组织，其主要职责有：

1）编制安全生产计划，决定资源配置。

2）规定从事项目安全管理、操作、检查人员的职责、权限和相互关系。

3）对安全生产管理体系实施监督、检查和评价。

4）实施有关安全管理纠正和预防措施的验证。

(2) 建立安全责任系统

建立与项目安全组织系统相配套的各专业、部门、生产岗位的安全责任系统。

(3) 安全生产责任制

安全生产责任制是指企业对项目经理部各级领导、各个部门、各类人员所规定的属于其职责范围的安全生产责任制度。安全生产责任制度应根据"管生产必须管安全、安全生产人人有责"的原则制定，其内容应充分体现责、权、利相统一。安全生产责任制度分为项目管理人员安全生产责任和项目职能部门安全生产责任。

1）安全员安全生产责任的主要内容有：

①落实安全设施的设置是否满足安全生产的要求，是否满足施工组织设计、施工平面布置的要求。

②对施工全过程的安全进行监督，纠正违章作业，配合有关部门排除安全隐患。

③组织安全宣传教育和全员安全活动，监督劳保用品质量和正确使用。

④指导和督促班组搞好安全生产。

2）操作人员安全生产责任主要有：

①认真学习并严格执行安全技术操作规程，不违章作业，特种作业人员须培训、持证上岗。

②自觉遵守安全生产规章制度，执行安全技术交底和有关安全生产的规定。

③服从安全监督人员的指导，积极参加安全活动。

④爱护安全设施，正确使用防护用具。

⑤对不安全作业提出意见或拒绝作业，拒绝违章指挥等。

4. 施工安全管理策划

施工管理策划主要是根据工程的规模、特点、结构、环境、技术含量、施工风险和资源配置等情况，针对施工过程的重大危险因素采用什么方式和手段进行有效的控制。

施工安全管理实施策划的原则：

(1) 预防性。施工安全管理策划必须坚持"安全第一、预防为主"的原则，针对施工的全过程制定安全预防措施，真正起到施工项目安全管理的预防、预控的作用。

(2) 全过程性。施工安全管理策划必须覆盖施工生产的全过程和全部内容，使施工安全技术措施贯穿到施工生产的始终，从而实现整个施工系统的安全。

(3) 科学性。施工安全管理策划的编制，必须遵守国家的法律、法规及地方政策安全管理规定，其策划的内容应体现最先进的生产力和地方政府的安全管理方法，执行国家、行业的安全技术标准和安全技术规程，真正做到科学指导安全生产。

(4) 可操作性和针对性。施工安全管理策划的目标和方案应坚持实事求是的原则，其安全目标具有真实性，安全方案具有可操作性，安全技术措施具有针对性。

(5) 动态控制。施工生产全过程中的不安全因素是不同的、动态的，所以，对安全生产必须实施动态控制的原则。

(6) 持续改进。施工安全生产必须坚持持续改进的原则，不断提高企业安全管理水平。

(7) 实效的最优化。施工安全管理策划应遵守不盲目扩大项目投入，又不取消和减少安全技术措施经费来降低工程成本，而是在确保安全目标的前提下，在经济投入、人力投入和物质投入上坚持最优化的原则。

9.2.2 施工项目安全管理的实施措施

1. 施工安全技术措施

施工安全技术措施是指在施工项目生产活动中，针对工程特点、施工现场环境、施工方法、劳动组织、作业使用的机械、动力设备、变配电设施、架设工具以及各项安全防护设施等制定的确保安全施工的技术措施。施工安全技术措施应具有超前性、针对性、可靠性和可操作性。施工安全技术措施的主要内容见表9-2和表9-3。

施工准备阶段安全技术措施　　　　表9-2

项目	内　　容
技术准备	(1) 了解工程设计对安全施工的要求； (2) 调查工程的自然环境和施工环境对施工安全的影响； (3) 改、扩建工程施工或与建设单位使用、生产发生交叉，可能造成双方伤害时，应签订安全施工协议，搞好施工与生产的协调，明确双方责任，共同遵守安全事项； (4) 在施工组织设计中制定切实可行的安全技术措施，并严格履行审批手续
物资准备	(1) 及时供应质量合格的安全防护用品（安全帽、安全带、安全网等），满足施工需要； (2) 保证特殊工种（电工、焊工、爆破工、起重工等）使用工器具质量合格，技术性能良好； (3) 施工机具、设备（起重机、卷扬机、电锯、平面刨、电气设备）等经安全技术性能检测合格，防护装置齐全，制动装置可靠，方可使用； (4) 施工周转材料须经认真挑选，不符合要求严禁使用

续表

项目	内　容
施工现场准备	（1）按施工总平面图要求做好现场施工准备，现场各种临时设施、库房，特别是炸药库、油库的布置，易燃易爆品存放都必须符合安全规定和消防要求； （2）电气线路、配电设备符合安全要求，有安全用电防护措施； （3）场内道路通畅，设交通标志，危险地带设危险信号及禁止通行标志，保证行人、车辆通行安全； （4）现场周围和陡坡、沟坑处设围栏、防护板，现场入口处设警示标志； （5）塔吊等起重设备安置要与输电线路、永久或临设工程间有足够的安全距离，避免碰撞，以保证搭设脚手架、安全网的施工距离； （6）现场设消防栓，或有足够的有效的灭火器材、设施
施工队伍准备	（1）总包单位及分包单位都应持有《施工企业安全资格审查认可证》方可组织施工； （2）新工人、特殊工种工人须经岗位技术培训、安全教育后，持合格证上岗； （3）高、险、难作业工人须经身体检查合格，具有安全生产资格，方可施工作业，特殊工种作业人员，必须持有《特种作业操作证》方可上岗

施工阶段安全技术措施　　　　　　　　　　　　　　　　　　　表 9-3

项目	内　容
一般工程	（1）单项工程、单位工程均有安全技术措施，分部分项工程有安全技术具体措施，施工前由技术负责人向参加施工的有关人员进行安全技术交底，并应逐级签发和保存"安全交底任务单"； （2）安全技术应与施工生产技术统一，各安全措施必须在相应的工序施工前落实好，如：根据基坑、基槽、地下室开挖深度、土质类别，选择开挖方法，确定边坡的坡度并采取防止塌方的护坡支撑方案；脚手架及垂直运输设施的选用、设计、搭设方案和安全防护措施；施工洞口的防护方法和主体交叉施工作业区的隔离措施；场内运输道路及人行通道的布置；针对采用的新工艺、新技术、新设备、新结构制定专门的施工安全技术措施；在明火作业现场（焊接、切割、熬沥青等）的防火、防爆措施； （3）考虑不同季节、气候对施工生产带来的不安全因素和可能造成的各种安全隐患，从技术上、管理上做好专门安全技术措施
特殊工程	对于结构复杂、危险性大的特殊工程，应编制单项安全技术措施，如爆破、大型吊装、沉箱、沉井、烟囱、水塔、特殊架设作业、高层脚手架、井架等

2. 施工安全技术措施变更

（1）施工过程中若发生设计变更时，原安全技术措施必须及时变更，否则不准施工。

（2）施工过程中由于各方面原因所致，确实需要修改原安全技术措施时，必须经原编制人同意，并办理修改审批手续。

3. 施工安全技术交底

施工安全技术交底是在建设工程施工前，项目部的技术人员向施工班组和作业人员进行有关工程安全施工的详细说明，并由双方签字确认。安全技术交底一般由技术管理人员根据分部分项工程的实际情况、特点和危险因素编写，它是操作者的法令性文件。

（1）施工安全技术交底的基本要求

1）施工安全技术交底要充分考虑到各分部分项工程的不安全因素，其内容必须具体、明确、针对性强。

2）施工安全技术交底应优先采用新的安全技术措施。

3）在工程开工前，应将工程概况、施工方法、安全技术措施等情况，向工地负责人、工长及全体职工进行交底。

4）对于有两个以上施工队或工种配合施工时，要根据工程进度情况定期或不定期地向有关施工队或班组进行交叉作业施工的安全技术交底。

5）在每天工作前，工长应向班组长进行安全技术交底。班组长每天也要对工人进行有关施工要求、作业环境等方面的安全技术交底。

6）要以书面形式进行逐级的安全技术交底工作，并且交底的时间、内容及交底人和接受交底人要签名或盖章。

7）安全技术交底书要按单位工程归放一起，以备查验。

（2）施工安全技术交底制度

1）大规模群体性工程，总承包人不是一个单位时，由建设单位向各单项工程的施工承包单位作建设安全要求及重大安全技术措施交底。

2）大型或特大型工程项目，由总承包公司的总工程师组织有关部门向项目经理部和分包商进行安全技术措施交底。

3）一般工程项目，由项目经理部技术负责人和现场经理向有关施工人员（项目工程、商务部、物资部、质量和安全总监及专业责任工程师等）和分包商技术负责人进行安全技术措施交底。

4）分包商技术负责人，要对其管辖的施工人员进行详细的安全技术措施交底。

5）项目专业责任工程师，对所管辖的分包商工长进行工程施工安全技术措施交底，对分包工长向操作班组所进行的安全技术交底进行监督、检查。

6）专业责任工程师要对劳务分包方的班组进行分部分项工程安全技术交底，并监督指导其安全操作。

7）施工班班组长每天作业前，应将作业要求和安全事项向作业人员交底，并将交底内容和参加交底的人员名单记入班组的施工日志中。

（3）施工安全技术交底的内容

1）建设工程单位工程和分项工程的概况及施工安全要求。

2）确保施工安全的关键环节，危险部位，安全控制点及采取相应的安全管理措施。

3）做好"四口"、"五临边"的防护设施，其中"四口"指通道口、楼梯口、电梯井口、预留洞口；"五临边"为未安栏杆的阳台周边、无外架防护的屋面周边、框架工程的楼层周边、卸料平台的外侧边及上下跑道、斜道的两侧边。

4）项目管理人员应做好的安全管理事项和作业人员应注意的安全防范事项。

5）各级管理人员应遵守的安全标准和安全操作规程的规定及注意事项。

6）安全检查要求，注意及时发现和消除的安全隐患。

7）对于出现异常征兆、事态或发生事故的应急救援措施。

8）对于安全技术交底未尽的其他事项应按哪些标准、规定和制度执行。

4. 安全文明施工措施

根据《建设工程施工现场管理规定》中的"文明施工管理"和《建设工程项目管理规范》中"项目现场管理"的规定，以及各省、市有关建设工程文明施工管理的要求，施工单位应规范施工现场，创造良好生产、生活环境，保障职工的安全与健康，做到文明施工、安全有序、整洁卫生、不扰民、不损害公众利益。文明施工管理的主要内容包括：进行现场文明建设；规范场容，保持作业环境整洁卫生；创造有序生产条件；减少对居民和环境的不利影响。安全文明施工的基本要求有下列几条。

(1) 现场围挡设置

1) 施工现场设置钢制大门，大门高度不得低于4m，大门上应有企业标识。

2) 施工现场的围挡必须沿工地四周连续设置，不得有缺口。并且围挡要坚固、平稳、严密、整洁、美观。

3) 围挡的高度：市区主要路段不宜低于2.5m；一般路段不低于1.8m。

4) 围挡材料应选用砌体、金属板材等硬质材料，禁止使用彩条布、竹笆等易变形材料。

5) 建设工程外侧周边使用密目式安全网（2000目/100cm^2）进行防护。

(2) 现场封闭管理

1) 施工现场出入口设专职门卫人员，加强对现场材料、构件、设备的进出监督管理。

2) 为加强对出入现场人员的管理，施工人员应佩戴工作卡以示证明。

3) 根据工程的性质和特点，出入大门口的形式，各企业各地区可按各自的实际情况确定。

(3) 施工场地布置

1) 施工现场大门内必须设置明显的"五牌一图"，即工程概况牌，安全生产制度牌，文明施工制度牌，环境保护制度牌，消防保卫制度牌及施工现场平面图。标明工程项目名称，建设单位，设计单位，施工单位，监理单位，工程概况及开工竣工日期。

2) 对于环境保护和易发生伤亡事故处，应设置明显的、符合国家标准要求的安全警示标牌。

3) 设置施工现场安全"五标志"，即：指令标志（佩戴安全帽、系安全带等），禁止标志（禁止通行，严禁抛物等），警告标志（当心落物、小心坠落等），电力安全标志（禁止合闸，当心用电等）和提示标志（安全通道、火警、盗警、急救中心电话等）。

4) 现场主要运输道路尽量采用循环方式设置或有车辆调头的位置，保证道路通畅。

5) 现场道路也应进行硬化处理，有条件的可采用混凝土路面，无条件的可采用其他硬化路面。以免现场扬尘，雨后泥泞。

6) 施工现场必须有良好的排水设施，保证排水畅通。

7) 现场内的施工区、办公区和生活区要分开设置，保持安全距离，并设标志牌。办公区和生活区应根据实际条件进行绿化。

8) 各类临时设施必须根据施工总平面图布置，而且要整齐、美观。办公和生活用的临时设施宜采用轻体保温或隔热的活动房，既可多次周转使用，降低暂设成本，又可达到整洁美观的效果。

9) 施工现场临时用电线路的布置按施工组织设计进行架设，严禁任意拉线接电。

10) 工程施工的废水、泥浆应经流水槽或管道流到工地集水池统一沉淀处理。不得随意排放和污染施工区域以外的河道、路面。

(4) 现场材料、工具堆放

1）施工现场的材料、构件、工具必须按施工平面图规定的位置堆放，不得侵占场内道路及安全防护等设施。

2）各种材料、构件堆放应按品种、分规格整齐堆放，并设置明显标牌。

3）施工作业区的垃圾不得长期堆放，要随时清理，做到每天工完场清。

4）易燃易爆物品不能混放，要有集中存放的库房。班组使用的零散易燃易爆物品，必须按有关规定存放。

5）对于楼梯间、休息平台、阳台临边等地方不得堆放物料。

（5）施工现场安全防护布置

根据建设部有关建筑工程安全防护的有关规定，项目经理部必须做好施工现场安全防护工作。

1）施工临边、洞口交叉、高处作业层及楼板、屋面、阳台等临边防护，必须采用密目式安全立网全封闭，作业层要另加防护栏杆和18cm高的踢脚板。

2）通道口设防护棚，防护棚应为不小于5cm厚的木板或两道相距50cm的竹笆，两侧应沿栏杆架用密目式安全网封闭。

3）预留洞口用木板全封闭防护，对于短边超过1m×1.5m长的洞口，除封闭外，四周还应设有防护栏杆。

4）电梯井口设置定型化、工具化、标准化的防护门，在电梯井内每隔两层（不大于10m）设置一道安全平网。

5）楼梯边设1.2m高的定型化、工具化、标准化的防护栏杆，18cm高的踢脚板。

6）垂直方向交叉作业，应设置防护隔离棚或其他设施防护。

（6）施工现场防火布置

1）施工现场应根据工程实际情况，订立消防制度或消防措施。

2）按照不同作业条件和消防有关规定，合理配备消防器材，符合消防要求。消防器材设置点要有明显标志，夜间设置红色警示灯，消防器材应垫高设置，周围2m内不准乱放物品。

3）当建筑施工高度超过30m（或当地规定）时，为防止单纯依靠消防器材灭火不能满足要求，应配备有足够的消防水源和自救用水量。扑救电气火灾不得用水，应使用干粉灭火器。

4）在容易发生火灾的区域施工或储存、使用易燃易爆器材时，必须采取特殊的消防安全措施。

5）现场动火，必须经有关部门批准，设专人管理。五级风及以上禁止使用明火。

6）坚决执行现场防火"五不走"的规定，即：交接班不交待不走、用火设备火源不熄灭不走、用电设备不拉闸不走、可燃物不清干净不走、发现险情不报告不走。

（7）施工现场临时用电布置

1）施工现场临时用电配电线路：

①按照TN-S系统要求配备五芯电缆、四芯电缆和三芯电缆。

②按要求架设临时用电线路的电杆、横担、瓷夹、瓷瓶等，或电缆埋地的地沟。

③对靠近施工现场的外电线路，设置木质、塑料等绝缘体的防护设施。

2）配电箱、开关箱：

①按三级配电要求，配备总配电箱、分配电箱、开关箱、三类标准电箱。开关箱应符合一机、一箱、一闸、一漏。三类电箱中的各类电器应是合格品。

②按两级保护的要求，选取符合容量要求和质量合格的总配电箱和开关箱中的漏电保护器。

3) 接地保护：装置施工现场保护零线的重复接地应不少于三处。

(8) 施工现场生活设施布置

1) 职工生活设施要符合卫生、安全、通风、照明等要求。

2) 职工的膳食、饮水供应等应符合卫生要求。炊事员必须有卫生防疫部门颁发的体检合格证。生熟食分别存放，炊事员要穿白工作服，食堂卫生要定期清扫。

3) 施工现场应设置符合卫生要求的厕所，有条件的应设水冲式厕所。现场应保持卫生，不得随地大小便。

4) 生活区应设置满足使用要求的淋浴设施和管理制度。

5) 生活垃圾要及时清理，不能与施工垃圾混放，并设专人管理。

6) 职工宿舍要考虑到季节性的要求，冬季应有保暖、防煤气中毒措施；夏季应有消暑、防虫叮咬措施，保证施工人员的良好睡眠。

7) 宿舍内床铺及各种生活用品放置要整齐，通风良好，并要符合安全疏散要求。

8) 生活设施的周围环境要保持良好的卫生条件，周围道路、院区平整，并要设置垃圾箱和污水池，不得随意乱泼乱倒。

(9) 施工现场综合治理

1) 项目部应做好施工现场安全保卫工作，建立治安保卫制度和责任分工，并有专人负责管理。

2) 施工现场在生活区域内适当设置职工业余生活场所，以便施工人员工作后能劳逸结合。

3) 现场不得焚烧有毒有害物质，该类物质必须按有关规定进行处理。

4) 现场施工必须采取不扰民措施，要设置防尘和防噪声设施，做到噪声不超标。

5) 为适应现场可能发生的意外伤害，现场应配备相应的保健药箱和一般常用药品及应急救援器材，以便保证及时抢救，不扩大伤势。

6) 为保障施工作业人员的身心健康，应在流行病发生季节及平时，定期开展卫生防疫的宣传教育工作。

7) 施工作业区的垃圾不得长期堆放，要随时清理，做到每天工完场清。

8) 施工现场应设置密闭式垃圾站，施工垃圾、生活垃圾应分类存放。施工垃圾必须采用相应容器或管道运输。

5. 施工安全检查

工程项目安全检查的目的是为了消除隐患、防止事故、改善劳动条件及提高员工安全生产意识的重要手段，是安全控制工作的一项重要内容。通过安全检查可以发现工程中危险因素，以便有计划地采取措施，保证安全生产。施工项目安全检查应由项目经理组织，定期进行。

(1) 施工安全检查的内容

施工安全检查应根据企业生产的特点，制定检查的项目标准，其主要内容是：查思想、查制度、查安全教育培训、查措施、查隐患、查安全防护、查劳保用品使用、查机械设备、查操作行为、查整改、查伤亡事故处理等主要内容。

(2) 施工安全检查的方式

安全检查可分为日常性检查、专业性检查、季节性检查、节假日前后的检查和定期检查。

①日常性检查　日常性检查即经常的检查、普遍的检查。企业一般每年进行1~4次；工程项目组、车间、科室每月至少进行一次；班组每周、每班次都应进行检查。专职安全技术人员的日常检查应该有计划、针对重点部位周期性地进行。

②专业性检查　专业性检查是指针对特种作业、特种设备、特殊场所进行的检查，如电焊、气焊、起重设备、运输车辆、易燃易爆场所等。

③季节性检查　季节性检查是针对季节性特点，为保障安全生产的特殊要求所进行的检查。如春季风大干燥，要着重防火、防爆；夏季高温、多雨雷电，要着重防暑、降温、防汛、防雷击、防触电；冬季着重防寒、防冻等。

④节假日前后的检查　节假日前后的检查是针对节假日期间容易产生麻痹思想的特点而进行的安全检查，包括节日前后安全生产综合检查，节日后要进行遵章守纪的检查等。

⑤不定期检查　不定期检查是指在工程或设备开工和停工前、检修中、工程或设备竣工及试运转时进行的安全检查。

施工安全检查通常采用经常性安全检查、定期和不定期安全检查、专业性安全检查、重点抽查、季节性安全检查、节假日前后安全检查、班组自检、互检、交接检查及复工检查等方式。

(3) 施工安全检查的有关要求

1) 项目经理部应建立检查制度，并根据施工过程的特点和安全目标的要求，确定安全检查内容。

2) 项目经理应组织有关人员定期对安全控制计划的执行情况进行检查、考核和评价。

3) 项目经理部要严格执行定期安全检查制度，对施工现场的安全施工状况和业绩进行日常的例行检查，每次检查要认真填写记录。

4) 项目经理部安全检查应配备必要的设备或器具，确定检查负责人和检查人员，并明确检查内容及要求。

5) 项目经理部的各班组日常要开展自检自查，做好日常文明施工和环境保护工作。项目部每周组织一次施工现场各班组文明施工、环境保护工作的检查评比，并进行奖罚。

6) 项目经理部安全检查应采取随机抽样、现场观察、实地检测相结合的方法，并记录检测结果。对现场管理人员的违章指挥和操作人员的违章作业行为应进行纠正。

7) 施工现场必须保存上级部门安全检查指令书，对检查中发现的不符合规定要求和存在隐患的设施设备、过程、行为，要进行整改处置。要做到：定整改责任人、定整改措施、定整改完成时间、定整改完成人、定整改验收人的"五定"要求。

8) 安全检查人员应对检查结果和整改处置活动进行记录，并通过汇总分析，寻找薄弱环节和安全隐患部位，确定危险程度和需要改进的问题及今后须采取纠正措施或预防措施的要求。

9) 施工现场应设职工监督员，监督现场的文明施工、环境保护工作。发挥群防群治作用，保持施工现场文明施工、环境保护的管理，达到持续改进的效果。

(4) 安全检查的注意事项

①安全检查要深入基层、紧紧依靠群众，坚持领导与群众相结合原则，组织好检查工作。

②建立检查的组织机构，配备适当检查力量，挑选具有较高技术业务水平的专业人员参加。

③做好检查的各项准备工作，包括思想、业务知识、法规政策和检查设备、奖金的准备。

④明确检查的目的和要求。既要严格要求，又要防止一刀切，要从实际出发，分清主次矛盾，力求实效。

⑤把自查与互查结合起来。基层以自检为主，企业内相关部门间互相检查，取长补短，相互学习和借鉴。

⑥坚持查改结合。检查不是目的，只是一种手段，整改才是目的。发现问题要及时采取切实有效的措施。

⑦建立检查档案。结合安全检查表的实施，逐步建立健全检查档案，收集基本的数据，掌握基本安全情况，为及时消除隐患提供数据，同时也为以后的职业健康安全检查奠定基础。

⑧在制定安全检查表时，应根据用途和目的，具体确定安全检查表的种类。安全检查表的主要种类有班组及岗位安全检查表、专业安全检查表等，制定时要在安全技术部门的指导下，充分依靠职工来进行。初步制定出来的检查表，要经过群众的讨论，反复试行，再加以修改，最后经安全技术部门审定后方可正式实行。

对于施工项目部内部进行安全检查应满足：

①定期对安全控制计划的执行情况进行检查、记录、评价和考核。对作业中存在的不安全行为和隐患，签发安全整改通知，由相关部门制定整改方案，落实整改措施，实施整改后应予复查。

②根据施工过程的特点和安全目标的要求确定安全检查的内容。

③安全检查应配备必要的设备或器具，确定检查负责人和检查人员，并明确检查的方法和要求。

④检查应采取随机抽样、现场观察和实地检测的方法，并记录检查结果，纠正违章指挥和违章作业。

⑤对检查结果进行分析，找出安全隐患，确定危险程度。

⑥编写安全检查报告并上报。

(5) 安全检查的一般方法

看——就是看施工现场环境和作业条件，看实物和实际操作，看记录和资料等，通过看来发现隐患。

听——听汇报、听介绍、听反映、听意见或批评、听设备的运转响声或承重物体发出的微弱声音等，通过听来判断施工操作是否符合安全规范的规定。

嗅——通过嗅来发现有无不安全或影响职工健康的因素。

问——对影响安全问题，详细询问，寻根究底。

查——查安全隐患问题，对发生的事故查清原因，追究责任。

测——对影响安全的有关因素、问题，进行必要的测量、测试、检测等。

验——对影响安全的有关因素进行必要的试验或化验。

析——分析资料、试验结果等，查清原因，消除安全隐患。

对于检查出来的隐患，务必认真对待。首先，要进行登记，作为整改的备查依据；其次，查清产生安全事故隐患的原因并制定相应的对策；第三，发隐患整改通知单，以便引起重视，并做到定人、定期限、定措施；第四，进行责任处理；最后，整改复查。

(6) 安全检查评分办法

建设部于2011年12月颁发了《建筑施工安全检查标准》(JGJ 59—2011)(以下简称"标准")并自2012年7月1日起实施。《标准》共5章32条，其中1个检查评分汇总表，16个分项检查评分表。

1) 检查分类

①施工安全检查总表共有十项内容，分别为安全管理、文明施工、脚手架、基坑工程、模板支架、高处作业、施工用电、物料提升机与施工升降机、塔式起重机与起重吊装和施工机具。其中文明施工分值比例最高，施工机具分值比例最小，其他八项分值比例居中且相等。

②在安全管理、文明施工、脚手架、基坑工程、模板支架、施工用电、物料提升机与施工升降机、塔式起重机与起重吊装八项检查评分表，设立了保证项目和一般项目，保证项目应是安全检查的重点和关键。

2) 评分方法及分值比例

①各分项检查评分表中，满分为100分。表中各检查项目得分为按规定检查内容所得分数之和。每张表总得分应为各自表内各检查项目实得分数之和。

②在检查评分中，遇有多个脚手架、塔吊、龙门架与井字架等时，则该项得分应为各单项实得分数的算术平均值。

③检查评分不得采用负值。各检查项目所扣分数总和不得超过该项应得分数。

④在检查评分表中，保证项目应全数检查，当保证项目有一项未得分或保证项目小计得分不足40分时，此检查评分表不应得分。

⑤检查评分汇总表满分为100分，各分项检查表在汇总表中所占的满分分值应分别为：安全管理10分、文明施工15分、脚手架10分、基坑工程10分、模板支架10分、高处作业10分、施工用电10分、物料提升机与施工升降机10分、塔式起重机与起重吊装10分、施工机具5分。在汇总表中各分项项目实得分数应按下式计算：

在汇总表中各分项项目实得分数＝汇总表中该项应得满分分值×该项检查评分表实得分数/100。汇总表总得分应为表中各分项项目实得分数之和。

⑥检查中遇有缺项时，汇总表总得分应按下式换算：

遇有缺项时汇总表总得分＝实查项目在汇总表中按各对应的实得分值总和/实查项目在汇总表中应得满分的分值之和×100。

⑦多人同时对同一项目检查评分时，应按加权评分方法确定分值。权数的分配原则应为：专职安全人员的权数为0.6，其他人员的权数为0.4。

3) 等级的划分原则

建筑施工安全检查评分，应以汇总表的总得分及保证项目达标与否，作为对一个施工现场安全生产情况的评价依据，分为优良、合格、不合格三个等级。

①优良。分项检查评分表无零分，汇总表得分值应在80分及以上。

②合格。分项检查评分表无零分，汇总表得分值应在80分以下，70分及以上。

③不合格。汇总表得分值不足70分，当有一分项检查评分表得零分。

4) 分值的计算方法

①汇总表中各项实得分数计算方法：

$$\text{分项实得分}=\text{该分项在汇总表中应得分}\times\text{该分项在检查评分表中实得分}/100$$

【例9-1】 "安全管理检查评分表"实得76分，换算在汇总表中"安全管理"分项实得分为多少？

$$\text{分项实得分}=10\times76/100=7.6\text{（分）}$$

②汇总表中遇有缺项时，汇总表总分计算方法：

$$\text{缺项的汇总表分}=\text{实查项目实得分值之和}/\text{实查项目应得分值之和}\times100$$

【例9-2】 如工地没有塔式起重机，则塔式起重机在汇总表中有缺项，其他各分项检查在汇总表实得分为84分。计算该工地汇总表实得分为多少？

$$\text{缺项的汇总表分}=84/90\times100=93.34\text{（分）}$$

③分表中遇有缺项时，分表总分计算方法：

$$\text{缺项的分表分}=\text{实查项目实得分值之和}/\text{实查项目应得分值之和}\times100$$

【例9-3】 "施工用电检查评分表"中，"外电防护"缺项（该项应得分值为20分），其他各项检查实得分为64分。计算该分表实得多少分？换算到汇总表中应为多少分？

$$\text{缺项的分表分}=64/(100-20)\times100=80\text{（分）}$$

$$\text{汇总表中施工用电分项实得分}=10\times80/100=8\text{（分）}$$

④分表中遇保证项目缺项时，"保证项目小计得分不足40分，评分表得0分"，计算方法即：

实得分与应得分之比$<66.7\%$时，评分表得0分（$40/60=66.7\%$）。

【例9-4】 如施工用电检查表中，外电防护这一保证项目缺项（该项为20分），另有其他"保证项目"检查实得分合计为20分（应得分值为40分）。该分项检查表是否能得分？

$20/40=50\%<66.7\%$，则该分项检查表计0分。

⑤在各汇总表的各分项中，遇有多个检查评分表分值时，则该分项得分应为各单项实得分数的算术平均值。

【例9-5】 某工地有多种脚手架和多台塔式起重机，落地式脚手架实得分为86分、悬挑脚手架实得分为80分；甲塔式起重机实得分为90分、乙塔式起重机实得分为85分。计算汇总表中脚手架、塔式起重机实得分值为多少？

$$\text{脚手架实得分}=(86+80)/2=83\text{（分）}$$

$$\text{换算到汇总表中分值}=10\times83/100=8.3\text{（分）}$$

塔式起重机实得分＝(90＋85)/2＝87.5(分)

换算到汇总表中分值＝10×87.5/100＝8.75(分)

为了加强施工现场管理，提高管理水平，实现文明施工，确保工程质量和施工安全，国家及地方建设行政主管部门对工程建设参与各方（业主、监理、设计、施工、材料及设备供应单位等）在施工现场中各种行为进行考评。考评的项目、内容及办法见表9-4。

施工现场综合考评的内容　　　　　　　　表 9-4

考评项目 (满分为100分)	考评内容	有下列行为之一， 则该考评项目为零分
施工组织管理 (20分)	(1) 合同的签订及履约情况 (2) 总分包企业及项目经理资质 (3) 关键岗位培训及持证上岗情况 (4) 施工项目管理规划编制实施情况 (5) 分包管理情况	(1) 企业资质或项目经理资质与所承担工程任务不符 (2) 总包人对分包人不进行有效管理和定期考评 (3) 没有施工项目管理规划或施工方案，或未经批准 (4) 关键岗位人员未持证上岗
工程质量管理 (40分)	(1) 质量管理体系 (2) 工程质量 (3) 质量保证资料	(1) 当次检查的主要项目质量不合格 (2) 当次检查的主要项目无质量保证资料 (3) 出现结构质量事故或严重质量问题
施工安全管理 (20分)	(1) 安全生产保证体系 (2) 施工安全技术、规范、标准实施情况 (3) 消防设施情况	(1) 当次检查不合格 (2) 无专职安全员 (3) 无消防设施或消防设施不能使用 (4) 发生死亡或重伤2人以上（包括2人）事故
文明施工管理 (10分)	(1) 场容场貌 (2) 料具管理 (3) 环境保护 (4) 社会治安 (5) 文明施工教育	(1) 用电线路架设、用电设施安装不符合施工项目管理规划，安全没有保证 (2) 临时设施、大宗材料堆放不符合施工总平面图要求，侵占场道，危及安全防护 (3) 现场成品保护存在严重问题 (4) 尘埃及噪声严重超标，造成扰民 (5) 现场人员扰乱社会治安，受到拘留处理
业主、监理 的现场管理 (10分)	(1) 有无专人或委托监理管理现场 (2) 有无隐蔽工程验收签证记录 (3) 有无现场检查认可记录 (4) 执行合同情况	(1) 未取得施工许可证而擅自开工 (2) 现场没有专职管理技术人员 (3) 没有隐蔽工程验收签证制度 (4) 无正当理由影响合同履约 (5) 未办理质量监督手续而进行施工

(6) 安全教育

施工项目部应建立安全教育培训制度，当施工人员入场时，项目部应组织以国家安全法规，企业安全制度和施工现场安全管理规定及各工种安全技术规程为主要内容的三级安全教育培训和考核。安全教育主要针对新工人、特种作业人员、变换工程的操作人员及新技术、新工艺和新设备施工时人员进行。安全教育的内容可以归纳为五类，即安全思想教育、安全纪律教育、安全知识教育、安全技能教育和安全法制教育。

【本 章 小 结】

➢ 本章重点讲述了施工现场安全管理体系的组成和施工现场安全管理的实施措施。主要从技术措施、文明施工措施、安全检查措施、安全技术交底及安全教育等方面对现场安全管理进行阐述。通过本章的学习，使学生对施工现场管理的程序及措施要熟悉掌握，能基本抓住施工现场的安全控制点，采取相应安全防范措施的能力；能对施工现场安全管理进行正确的安全检查和评定；结合本章知识能判别一个安全施工方案的全面性。

【思 考 题】

1. 施工现场安全管理体系组成是什么？
2. 安全文明施工的措施有哪些？
3. 施工现场管理的程序有哪些？
4. 安全评分办法中有哪些要求？
5. 结合第10章第10.3节案例一写出与本章有关的安全技术措施。

第 10 章　建筑工程职业健康与环境管理

【教学目标】
➢ 知识目标：熟悉建筑工程职业健康安全与环境管理的特点、目标；掌握建筑工程职业健康安全与环境管理体系及管理模式；掌握建筑工程职业健康安全事故分类及事故调查处理；熟悉施工现场环境污染源及环境保护措施。
➢ 能力目标：初步具有编制施工现场职业健康管理方案的能力，对施工现场的环境保护措施能区分侧重点，具有协助编制事故调查报告的能力；会用本章的知识判别施工现场职业健康管理与环境保护的全面性。

【本章教学情景】
在熟悉我国建筑职业健康和环境管理体系构成下，明确建设工程职业健康安全与环境管理目标后，才能在施工现场制定合理的职业健康环境保护措施，了解职业健康事故的类型，才能提前采取措施预防。本章结合第 10 章第 10.3 节工程案例帮助大家了解职业健康和环境管理的有关知识。

10.1　建筑工程职业健康安全与环境管理概述

10.1.1　建筑工程职业健康安全与环境管理的特点

建设工程产品及其生产与工业产品不同，它有其特殊性。而正是由于它的特殊性，对建设工程职业健康安全和环境影响显得尤为重要，建设工程职业健康安全与环境管理的特点主要有：

（1）项目固定，施工流动性大，生产场所没有固定的、良好的操作环境和空间，使施工作业条件差，不安全因素多，导致施工现场的职业健康安全与环境管理比较复杂。

（2）项目体形庞大，露天作业和高空作业多，致使工程施工要更加注重自然气候条件和高空作业对施工人员的职业健康安全和环境污染因素的影响。

（3）项目的单件性，使施工作业形式多样化，工程施工受产品形式、结构类型、地理环境、地区经济条件等影响较大。从而使施工现场的职业健康安全与环境管理的实施不能照搬硬套，必须根据项目形式、结构类型、地理环境、地区经济不同而进行变动调整。

（4）项目生产周期长，消耗的人力、物力和财力大，必然使施工单位考虑降低工程成本的因素多，从而影响了职业健康安全与环境管理的费用支出，造成施工现场的健康安全和环境污染现象时有发生。

（5）项目的生产涉及的内部专业多、外界单位广、综合性强，使施工生产的自由性、预见性、可控性及协调性在一定程度上比一般产业困难。这就要求施工方做到各专业之间、单位之间互相配合，要注意施工过程中的材料交接、专业接口部分对职业健康安全与环境管理的协调性。

(6) 项目的生产手工作业和湿作业多，机械化水平低，劳动条件差，工作强度大，从而对施工现场的职业健康安全影响较大，环境污染因素多。

(7) 施工作业人员文化素质低，并处在动态调整的不稳定状态中，从而给施工现场的职业健康安全与环境管理带来很多的不利因素。

由于上述特点的影响，将导致施工过程中的事故的潜在不安全因素和人的不安全因素较多，使企业的经营管理，特别是施工现场的职业健康安全与环境管理比其他工业企业的管理更为复杂。

10.1.2 建设工程职业健康安全与环境管理目标

确定建设工程职业健康安全与环境管理目标（指标），是组织制定有效管理方案的基础，也是项目经理部目标的重要组成部分。施工企业制定建设工程职业健康安全与环境管理目标主要有以下内容：

(1) 控制和杜绝因公负伤、死亡事故的发生（负伤频率在6‰以下，死亡率为零）。

(2) 一般事故频率控制目标（通常在6‰以内）。

(3) 无重大设备、火灾、中毒事故及扰民事件。

(4) 环境污染物控制目标。

(5) 能源资源节约目标。

(6) 及时消除重大事故隐患，一般隐患整改率达到的目标（不应低于95%）。

(7) 扬尘、噪声、职业危害作业点合格率（应为100%）。

(8) 施工现场创建安全文明工地目标。

(9) 其他需满足的总体目标。

10.1.3 职业健康安全管理体系

1. 职业健康安全管理体系的概念

职业健康安全管理体系是组织全部管理体系中专门管理健康安全工作的部分，它是继ISO 9000系列质量管理体系和ISO 14000系列环境管理体系之后又一个重要的标准化管理体系。组织实施职业健康安全管理体系的目的是辨别组织内部存在的危险源，控制其所带来的风险，从而避免或减少事故的发生。

2. 职业健康安全管理体系的作用

(1) 实施职业健康安全管理体系标准，将为企业提高职业健康安全绩效提供一个有效的管理手段。

(2) 有助于推动职业健康安全法规和制度的贯彻执行。职业健康安全管理体系标准要求组织必须对遵守法律、法规作出承诺，并定期进行评审以判断其遵守的情况。

(3) 能使组织的职业健康安全管理由被动强制行为转变为主动自愿行为，从而促进职业健康安全管理水平的提高。

(4) 可以促进我国职业健康安全管理标准与国际接轨，有助于消除贸易壁垒。很多国家和国际组织把职业健康安全与贸易挂钩，并以此为借口设置障碍，形成贸易壁垒，这将是未来国际市场竞争的必备条件。

(5) 实施职业健康安全会对企业产生直接和间接的经济效益。通过实施职业健康安全管理体系标准，可以明显提高企业安全生产的管理水平和管理效益。另外，由于改善劳动作业条件，增强了劳动者的身心健康，从而明显提高职工的劳动效率。

(6) 有助于提高全民的安全意识。实施职业健康安全管理体系标准，组织必须对员工进行系统的安全培训，这将使全民的安全意识得到很大的提高。

(7) 实施职业健康安全管理体系标准，不仅可以强化企业的安全管理，还可以完善企业安全生产的自我约束机制，使企业具有强烈的社会关注力和责任感，对树立现代优质企业的良好形象具有非常重要的促进作用。

3.《职业健康安全管理体系 规范》（GB/T 28001—2011）的实施要点

(1) GB/T 28001—2011 标准的特点

2011 年 12 月 30 日，我国颁布了《职业健康安全管理体系 规范》（GB/T 28001—2011），并于 2012 年 2 月 1 日正式实施。本标准覆盖了目前国际社会普遍采用的 OHSA 18001：1999《职业健康安全管理体系规范》的所有技术内容。

(2) 管理体系的结构系统采用的是 PDCA 循环管理模式

GB/T 28001—2011 标准由"方针—策划—实施与运行—检查和纠正措施—管理评审"五大要素构成，采用了 PDCA 动态循环、不断上升的螺旋式运行模式，见表 10-1。

《职业健康安全管理体系 规范》的总体结构及内容　　　　　表 10-1

项次	体系规范的总体结构	基本要求和内容
1	范围	本标准提出了对职业健康安全管理体系的要求，适用于任何有愿望建立职业健康安全管理体系的组织
2	规范性引用文件	GB/T 19000—2000 质量管理体系基础和术语（idt ISO 9000：2000）
3	术语和定义	共有 23 项术语和定义
4	职业健康安全管理体系要求	
4.1	总要求	组织应建立并保持职业健康安全管理体系
4.2	职业健康安全方针	组织应有一个经最高管理者批准的职业健康安全方针，该方针应清楚阐明职业健康安全总目标和改进职业健康安全绩效的承诺
4.3	策划	4.3.1 对危险源识别、风险评价和风险控制的策划 4.3.2 法规和其他要求 4.3.3 目标 4.3.4 职业健康安全管理方案
4.4	实施与运行	4.4.1 结构和职责 4.4.2 培训、意识和能力 4.4.3 协商和沟通 4.4.4 文件 4.4.5 文件和资料控制 4.4.6 运行控制 4.4.7 应急准备和响应
4.5	检查和纠正措施	4.5.1 绩效测量和监视 4.5.2 事故、事件、不符合，纠正和预防措施 4.5.3 记录和记录管理 4.5.4 审核

续表

项次	体系规范的总体结构	基本要求和内容
4.6	管理评审	组织的最高管理者应按规定的时间间隔对职业健康安全管理体系进行评审，以确保体系的持续适宜性、充分性和有效性。管理评审应根据职业健康安全管理体系审核的结果、环境的变化和对持续改进的承诺，指出可能需要修改的职业健康安全管理体系方针、目标和其他要素

管理体系中的职业健康安全方针体现了企业实现风险控制的总体职业健康安全目标。危险源识别、风险评价和风险控制策划，是企业通过职业健康安全管理体系的运行，实行事故控制的开端。

10.1.4 建筑工程环境管理体系

1. 环境管理体系的概念及作用

(1) 环境管理体系的概念

存在于以中心事物为主体的外部周边事物的客体，称为环境。在环境科学领域里中心事物是人类社会。而以人类社会为主体的周边事物环境，是由各种自然环境和社会环境的客体构成。自然环境是人类生产和生活所必需的、未经人类改造过的自然资源和自然条件的总体，包括大气环境（空气、温度、气候、阳光）、水环境（江、河、湖泊）、土地环境、地质环境（地壳、岩石、矿藏）、生物环境（森林、草原、野生生物）等。社会环境则是经过人工对各种自然因素进行改造后的总体，也称为人工环境系统，包括工农业生产环境（工厂、矿山、水利、农田、畜牧、果园等）、聚落环境（城市、农场）、交通环境（铁路、公路、港口、机场）和文化环境（校园、人文遗迹、风景名胜区）等。

ISO 14000 环境管理体系标准是 ISO（国际标准化组织）在总结了世界各国的环境标准化成果，并具体参考了英国的 BS 7750 标准后，于 1996 年底正式推出的一整套环境系列标准。它是一个庞大的标准系统，由环境管理体系、环境审核、环境标志、环境行为评价、生命周期评价、术语和定义、产品标准中的环境指标等系列标准构成。本标准总目的是支持环境保护和污染预防，协调它们与社会需求和经济需求的关系，指导各类组织取得并表现出良好的环境行为。

(2) GB/T 24001（中国环境管理体系）—ISO 14001 环境管理体系实施要点

1) GB/T 24001—ISO 14001 标准的特点

①本标准适用于各种类型与规模的组织，并是组织作为认证依据的标准。

②本标准在市场经济驱动的前提下，促进各类组织提高环境管理水平，达到实现环境目标的目的。

③本标准着重强调污染预防、法律法规的符合性以及持续改进。

④本标准注重体系的科学性、完整性和灵活性。

⑤本标准具有与其他管理体系的兼容性。

2) GB/T 24001—ISO 14001 标准的应用原则

①本标准的实施强调自愿性原则，并不改变组织的法律责任。

②有效的环境管理需建立并实施结构化的管理体系。

③本标准着眼于采用系统的管理措施。

④环境管理体系不必成为独立的管理系统，而应纳入组织整个管理体系中。

⑤实施环境管理体系标准的关键是坚持持续改进和环境污染预防。

⑥有效地实施环境管理体系标准，必须有组织最高管理者的承诺和责任以及全员的参与。

3）环境管理体系的基本运行模式

环境管理体系的结构系统，采用的是 PDCA 动态循环、不断上升的螺旋式管理运行，其形式与职业健康安全管理体系的运行模式相同。

4）GB/T 24001—ISO 14001 标准的总体结构及内容（表 10-2）

GB/T 24001—ISO 14001 标准的总体结构及内容 表 10-2

项次	体系标准的总体结构	基本要求和内容
1	范围	本标准适用于任何有愿望建立环境管理体系的组织
2	引用标准	目前尚无引用标准
3	定义	共有 13 项定义
4	环境管理体系要求	
4.1	总要求	组织应建立并保持环境管理体系
4.2	环境方针	最高管理者应制定本组织的环境方针
4.3	规划（策划）	4.3.1 环境因素 4.3.2 法律与其他要求 4.3.3 目标与指标 4.3.4 环境管理方案
4.4	实施与运行	4.4.1 组织结构和职责 4.4.2 培训、意识和能力 4.4.3 信息交流 4.4.4 环境管理体系文件 4.4.5 文件控制 4.4.6 运行控制 4.4.7 应急准备和响应
4.5	检查和纠正措施	4.5.1 监测和测量 4.5.2 不符合，纠正与预防措施 4.5.3 记录 4.5.4 环境管理体系审核
4.6	管理评审	组织的最高管理者应按其规定的时间间隔，对环境管理体系进行评审，以确保体系的持续适用性、充分性和有效性。其内容包括：审核结果；目标和指标的实现程度；面对变化的条件与信息，环境管理体系是否具有持续的适用性；相关方关注的问题

10.2 建筑工程职业健康安全事故

10.2.1 建筑工程职业健康安全事故分类

事故是指人们在进行有目的的活动过程中，发生了违背人们意愿的不幸事件，使其有目的的行动暂时或永久地停止。事故可能造成人员的死亡、疾病、伤害、损坏、财产损失或其他损失。事故通常包含的含义：

(1) 事故是意外的，它出乎人们的意料，不希望看到的事情。

(2) 事件是引发事故，或可能引发事故的情况，主要是指活动、过程本身的情况，其结果尚不确定，若造成不良结果则形成事故，若侥幸未造成事故也应引起注意。

(3) 事故涵盖的范围是：死亡、疾病、工伤事故；设备、设施破坏事故；环境污染或生态破坏事故。

根据我国有关法规和标准，目前应用比较广泛的伤亡事故分类主要有以下几种。

(1) 按安全事故伤害程度分类

根据《企业职工伤亡事故分类》(GB 6441—86) 规定，按伤害程度分类为：

1) 轻伤。指损失 1 个工作日至 105 个工作日以下的失能伤害。

2) 重伤。指损失工作日等于和超过 105 个工作日的失能伤害，重伤的损失工作日最多不超过 6000 工日。

3) 死亡。指损失工作日超过 6000 工日，这是根据我国职工的平均退休年龄计算出来的。

(2) 按安全事故类别分类

根据《企业职工伤亡事故分类》(GB 6441—86) 规定，将事故类别划分为 20 类，即：物体打击、车辆伤害、机械伤害、起重伤害、触电、淹溺、灼烫、火灾、高处坠落、倒塌、冒顶片帮、透水、放炮、瓦斯爆炸、火药爆炸、锅炉爆炸、容器爆炸、其他爆炸、中毒和窒息、其他伤害。

(3) 按安全事故受伤性质分类

受伤性质是指人体受伤的类型，实质上是从医学的角度给予创伤的具体名称，常有：电伤、挫伤、割伤、擦伤、刺伤、撕脱伤、扭伤、倒塌压埋伤、冲击伤等。

(4) 按生产安全事故造成的人员伤亡或直接经济损失分类

根据中华人民共和国国务院令第 493 号《生产安全事故报告和调查处理条例》的规定：生产安全事故（以下简称事故）造成的人员伤亡或者直接经济损失，事故一般分为以下等级：

1) 特别重大事故。是指造成 30 人以上死亡，或者 100 人以上重伤（包括急性中毒，下同），或者 1 亿元以上直接经济损失的事故。

2) 重大事故。是指造成 10 人以上 30 人以下死亡，或者 50 人以上 100 人以下重伤，或者 5000 万元以上 1 亿元以下直接经济损失的事故。

3) 较大事故。是指造成 3 人以上 10 人以下死亡，或者 10 人以上 50 人以下重伤，或者 1000 万元以上 5000 万元以下直接经济损失的事故。

4) 一般事故。是指造成 3 人以下死亡，或者 10 人以下重伤，或者 1000 万元以下 100 万元以上直接经济损失的事故（其中 100 万元以上，是中华人民共和国建设部 [2007] 257 号《关于进一步规范房屋建筑和市政工程生产安全事故报告和调查处理的若干意见》中规定的）。

本等级划分所称的"以上"包括本数，所称的"以下"不包括本数。

10.2.2 建筑工程职业健康安全事故调查与处理

1. 安全事故报告和调查处理原则

根据国家法律法规的要求，在进行生产安全事故报告和调查处理时，要坚持实事求是、尊重科学的原则，既要及时、准确地查明事故原因，明确事故责任，使责任人受到追究；又要总结经验教训，落实整改和防范措施，防止类似事故再次发生。因此，施工项目发生安全事故，必须实施"四不放过"的原则：

(1) 事故原因未查明不放过；
(2) 事故责任者和员工未受到教育不放过；
(3) 事故责任者未处理不放过；
(4) 整改措施未落实不放过。

2. 施工单位的事故报告

(1) 事故报告要求

生产安全事故发生后，受伤者或最先发现事故的人员应立即用最快的传递手段，将发生事故的时间、地点、伤亡人数、事故原因等情况，向施工单位负责人报告；施工单位负责人接到报告后，应当在1小时内向事故发生地县级以上人民政府建设主管部门和有关部门报告。

情况紧急时，事故现场有关人员可以直接向事故发生地县级以上人民政府建设主管部门和有关部门报告。实行施工总承包的建设工程，由总承包单位负责上报事故。

(2) 事故报告的内容

1) 事故发生的时间、地点和工程项目、有关单位名称；
2) 事故的简要经过；
3) 事故已经造成或者可能造成的伤亡人数（包括下落不明的人数）和初步估计的直接经济损失；
4) 事故的初步原因；
5) 事故发生后采取的措施及事故控制情况；
6) 事故报告单位或报告人员；
7) 其他应当报告的情况；
8) 事故报告后出现新情况，以及事故发生之日起30日内伤亡人数发生变化的，应及时补报。

3. 事故调查

事故调查处理应当坚持实事求是、尊重科学的原则，及时、准确地查清事故经过、事故原因和事故损失，查明事故性质，认定事故责任，总结事故教训，提出整改措施，并对事故责任者依法追究责任。

(1) 施工单位项目经理应指定技术、安全、质量等部门的人员，会同企业工会、安全管理部门组成调查组，开展调查。

(2) 建设主管部门应当按照国家或地方政府的授权或委托组织事故调查组，对事故进行调查，并履行下列职责。

1) 核实事故项目基本情况，包括项目履行法定建设程序情况、参与项目建设活动各方主体履行职责的情况。

2) 查明事故发生的经过、原因、人员伤亡及直接经济损失，并依据国家有关法规和技术标准分析事故的直接原因和间接原因。

3) 认定事故的性质,明确事故责任单位和责任人员在事故中的责任。
4) 依照国家有关法律法规对事故的责任单位和责任人员提出处理建议。
5) 总结事故教训,提出防范和整改措施。
6) 提交事故调查报告。事故调查报告的内容如下:
①事故发生单位概况;
②事故发生经过和事故救援情况;
③事故造成的人员伤亡和直接经济损失;
④事故发生的原因和事故性质;
⑤事故责任的认定和对事故责任者的处理建议;
⑥事故防范和整改措施。

4. 施工单位的事故处理

(1) 事故现场处理

事故处理是落实"四不放过"原则的核心环节。当事故发生后,事故发生单位应保护事故现场,做好标识,排除险情,采取有效措施抢救伤员和财产,防止事故蔓延扩大。

事故现场是追溯判断发生事故原因和事故责任人责任的客观物质基础。因抢救人、疏导交通等原因,需要移动现场物件时,应当做好标志,绘制现场简图并做好书面记录,妥善保存现场重要痕迹、物证,有条件的可以拍照或录像。

(2) 事故登记

施工现场要建立安全事故登记表,作为安全事故档案,对发生事故人员的姓名、性别、年龄、工种等级、负伤时间、伤害程度、负伤部位及情况、简要经过及原因登记记录。

(3) 事故分析记录

施工现场要有安全事故分析记录,对发生轻伤、重伤、死亡、重大设备事故及未遂事故必须按"四不放过"的原则组织分析。

(4) 要坚持安全事故月报制度,若当月无事故也要报空表。

10.2.3 建筑施工环境保护

建设工程是人类社会发展过程中一项规模浩大、旷日持久的频繁生产活动。在这个生产过程中,不仅改变了自然环境,还不可避免地对环境造成污染和损害。因此,在建设工程生产过程中,要竭尽全力控制工程对资源环境污染和损害程度,采用组织、技术、经济和法律的手段,对不可避免的环境污染和资源损坏予以治理,保护环境,造福人类,防止人类与环境关系的失调,促进经济建设、社会发展和环境保护的协调发展。

1. 建设工程施工现场的环境因素

通常,建设工程施工现场的环境因素对环境影响的类型,见表10-3。

环境因素的影响 表10-3

序号	环境因素	产生地点、工序和部位	环境影响
1	噪声排放	施工机械,运输设备,电动工具运行中	影响人体健康,居民休息
2	粉尘排放	场地平整,砂堆,现场路面,水泥搬运混凝土现场搅拌,喷砂,除锈	污染大气,影响居民身体健康

续表

序号	环境因素	产生地点、工序和部位	环境影响
3	运输遗撒	现场渣土，商品混凝土，生活垃圾，原材料运输当中	污染路面，影响居民生活
4	化学危险品的泄漏或挥发	实验室、油漆库、油库、化学材料库及作业面	污染土地及人员健康
5	有毒有害废弃物排放	施工现场、办公区、生活区废弃物	污染土地、水体、大气
6	生产、生活污水的排放	现场搅拌站、厕所、现场洗车处、生活区服务设施、食堂等	污染水体
7	生产用水、用电的消耗	现场、办公室、生活区	资源浪费
8	办公用纸的消耗	办公室、现场	资源浪费
9	光污染	现场焊接、切割作业中、夜间照明	影响居民生活、休息和邻近人员健康
10	离子辐射	放射源储存、运输、使用中	严重危害居民、人员健康
11	混凝土防冻剂（氨味）的排放	混凝土使用当中	影响健康
12	混凝土搅拌站噪声、粉尘、运输遗撒污染	混凝土搅拌站	严重影响了周围居民生活、休息

2. 建筑施工环境保护措施

施工单位应遵守国家有关环境保护的法律规定，采取有效措施控制施工现场的各种粉尘、废气、废水、固体废物以及噪声、振动等对环境的污染和危害。根据《建设工程施工现场管理规定》第三十二条规定，施工单位应当采取下列防止环境污染的措施：

（1）妥善处理泥浆水，未经处理不得直接排入城市排水设施和河流。

（2）除设有符合规定的装置外，不得在施工现场熔融沥青或者焚烧油毡、油漆以及其他会产生有毒有害烟尘和恶臭气体的物质。

（3）使用密封式的圆筒或者采取其他措施处理高空废弃物。

（4）采取有效措施控制施工过程中的扬尘。

（5）禁止将有毒有害废弃物用作土方回填。

（6）对产生噪声、振动的施工机械，应采取有效控制措施，减轻噪声扰民。

（7）施工现场水污染的处理，应采取以下措施：

1）搅拌机前台、混凝土输送泵及运输车辆清洗处应设置沉淀池，废水未经沉淀处理不得直接排入市政污水管网，经二次沉淀后方可排入市政排水管网或回收用于洒水降尘。

2）施工现场现制水磨石作业产生的污水，禁止随地排放。作业时要严格控制污水流向，在合理位置设置沉淀池，经沉淀后方可排入市政污水管网。

3）对于施工现场气焊用的乙炔发生罐产生的污水严禁随地倾倒，要求专用容器集中存放，并倒入沉淀池处理，以免污染环境。

4）现场要设置专用的油漆油料库，并对库房地面作防渗处理，储存、使用及保管要采取措施和专人负责，防止油料泄漏而污染土壤水体。

5）施工现场的临时食堂，用餐人数在100人以上的，应设置简易有效的隔油池，使产生的污水经过隔油池后再排入市政污水管网。

6）禁止将有害废弃物做土方回填，以免污染地下水和环境。

(8) 施工现场空气污染的处理，应采取以下措施：

1）施工现场外围设置的围挡不得低于1.8m，以便避免或减少污染物向外扩散。

2）施工现场的主要运输道路必须进行硬化处理。现场应采取覆盖、固化、绿化、洒水等有效措施，做到不泥泞、不扬尘。

3）应有专人负责环保工作，并配备相应的洒水设备，及时洒水，减少扬尘污染。

4）对现场有毒有害气体的产生和排放，必须进行严格控制。

5）对于多层或高层建筑物内的施工垃圾，应采用封闭的专用垃圾道或容器吊运，严禁随意凌空抛撒造成扬尘。现场内还应设置密闭式垃圾站，施工垃圾和生活垃圾分类存放。施工垃圾要及时消运，消运时应尽量洒水或覆盖，减少扬尘。

6）拆除旧建筑物、构筑物时，应配合洒水，减少扬尘污染。

7）水泥和其他易飞扬的细颗粒散体材料应密闭存放，使用过程中应采取有效的措施防止扬尘。

8）对于土方、渣土的运输，必须采取封盖措施。现场出入口处设置冲洗车辆的设施，出场时必须将车辆清洗干净，不得将泥砂带出现场。

9）市政道路施工铣刨作业时，应采用冲洗等措施，控制扬尘污染。灰土和无机料应采用预拌进场，碾压过程中要洒水降尘。

10）混凝土搅拌，对于城区内施工，应使用商品混凝土，从而减少搅拌扬尘；在城区外施工，搅拌站应搭设封闭的搅拌棚，搅拌机上应设置喷淋装置（如JW-1型搅拌机雾化器），方可施工。

11）对于现场内的锅炉、茶炉、大灶等，必须设置消烟除尘设备。

12）在城区、郊区城镇和居民稠密区、风景旅游区、疗养区及国家规定的文物保护区内施工的工程，严禁使用敞口锅熬制沥青。凡进行沥青防潮防水作业时，要使用密闭和带有烟尘处理装置的加热设备。

3. 施工现场固体废物的处理

(1) 固体废物的类型

施工现场产生的固体废物主要有：

1）拆建废物，包括渣土、砖瓦、废料、废水泥、废石灰、碎玻璃、碎石、混凝土碎块、废木材、废钢铁、废沥青、废塑料。

2）化学废物，包括废油漆材料、废玻璃纤维等。包括拆建废物、化学废物及生活固体废物。

3）生活固体废物，包括炊厨废物、丢弃食品、废纸、废电池、生活用具、煤灰渣、粪便等。

(2) 固体废物的治理方法

废物处理是指采用物理、化学、生物处理等方法，将废物在自然循环中，加以迅速有效、无害地分解处理。根据环境科学理论，可将固体废物的治理方法概括为无害化、多定化和减量化三种。

1) 无害化（亦称安全化）：是将废物内的生物性或化学性的有害物质，进行无害化或安全化处理。例如，利用焚化处理的化学法，将微生物杀灭，促使有毒物质氧化或分解。

2) 安定化：是指为了防止废物中的有机物质腐化分解，产生臭味或衍生成有害微生物，将此类有机物质通过有效的处理方法，不再继续分解或变化。如，以厌氧性的方法处理生活废物，使其实时产生甲烷气，使处理后的残余物完全腐化安定，不再发酵腐化分解。

3) 减量化：大多废物疏松膨胀、体积庞大，不但增加运输费用，而且占用堆填处置场地大。减量化废物处理是将固体废物压缩或液体废物浓缩，或将废物无害焚化处理，烧成灰烬，使其体积缩小至1/10以下，以便运输堆填。

(3) 固体废物的处理

1) 物理处理：包括压实浓缩、破碎、分选、脱水干燥等。这种方法可以浓缩或改变固体废物结构，但不破坏固体废物的物理性质。

2) 化学处理：包括氧化还原、中和、化学浸出等。这种方法能破坏固体废物中的有害成分，从而达到无害化，或将其转化成适于进一步处理、处置的形态。

3) 生物处理：包括好氧处理、厌氧处理等。

4) 热处理：包括焚烧、热解、焙烧、烧结等。

5) 固化处理：包括水泥固化法和沥青固化法等。

6) 回收利用和循环再造：将拆建物料再作为建筑材料利用；做好挖填土方的平衡设计，减少土方外运；重复使用场地围挡、模板、脚手架等物料；将可用的废金属、沥青物料循环再用。

10.3 建筑工程职业健康安全管理情景案例

本节内容是第9章和第10章内容的案例情景，在此情景下针对施工现场的职业健康安全管理的形式和编写方式对两章内容做补充说明，本节内容是第9、10章内容的配套内容，不可孤立。

10.3.1 案例一：某项目职业健康安全管理方案

1. 职业健康安全保证体系（图10-1）

(1) 工作目标

1) 月负伤频率≤2‰，杜绝死亡和重伤事故。

2) 施工现场安全达标合格率100%，按《建筑施工安全检查标准》（JGJ 59—2011）所规定的分项检查评分表有几项评几项，确保所有分项分月达标。

3) 项目部实行安全周检制，公司主管部门每旬组织安全质量大检查一次，每半月复查一次。做到有记录，有隐患通知，有整改记录，有罚款依据。

(2) 安全管理制度

按照《建筑施工安全检查标准》（JGJ 59—2011）的规定，建立各项安全管理制度，做到制度完善、责任到岗并严格执行，严格检查、整改、考核，确保生产安全。

1) 安全生产责任制

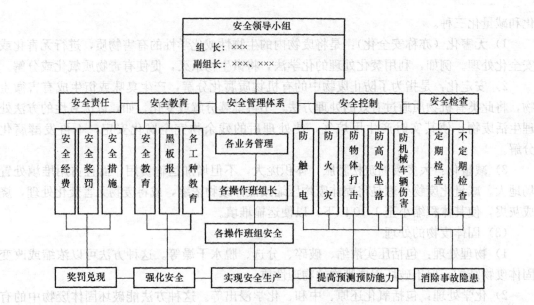

图 10-1 本工程职业健康安全保证体系

项目部建立健全各级各部门的安全生产责任制，责任落实到人。各项经济承包有明确的安全指标和包括奖惩办法在内的保证措施。总包对现场安全进行全面管理，总、分包之间必须签订安全生产协议书。

2) 安全教育制度

新进场工人须进行公司、工程处、项目部和班组的三级教育；工人变换工种，须进行新工种的安全技术教育；工人应掌握本工种操作技能，熟悉本工种安全技术操作规程；认真建立"职工劳动保护记录卡"，及时做好记录。

(3) 施工专项安全方案制度

施工前，编制施工用电、大型机械安拆、模板工程、脚手架等专项安全方案，明确安全技术措施，经技术负责人审查批准后执行。

(4) 分部分项工程安全技术交底制度

任一分部分项工程施工前，项目经理组织施工员、技术负责人对班组成员进行全面有针对性的书面安全技术交底，受交底者履行签字手续。交底一式三份，班组长、安全员、交底人各存一份备查。

(5) 特种作业持证上岗制度

特种作业人员必须经培训考试合格持证上岗，操作证必须按期复审，不得超期使用，名册齐全。

(6) 安全检查

项目部必须建立定期安全检查制度和日查日纠制度，做到有时间、有要求，明确重点部位、危险岗位。安全检查有记录。对查出的隐患应及时整改，做到定人、定时间、定措施。塔吊、施工电梯和脚手架，经公司安全主管部门验收合格挂牌（即"五验收"），方准投入使用。

(7) 班组"三上岗、一讲评"活动制度

班组在班前须进行上岗交底、上岗检查、上岗记录的"三上岗"和每周一次的"一讲评"安全活动。项目部对班组的安全活动制定考核措施，并严格考核、奖惩。

(8) 遵章守纪、佩戴标记，严禁违章指挥、违章作业

1) 各类人员佩戴不同颜色的袖标：①工地负责人戴黄底红字袖章；②安全总值班戴红底白字袖章；③生产班组长戴紫底白字袖章；④生产班组安全员戴绿底白条袖章。

2) 施工管理人员和各类操作工人要戴不同颜色安全帽，以示区别：①施工管理人员戴红色安全帽；②生产班组人员戴白色安全帽；③机械操作人员戴蓝色安全帽；④机械吊车指挥戴黄色安全帽。

(9) 工伤事故处理制度

项目部建立事故档案，按调查分析规则、规定进行处理报告，认真做好"四不放过"工作。

(10) 安全备用金制度

工程处建立专项安全备用金账户，用于项目部配置安全用品，支付安全措施费，确保安全生产有资金投入保证。

(11) 安全生产宣传牌

在工程主要施工部位、作业点、危险区、主要通道口都必须挂有安全宣传标语或安全警示牌，并绘制警示牌平面布置图，按日检查，防止拆除。

(12) 脚手架按专项方案搭设、验收；使用中巡查脚手架完好情况，问题及时处理；定人隔日清除安全网中杂物，严格限制使用荷载。

2. 安全防护措施

(1) 项目部成员必须严格遵守和学习国家颁布的《建筑安装安全技术规程》、《安全法》等法规、规范。架子工、机械工、电焊工等特殊工种在施工前应接受专业技术教育培训，工长在施工前，做好本工程技术交底工作，各专业工种应持证上岗。

(2) 入场必须进行三级安全教育，坚持星期一法定安全教育，坚决制止违章指挥和违章作业。落实安全生产责任制和贯彻执行各种规章制度。

(3) 现场所有施工人员，严禁不戴安全帽进入现场，严禁高空作业不系挂安全带，严禁在施工区域内追逐打闹和酒后上岗。严禁现场吸烟、穿拖鞋、赤背、穿短裤。

(4) 各种大型机械设备安装、拆立、运输必须按方案实施，禁止擅自拆改安全防护设施和安全防护装置。

(5) 施工现场的出入口明显部位地段，要有安全标志牌、标语和宣传通告，随时提醒施工人员注意安全。

(6) 强化现场的安全检查，坚持跟踪管理，现场发现问题及时解决。

(7) 各种架子在搭设拆除时应有安全技术方案或交底，搭设时经安全生产部门验收方可使用，拆除时必须经生产安全部门批准后方可拆除。首层用50mm厚板进行封闭，同时设封闭水平安全网，沿楼一周。电梯井、管道井应用架子、安全网封闭、护身栏、操作平台外表面全部外罩立网和水平网。安全立网采用绿色阻燃型密目网，水平网采用符合要求的白色网。

(8) 现场各级管理人员认真贯彻"预防为主，安全第一"的方针，严格遵守各项安全技术措施，对进入施工现场的人员进行安全教育，树立安全第一的思想。

(9) 各项施工班组应做好址前、班后的安全教育检查工作，安全文字交底，并实行安

全值班制度，做好安全记录，施工现场设专职安全员。

（10）塔吊使用安全

1）三保险（吊钩、绳筒、断绳）、五限位（吊钩高度、变幅、前后行走、起重力矩、驾驶室升降）必须齐全、灵敏、可靠。

2）驾驶、指挥人员必须持有效证件上岗。驾驶员应做好例保和记录。

3）塔吊采用预制桩承台，有排水措施。

4）塔吊和墙体拉结牢固，符合规定。各类吊具、索具要配套齐全，使用合理，严格掌握报废更新标准。

5）塔吊和输电线路（垂直、水平方向）应按规定保持距离，并有有效的防护措施。

6）驾驶室内用安全电压照明，两侧和后窗加装防护栏，机窗完整明亮。

7）塔机安装完毕应组织验收签证，合格后挂上设备技术性能牌、合格验印牌、上岗人员牌，方可使用。

（11）中小型机具使用安全

安全保险装置必须齐全、灵敏、可靠；电源线不得破损、裸露，有良好的接地线或接零线保护；木工机具、手持式电动工具、电焊机、水泵应单独安装漏电保护器并灵敏可靠；乙炔气瓶与氧气瓶应分开存放，二者距离应大于5m；凡属须持证上岗操作的机具，操作者必须持有效证件上岗。

（12）施工电梯使用安全

1）施工电梯基础应采用C20混凝土浇筑在坚实、平整且操作视线良好的地方。

2）施工电梯应按使用说明书的规定单独安装接地保护和避雷装置。

3）施工电梯随着建筑物施工高度的上升而进行立杆加节时，必须按规定进行附壁连接。第一道附壁杆距地面应为10m左右，以后每隔6m做一道附壁连接，连接件必须紧固，随紧固随调整立柱的垂直度，每10m偏差不大于5mm。顶部悬臂部分不得超过说明书规定的高度。

4）施工电梯基座5m范围内严禁挖掘沟槽，电梯周围2.5m，离地面高3m左右范围内，必须架设稳固的防护棚。

5）施工电梯各停靠层的过桥和运输通道应平整、牢固，出入口处的防护栏杆、安全防护门应安全、可靠。其他周边各处应采用栏杆和立网等材料封闭，安全防护门不使用时应随时关闭。

6）施工电梯司机必须身体健康（无心脏病和高血压病），经培训取证后方可上岗操作，严禁非司机操作。

7）施工电梯每班首次运行时，应进行空载及满载试运行，将梯笼升离地面1m左右停车2min，检查制动器灵敏性，确认正常后方可投入运行。

8）施工电梯吊笼严禁混凝土和施工人员混载（载人时不载混凝土，载混凝土时不载人）。

9）施工电梯吊笼乘人、载物时应使载荷均匀分布，严禁施工电梯超载运行，运送物料长度不得超过护网。

10）施工电梯运行至最上层和最下层时仍要操纵按钮，严禁以行程限位开关自动碰撞的方法停车。

11）司机开车时应思想集中，随时注意信号，遇事故和危险时应立即停车。当电梯未切断总电源开关前，司机不能离开操纵岗位。

12）司机应做好当班记录，发现问题及时报告并查明原因，严禁施工电梯带病使用。

13）司机作业后应将施工电梯降到底层，各控制开关扳到零位，切断电源锁好闸箱和梯门。

14）风力达到 6 级以上时施工电梯应停止使用，并将梯笼降到底层。

15）暴风雨后，外用电梯基座、电源、接地、暂设支撑等部位，必须要进行安全检查，检查合格后方可继续使用。

16）多层施工交叉作业，同时使用电梯时要明确联络信号。

17）对于施工电梯限速器、制动器等安全装置必须坚持由专人管理并定期进行调试、检查、修养的制度，以保持其灵敏、可靠。

3. 劳动保护措施

（1）项目所有聘用者由工程处劳资配合项目劳资人员进行身份查验，并留聘用人员身份证复印件，禁止使用未满 18 周岁的未成年工；在聘用前检查聘用人员的身体健康状况和相关信息并建立聘用人员档案，特种作业和易患职业病的岗位，应要求应聘人员提供相关的体检报告和职业病体检报告并备案。

（2）对在职受聘人员进行安全生产、卫生、劳动保护和预防职业病等知识教育，新员工和转岗人员必须进行"三级安全教育"。

（3）特种作业人员必须经专门培训合格后持证上岗，项目部按期发放劳动保护用品，并形成记录。

（4）改善施工环境，具体按公司《污染物控制程序》、《化学危险品控制程序》中的相关规定的要求执行。加强劳动保护，正确使用个人防护用品。执行《中华人民共和国职业病防治法》、《劳动法》等有关规定。

根据组织管理体系运行要求，具体执行组织《劳动保护控制程序》和"安全生产管理制度"及《女职工劳动保护实施细则》、《劳动保护用品配备标准》等。

4. 临时用电管理措施

（1）严格执行国家和部颁标准，施工区域实行 TN-S 系统，漏电保护达到三级保护。

（2）健全用电管理制度，严禁无证人员从事电气作业，电工必须持证上岗。做好漏电保护，湿作业及现场移动照明均采用安全电压，值班电工要了解和掌握全部电气设备状况及用电线路走向，晚间施工设立足够照明。

（3）电工正确穿戴防护用品，严禁酒后操作，禁止带电作业，严格按现场临时用电施工组织设计进行电气设施设备的安装、敷设和验收。

（4）所有用电设施外壳必须接零，高大金属架体必须安装避雷装置（如塔吊、施工电梯等设施），非专业人员不得随意动用机电设备，电闸箱要设防护上锁，机电设备设有效防雷、防雨保护措施。

（5）所有电闸箱都必须采用专用配电箱，须有编号系统图，闸具应标明用途，配电箱标明负责人并加锁。严禁使用不合格的电气材料和电气设备。

电箱做到门、锁、色标齐全和统一编号；电箱内开关电器必须完整无损，接线正确。各类接触装置灵敏可靠，绝缘良好。无积灰、杂物，箱体不得歪斜；电箱安装高度和绝缘材料等均应符合规定；电箱内应设置漏电保护器，选用合理的额定漏电动作电流进行分极配合；配电箱应设总熔丝、分熔丝、分开关。零线地线齐全。动力和照明分别设置；配电箱的开关电器应与配电线或开关箱一一对应配合，作分路设置，以确保专路专控。总开关电器与分路开关电器的额定值、动作额定值相适应。熔丝应和用电设备的实际负荷相匹配。金属外壳电箱应作接地或接零保护；开关箱与用电设备实行一机一闸一保险。

（6）架空线。架空线必须设在专用电杆上，严禁架设在脚手架上；架空线一般应装设横担和绝缘子，其规格、线间距离、档距等符合架空线路要求，电杆扳（拉）线离地2.5m以上应加绝缘子；架空线一般应离地4m以上，机动车道为6m以上。

（7）接地接零。接地体可用角钢、圆钢或钢管（配电室接地体与桩身钢筋连接，构成接地网），但不得用螺纹钢，其截面不小于48mm^2，一组两根接地体之间间距不小于2.5m，入土深度不小于2m，接地电阻就符合规定。橡皮线中黑色或绿/黄双色线作为接地线。与电气设备相连接的接地或接零线截面最小不能低于2.5mm^2 多股芯线；手持式设备应采用不小于1.5mm^2 的多股铜芯线。电杆转角、终端杆及总箱、分配电箱必须有重复接地；高层配电箱重设接地，必须从地下引入。

（8）变配电装置。配电间面积应不小于3m×3m。单列配电柜（板）通道宽度：正面不小于1.5m，侧面不小于1m，背面不小于0.8m，双列配电柜正面不小于2m。配电间必须符合"四防一通"的要求。变配电间应配有安全防护用品和消防器材，并有各类警告标牌；开关应有编号及用途标记。保持室内清洁无杂物。

（9）现场照明。一般场所采用220V电压。危险、潮湿场所和金属容器内的照明、楼梯间照明及手持照明灯具采用符合要求的安全电压（≤36V）；照明导线应用绝缘子固定，严禁使用花线或塑料胶质线。导线不得随地拖拉或绑在脚手架上；照明灯具的金属外壳必须接地或接零。单相回路内的照明开关箱必须装设漏电保护器；室外照明灯具距地面不得低于3m；室内距地面不得低于2.4m。碘钨灯固定架设，要保证安全。钠、钨等金属卤化物灯具的安装高度宜在5m以上，灯线不得靠近灯具表面。

5. 消防环保措施

（1）消防措施：

1）现场建立防火责任制，在组织施工时落实安全用火要求，实施防火措施，明确责任，落实到人。

2）在施工过程中实施安全消防交底制度，形成书面文字。

3）在进行现场平面布置时，施工干道兼作消防通道，宽度不小于3.5m，道路不准堆放材料。

4）在本工程平面布置范围内的临时设施、仓库、材料堆场要有足够的灭火工具和设备，对消防器材有专人管理，定期检查。易燃易爆品要设置专用库房保管。

5）注意工程施工不同的施工阶段的防火要求，特别是后期装修阶段，对材料、电气焊要加强管理。

（2）保卫措施：

由于本工程现场施工面较大，现场保卫工作难度较大，因此在现场设置6名值班人员，在施工现场两头各安排1人进行值班，再设1人进行流动值班。值班采用轮班制，在每班交接前做好交接手续。现场设置值班室，并为值班人员配备对讲机三台，以备出现情况及时通知。同时现场由2名管理人员轮流值班，实行报告制度。

（3）根据公司相关文件要求制定现场消防应急预案。

6．机械管理措施

（1）机械设备的安全必须符合有关验收标准，并经过验收签字认可。

（2）现场机械设备的使用操作必须符合有关操作规程。

（3）机械设备操作人员必须持上岗证。

（4）经常注意现场机械设备检查、维修、养护，严禁机械带病作业，超期限作业。

（5）尤其注意本工程现场施工井架的防雷、避雷装置有效齐全。

（6）在现场各类机械操作人员施工前，要进行书面安全技术交底。对使用各种机械及小型电动工具的人员，先培训后操作，有专人现场指导，对违章操作的人，立即停止工作并严肃批评。

（7）每周由项目经理组织有关施工人员对现场机械安全措施的落实情况进行检查。

7．高处作业措施

（1）高处作业人员，必须进行身体检查，患有心脏病、高血压、精神病、癫痫病等不能从事高处作业。

（2）高处作业人员的衣着要灵便，但决不可赤膊裸身。脚下要穿软底防滑鞋，决不能穿着拖鞋、硬底鞋和带钉易滑的靴鞋。操作时要严格遵守各项安全操作规程和劳动纪律。

（3）高处作业中所用的物料应堆放平稳，不可置放在临边或洞口附近，也不可妨碍通行和装卸。对作业中的走道、通道板和登高用具等，应随时加以清扫干净。拆卸下的物体、剩余材料和废料等要加以清理和及时运走，不得任意乱放或向下丢弃。传递物件时不能抛掷。各施工作业场所内，凡有坠落可能的任何物料，都要一律先行撤除或者加以固定以防掉落伤人。

（4）施工过程中若发现高处作业的安全设施有缺陷或隐患，务必及时报告并立即处理解决。对危及人身安全的隐患，应立即停止施工。

10.3.2 案例二：某项目环境管理方案

1．环境因素识别

执行公司《环境因素识别评价控制程序》，由项目经理带头负责成立环境识别评价工作小组，组长由项目经理刘××担任，技术负责人戴××和安全员及相关人员为组员。本项目开工时由环境识别评价工作小组进行识别，并填写"环境因素调查（清单）表"，以后每年识别一次。针对项目生活、办公、施工生产、产品实现过程中排放的污水、废气、噪声、固体废物和为产品实现而使用有毒、有害、化学危险类物品、消耗资源能源给本工程施工区和办公区及周边造成的环境影响进行识别；本工程所使用的原材料、易燃易爆等物资采购、运输、储存、发放、使用过程中所产生的环境影响进行识别。具体识别办法详见公司《环境因素识别评价控制程序》。

2．环保管理措施

（1）严格遵守市政府和上级主管部门有关环境保护条例及规定。

（2）基础施工降水应先按相关规定经过沉淀池沉淀后，再排入城市污水管网。

（3）采用水泥袋装运楼层建筑垃圾，设施工垃圾分拣站，施工垃圾及时清运，并洒水降尘。水泥和其他易飞扬的细颗粒散体材料，安排在库内存放或严密遮盖。

(4) 运输车辆不得超载,运载工程土方最高点不超过车辆槽帮上沿 50cm,边缘低于车辆槽帮上沿 10cm,装载建筑渣土或其他散装材料不超过槽帮上沿。土方运输车辆驶出现场前必须将土方拍实,将车辆槽帮和车轮冲洗干净。

(5) 工地现场保持整洁、无积水,道路要经常洒水湿润,防止尘土扬起。设专人清扫工地,严禁抛洒细颗粒材料,所有建筑垃圾全部统一封闭装运到指定地点。施工现场废水、泥浆等必须经过沉淀合格后方可排放。

(6) 严格控制作业时间,应控制在早 6 点至晚 22 点。如晚上 22 点至凌晨 6 点因特殊情况需连续作业,按规定办理夜间施工证,并对周围居民区粘贴夜间施工告示。

(7) 杜绝人为敲打、叫嚷、野蛮装卸噪声等现象,最大限度地减少噪声扰民。加强现场环境噪声的长期监测,指定专人负责实施建筑施工场界、场内噪声检测,监测设备应校准、检定合格,在有效期内,坚持每半月或一月检测 1 次。

(8) 施工现场垃圾采用容器装运,随时分拣清运,生活垃圾及时清理,倒运在指定地点,并及时外运至垃圾场。施工现场存放油料,无论库内、库外必须采取防渗漏措施,并用防水砂浆抹面。

(9) 现场不得焚烧产生有毒、有害烟尘和恶性气体物质,搅拌机安装除尘装置。茶炉、火灶要使用消烟除尘型,控制烟尘黑度。

(10) 根据公司相关文件,对现场环境进行评价标识并制定相应的应急预案。

3. 文明施工措施

施工现场的文明水平和整洁有序的场容场貌,是企业技术、管理水平与综合实力的体现,是对公众展示并建立企业形象的窗口。搞好项目文明施工,不但有利于建立优良的社会形象,有力地促进对外经营,并对促进工程质量,安全生产,减少浪费,降低消耗,增进经济效益有着直接不容忽视的效果。为保证工程做到文明施工,并保证在施工时不影响施工区周围人员的工作、生活、休养,特制定本措施。

(1) 封闭施工。施工现场砌筑临时围墙,组织封闭施工。外墙面做企业形象宣传,充分展示企业形象。建筑物四周外架用隔声材料作隔声处理,减少噪声扩散。

(2) 封闭管理。施工现场设固定大门供出入,大门处设值班室,派专职门卫值班;建立门卫制度并严格执行。进入施工现场人员佩戴工作卡以示证明,杜绝闲杂人员混入施工现场。

(3) 形象宣传。施工现场大门口设置展示企业的标志和企业目标追求的标语,按标准(JGJ59—99)设置整齐明显的工程概况牌、管理人员名单及监督电话牌、消防保卫牌、安全生产牌、文明施工牌和施工现场总平面图,主动接受社会监督。

(4) 现场分区管理。现场内明确划分文明施工区、文明办公区,并设区长进行规范管理,日查日纠,按标准达标。

(5) 施工现场要做到内部管理标准化,外部形象优化;项目社区关系和谐,泥浆不外流;管线不损坏;渣土不乱扔;车辆出场冲洗干净轮胎,做到轮胎不粘泥。

(6) 对现场管理人员和操作人员统一制作标明姓名、年龄、性别、岗位和粘有照片的胸卡。同时对管理人员集中制作公布并标明姓名、职责、照片的岗位职责牌,以方便工作的联系。

(7) 工地办公室有施工计划进度、管理人员岗位职责、施工平面布置图等主要图表等上墙，并保持资料放置有序，室内外清洁，各个办公室标明类别、人员、简要职责，以方便联系。

（8）优化施工平面布置，修整已有道路并新建现场内施工干道，修建各种临设周围的排水沟；在搅拌站、地泵等处设置污水沉淀池，对施工废水、生活废水进行沉淀处理，定期掏油，做到现场道路通畅，排水沟无阻塞，避免废水对城市下水道造成污染和堵塞。

（9）现场材料、机具的进场，采取限量、围护、清扫等措施，避免对城市街道造成污染，进场后严格按平面图堆放、就位，不得随意放置。避免二次搬运和遭水淹没。

（10）地材、水泥等材料进场和建筑垃圾清运时，必须洒水减少扬尘，散装水泥和其他易飞扬的细颗粒散体材料堆置在仓库内；对砂、石材料采用硬地坪堆放，对入场道路和临设周围的场地定期清扫、洒水，减少尘埃飞扬。

（11）建筑物各通道口无积水或泥浆；各层楼道畅通，无建筑垃圾堆积物；施工作业面无遍地落地混凝土、砂灰、碎砖块以及其他杂物和粪便；已完成或局部完成的分项工程，必须达到工完料尽场地清，并及时进行成品半成品的保护。

（12）施工现场有治安防范措施。重点要害部位防范设施和防范工作要落实到位。综合治理的目标管理责任明确。加强对职工和民工精神文明的教育，民工管理制度化，杜绝"三无"人员进入现场和打架、闹事、酗酒、赌博等治安事件发生。遵守社会公德及社会治安管理条例。现场设置文化娱乐室供现场人员娱乐、休息。

（13）施工现场临时排水畅通；垃圾有集中的堆坑或容器，并及时清除；厕所清洁卫生，有专人定时清理。

（14）施工噪声的防范

1）建立健全控制人为噪声和管理制度，减少人为的大声喧哗，对大声喧哗者采取说服、教育、罚款、清场的手段，所有物体必须轻取轻放，不得乱扔，避免影响四周居民的工作和休息。

2）强噪声作业避开午间休息及夜间；夜间尽量安排噪声小的项目施工，对噪声大的施工机械，搭设隔声棚，以最大限度地减弱噪声。

3）建筑物外架上采用竹篱笆及密目安全网，用竹笆进行密封、遮挡，减少施工噪声的扩散。

4）施工安排上要进行综合周密考虑，混凝土工程尽量安排在白天施工，协调处理好现场周边单位和居民的关系，赢得周边单位、居民的谅解和支持，减少因施工产生的矛盾和冲突。

（15）工地文明建设：

1）坚持两个文明一起抓的思想，建立定期宣传教育制度，从"爱民、便民"出发，宣传社会形势、企业精神和工地安全文明卫生、相关法律、法规及好人好事等内容。严格执行《集团总公司安全文明工地管理规定》。

2）坚持"以人为本"的指导思想，加强班组建设，教育职工遵纪守法，增强法制观念；全面提高以职业理想、职业素质、职业纪律、职业技能为主要内涵的职业道德修养；杜绝刑事犯罪和违法乱纪行为，树立爱岗敬业精神，提高企业全体职工的文明素质。

3）提倡围墙内外是"一家"的做法，施工单位要主动与工地周边的有关社区单位搞好合作，积极开展共建文明活动，发挥文明窗口的作用，树立良好的建筑行业形象。

4) 搞好用火管理，工地及仓库要配备足够的有盖消防水池、砂包、灭火器具等。

5) 采用板报等手段，宣传党和国家和政策、方针，表扬好人好事，弘扬企业精神，号召全体施工人员做"文明建设者"。

【本 章 小 结】

本章重点讲述了职业健康安全与环境管理和职业健康安全事故类型及事故调查。主要阐述职业健康安全管理体系和环境管理体系组成及运行模式。简要介绍了职业健康安全事故的类型及事故的影响因素，事故调查报告的内容和事故处理措施。通过本章的学习，使学生对职业健康安全管理及环境管理体系要熟悉、掌握，初步具有编制施工现场职业健康管理方案的能力，对施工现场的环境保护措施能区分侧重点，具有协助编制事故调查报告的能力；会用本章的知识判别施工现场职业健康管理与环境保护的全面性。

【思 考 题】

1. 职业健康安全管理和环境管理体系是什么？
2. 常见职业健康安全事故有哪些？
3. 安全事故的影响因素有哪些？
4. 事故现场环境管理措施有哪些要求？（结合第 10.3 节案例二回答）

第 11 章 施工项目资料信息和风险管理

【教学目标】

学习目标：通过本项目的学习和实训活动，熟悉施工项目的主要资料和分类，熟悉资料管理的职责和管理措施。熟悉施工现场信息的特点和表现形式，掌握信息管理的主要措施。掌握风险和风险量的概念，熟悉建设工程风险的类型和风险管理的流程。

能力目标：能在技术负责人的指导下进行技术资料的一般管理工作。能认识信息管理的重要性，能进行一定的信息管理工作。能正确认识风险的存在，并能结合施工项目的实际风险，采取一定的措施，减少或降低风险。

【本章教学情景】

理论情景：施工资料是反映建筑工程质量状况、施工企业管理水平的主要依据，是确定工程质量等级、追究工程质量责任的凭证，是交工验收的依据，作为一个施工技术人员，必须熟悉施工资料的组成及管理流程；建设工程项目的实施，不仅需要人力资源物资资源，还需要信息资源，在项目管理中，信息管理最为薄弱，施工中加强信息的管理，才能减少诸多损失因素。

11.1 施工项目资料管理

11.1.1 施工现场主要资料分类

（1）工程管理与验收资料。是在施工过程中形成的主要资料，包括工程概况、单位工程质量验收文件和施工总结等。

（2）施工管理资料。是在施工过程中形成的反映工程组织和监督等情况的资料统称，例如，施工现场质量管理检查记录、施工日志、企业资质证书及专业人员岗位证书和见证送检管理资料等。

（3）施工技术资料。是在施工过程中形成的，用以指导正确规范科学施工的文件，以及反映工程变更情况的正式文件，如施工组织设计、技术交底记录和设计变更文件等。

（4）施工测量记录。是在施工过程中形成的，确保建筑工程定位、尺寸、标高和沉降量等满足设计要求和规范规定的资料统称，如工程定位测量记录、楼层标高和抄测记录等。

（5）施工物资出厂质量证明书。主要包括各种物资、成品、半成品的出厂合格证、质量保证书和商检证，如预拌混凝土出厂合格证、钢筋出厂合格证和质量保证书等。

（6）施工物资检测报告。由供应单位提供的各种材料的检测报告，如钢材性能检测报告、水泥性能检测报告等。

(7) 施工物资复试报告。进场后见证取样经检测单位提供的各种材料报告,如钢材检测报告、砂检测报告等。

(8) 施工记录。是在施工工程中形成的,确保工程质量、安全的各种检查记录的统称,如隐蔽工程验收记录、预检记录、施工检查记录和交接检查记录等。

(9) 施工试验记录。是根据设计要求和规范规定进行试验,记录原始数据和计算结果,并得出试验结论的资料统称,如砂浆配合比申请单、通知单、抗压强度报告、试块强度统计和评定记录等。

(10) 施工质量验收记录。是参与过程建设的有关单位根据相关标准、规范对工程质量是否达到合格作出的确认文件的统称,例如,结构实体检验、检验批和分项工程及分部工程的质量验收记录等。

(11) 竣工图。由建设单位或施工单位绘制反映已竣工建(构)筑物真实情况的记录,是以后改扩建的依据。

11.1.2 施工资料的管理

(1) 施工资料应实行报验报审管理。施工过程中形成的资料应按报验报审程序,通过相关施工单位审核后,方可报建设(监理)单位。

(2) 施工资料的报验报审应有时限性要求。工程相关各单位应在合同中约定报验报审资料的时间及审批时间,并约定应承担的责任。当无约定时,施工资料的申报审批不得影响正常施工。

(3) 建筑工程实行总承包的,应在分包单位签订施工合同中明确施工资料的移交套数、移交时间、质量情况及验收标准等。分包单位完工后,应将有关施工资料按约定移交。

(4) 施工资料要按规定期限存档,务必用碳素钢笔填写,不可使用圆珠笔填写。

(5) 施工技术资料管理流程,如图 11-1 所示。

(6) 施工物资资料管理流

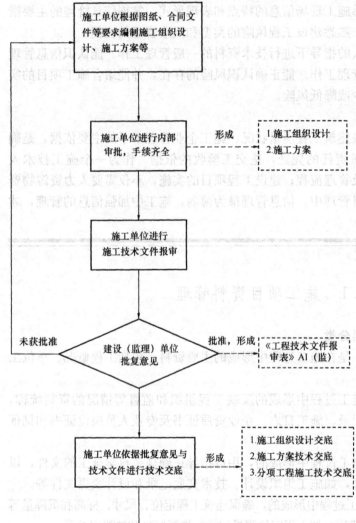

图 11-1 施工技术资料管理流程

程，如图 11-2 所示。

(7) 施工质量验收资料管理流程，如图 11-3、图 11-4 所示。

(8) 工程验收资料管理流程，如图 11-5 所示。

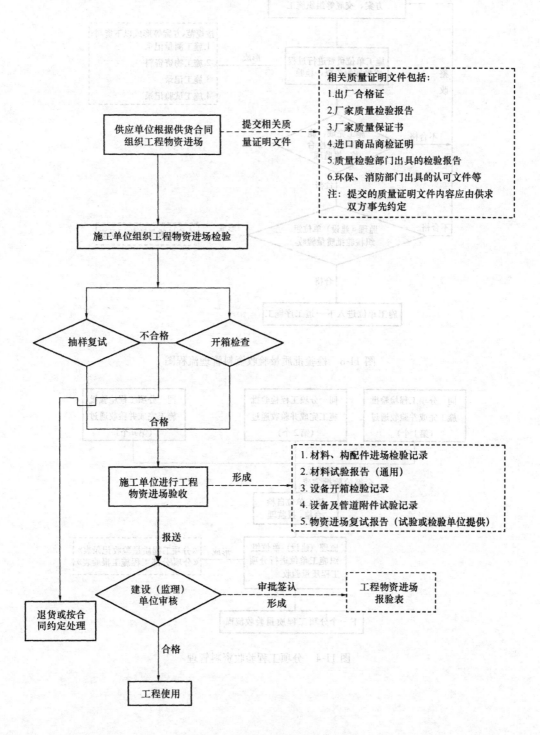

图 11-2 施工物资资料管理流程

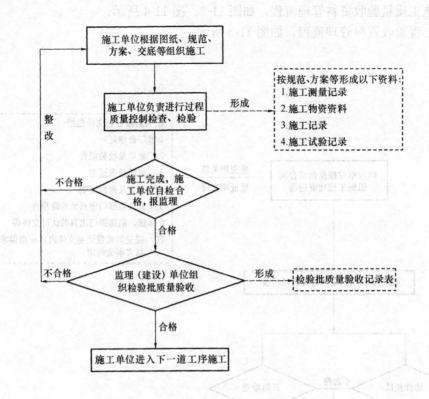

图 11-3 检验批质量验收资料管理流程图

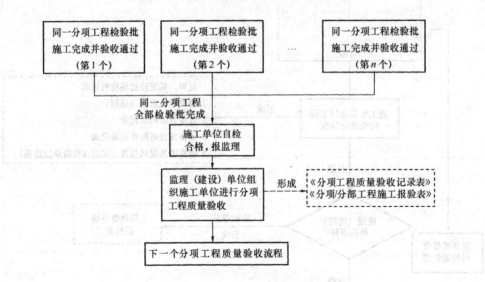

图 11-4 分项工程验收资料管理

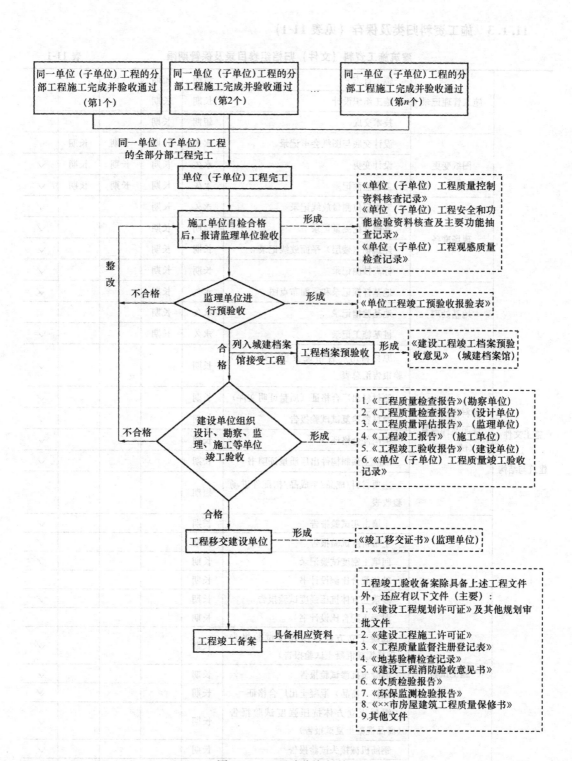

图 11-5 工程验收资料管理

11.1.3 施工资料归类及保存（见表11-1）

建筑施工资料（文件）归档组卷目录及保管期限　　　　表11-1

类别	分类	资料名称					√
施工文件—建筑与结构	施工管理记录	施工日志	短期	短期			
		施工组织设计	长期	长期			
		技术交底	短期	长期			
	图纸变更	设计交底与图纸会审记录	永久	长期	长期	长期	√
		设计变更	永久	长期	长期	长期	√
		工程洽商记录	永久	长期	长期	长期	√
	现场准备	工程定位测量放线记录	永久	长期			√
		基槽开挖测量记录	长期	长期			√
		建筑物（楼层）平面放线记录	长期	长期			√
		标高抄测记录	长期	长期			√
	地基处理	地基钎探记录和平面布点图	永久	长期			√
		地基验槽记录	永久	长期			√
		桩基施工记录	永久	长期			√
	材料构件质量证明文件及复（试）报告	原材料出厂合格证及检（试、复）验报告汇总表	长期				√
		原材料出厂合格证（质量证明文件）	长期				
		原材料检复试试验报告	长期				
		钢构件合格证	长期				
		混凝土预制构件出厂质量证明书	长期				√
		主要材料/成品/半成品/构配件进场验收表	短期				
	施工试验	土壤击实试验报告	长期				√
		土壤密度试验报告	长期				√
		回填土密度试验记录	长期				√
		砂浆配合比例设计书	长期				
		砂浆立方体抗压强度试验报告	长期				√
		混凝土配合比设计书	长期				
		混凝土立方体抗压强度试验报告（现场搅拌混凝土试验报告）	长期				√
		混凝土抗渗试验报告	长期				√
		预拌（商品）混凝土出厂合格证	长期				√
		混凝土立方体抗压强度试验报告（商品混凝土复试报告）	长期				√
		钢筋机械接头试验报告	长期				
		钢筋焊接接头试验报告	长期				√
		屋面淋水试验记录	长期				
		地下室防水效果检查记录	长期				
		有防水要求的地面蓄水试验记录	长期				

续表

施工文件—建筑与结构	隐蔽工程检查记录	地基与基础隐蔽工程记录（钢筋工程）	长期	长期			√
		主体结构隐蔽工程记录（钢筋工程）	长期	长期			√
		主体结构隐蔽工程记录（钢结构工程）	长期	长期			√
		建筑装饰装修隐蔽工程记录（幕墙工程）	长期	长期			√
		屋面工程隐蔽工程记录	长期	长期			√
		防水工程隐蔽工程记录	长期	长期			√
	施工记录	建筑与结构工程预检记录	短期				
		冬施混凝土搅拌测温记录	短期				
		冬施混凝土养护测温记录	短期				
		抽气（风）道检查记录	短期				
	施工记录	建筑物沉降观测测量记录	长期				√
		构件吊装（安装）记录	长期				
		后张预应力筋张拉记录	长期				
		有粘结预应力结构灌浆记录	长期				√
		建筑物垂直度、标高、全高测量记录	长期	长期			√
		施工新技术应用方案	长期	长期			√
		施工新技术应用总结	长期	长期			√
	事故处理	工程质量事故报告	永久				
		工程质量事故调查分析报告	永久				
		工程质量事故处理结案报告	永久				√
	工程质量检验记录	_____分项工程质量验收记录	长期	长期	长期		
		_____检验批质量验收记录	长期	长期	长期		
		地基与基础分部工程质量验收记录	永久	长期			√
		无支护土方子分部工程质量验收记录	永久	长期			√
		有支护土方子分部工程质量验收记录	永久	长期			√
		地基处理子分部工程质量验收记录	永久	长期			√
		桩基子分部工程质量验收记录	永久	长期			√
		地下防水子分部工程质量验收记录	永久	长期			√
		混凝土基础子分部工程质量验收记录	永久	长期			√
		砌体基础子分部工程质量验收记录	永久	长期			√

续表

施工文件—建筑与结构	工程质量检验记录	劲钢（管）基础子分部工程质量验收记录	永久	长期			√
		钢结构基础子分部工程质量验收记录	永久	长期			√
		主体结构分部工程质量验收记录	永久	长期			√
		混凝土结构子分部工程质量验收记录	永久	长期			√
		劲钢（管）混凝土结构子分部工程质量验收记录	永久	长期			√
		砌体结构子分部工程质量验收记录	永久	长期			√
		钢结构子分部工程质量验收记录	永久	长期			√
		木结构子分部工程质量验收记录	永久	长期			√
		网架和索膜结构子分部工程质量验收记录	永久	长期			√
		幕墙子分部工程质量验收记录	永久	长期			√
		装饰装修分部工程质量验收记录	永久	长期			√
		地面子分部工程质量验收记录	永久	长期			√
		抹灰子分部工程质量验收记录	永久	长期			√
		门窗子分部工程质量验收记录	永久	长期			√
		吊顶子分部工程质量验收记录	永久	长期			√
		轻质隔墙子分部工程质量验收记录	永久	长期			√
		饰面板（砖）子分部工程质量验收记录	永久	长期			√
		幕墙子分部工程质量验收记录	永久	长期			√
		涂饰子分部工程质量验收记录	永久	长期			√
		裱糊与软包子分部工程质量验收记录	永久	长期			√
		细部子分部工程质量验收记录	永久	长期			√
	工程质量检验记录	屋面分部工程质量验收记录	永久	长期			√
		卷材防水屋面子分部工程质量验收记录	永久	长期			√
		涂膜防水屋面子分部工程质量验收记录	永久	长期			√
		刚性防水屋面子分部工程质量验收记录	永久	长期			√
		瓦屋面子分部工程质量验收记录	永久	长期			√
		隔热屋面子分部工程质量验收记录	永久	长期			√

续表

施工文件—给水排水与采暖	施工管理记录	施工日志	短期	短期			
		施工组织设计	长期	长期			
		技术交底	短期	长期			
	图纸变更记录	设计交底与图纸会审记录	永久	长期	长期	长期	√
		设计变更	永久	长期	长期	长期	√
		工程洽商记录	永久	长期	长期	长期	√
	设备产品质量检查	大型设备进场验收（开箱）检验单	长期				
		出厂合格证及检验报告汇总表	长期				√
		出厂合格证及检验报告	长期				√
		＿＿＿材料、配件出厂合格证书粘贴表	长期				
	预检	给水排水与采暖工程预检记录	短期				
	隐蔽	专项工程隐蔽验收记录	长期	长期			√
	施工试验记录	管道强度、严密性试验记录	长期				√
		设备强度、严密性试验记录	长期				√
		设备试运行调试记录	长期				√
		消火栓系统试射试验记录	长期				√
		＿＿＿系统冲清消毒记录	长期				√
		＿＿＿系统灌水试验记录	长期				√
		＿＿＿系统管道通水试验记录	长期				√
		＿＿＿排水通球试验记录	长期				√
	事故处理	工程质量事故报告	永久	长期			√
		工程质量事故调查分析报告	永久	长期			√
		工程质量事故处理结案报告	永久	长期			√
	质量检验	＿＿＿分项工程质量验收记录	长期	长期		长期	
		＿＿＿检验批质量验收记录	长期			长期	
	质量检验记录	给水排水与采暖分部工程质量验收记录	永久	长期		长期	√
		室内给水系统子分部工程质量验收记录	永久	长期		长期	√
		室内排水系统子分部工程质量验收记录	永久	长期		长期	√
		室内热水供应系统子分部工程质量验收记录	永久	长期		长期	√
		卫生器具安装子分部工程质量验收记录	永久	长期		长期	√
	质量检验记录	室内采暖系统子分部工程质量验收记录	永久	长期		长期	√
		建筑中水系统及游泳池系统子分部工程质量验收记录	永久	长期		长期	√
		供热锅炉及辅助设备安装子分部工程质量验收记录	永久	长期		长期	√
	施工管理	施工日志	短期	短期			
		施工组织设计	长期	长期			

续表

	记录	技术交底	短期	长期			
	图纸变更记录	设计交底与图纸会审记录	永久	长期	长期	长期	√
		设计变更	永久	长期	长期	长期	√
		工程洽商记录	永久	长期	长期	长期	√
	设备产品质量检查	大型设备进场验收（开箱）检验单	长期				
		出厂合格证及检验报告汇总表（设备通用）	长期				√
		＿＿＿材料、配件出厂合格证书粘贴表	长期				√
		电气导管、电线、电缆进场检测记录（电气通用）	长期				√
	预检	建筑电气工程预检记录	短期				
	隐蔽记录	电气导管、电缆隐蔽工程验收记录	长期	长期			√
		电气工程专项隐蔽工程验收记录	长期	长期			√
		重复（防雷）接地隐蔽工程验收记录	长期	长期			√
		电气接地（等电位）装置隐蔽工程验收记录	长期	长期			√
施工文件—建筑电气	施工试验记录	低压电气、动力设备试运行记录	长期				√
		漏电开关模拟试验记录	长期				√
		大容量导线、母线连接处负荷运行温度测试记录	长期				√
		避雷、接地装置检验测试记录	长期				√
		设备试运行调试记录	长期				√
		应急照明电源转换时间测试记录	长期				√
		100kW以上电动机检验记录	长期				√
		电气照明器具通电安全检查记录	长期				√
		电气接地电阻测试记录	长期				√
		电气绝缘电阻测试记录	长期				√
	事故处理	工程质量事故报告	永久	长期			√
		工程质量事故调查分析报告	永久	长期			√
		工程质量事故处理结案报告	永久	长期			√
	质量检验记录	＿＿＿分项工程质量验收记录	长期	长期		长期	
		＿＿＿检验批质量验收记录	长期	长期		长期	
		建筑电气分部工程质量验收记录	永久	长期			√
		变配电室子分部工程质量验收记录（室内）	永久	长期			√
		供电干线子分部工程质量验收记录	永久	长期			√
		电气动力子分部工程质量验收记录	永久	长期			√
		电气照明安装子分部工程质量验收记录（室内）	永久	长期			√

续表

施工文件—通风与空调	施工管理记录	备用和不间断电源安装子分部工程质量验收记录	永久	长期			√
		施工日志	短期	短期			
		施工组织设计	长期	长期			
		技术交底	短期	长期			
	图纸变更记录	设计交底与图纸会审记录	永久	长期	长期	长期	√
		设计变更	永久	长期	长期	长期	√
		工程洽商记录	永久	长期	长期	长期	√
	设备产品	大型设备进场验收（开箱）检验单	长期				
		出厂合格证（检验报告）汇总表	长期				√
	质量检查	出厂合格证及检验报告	长期				√
		_____材料、配件出厂合格证书粘贴表	长期				√
	预检	_____工程预检记录	短期				
	隐蔽	工程隐蔽验收记录	长期	长期			√
	施工试验记录	_____管道强度、严密性试验记录	长期				√
		_____设备强度、严密性试验记录	长期				√
		_____系统清洗记录	长期				√
		制冷系统气密性试验记录	长期				√
		制冷设备（机组）试运行调试记录	长期				√
		风管漏光法测试记录	长期				√
		通风、空调系统调试记录	长期				√
	事故处理	工程质量事故报告	永久	长期			√
		工程质量事故调查分析报告	永久	长期			√
		工程质量事故处理结案报告	永久	长期			√
	质量检验记录	_____分项工程质量验收记录	长期			长期	
		_____检验批质量验收记录	长期			长期	
		通风与空调分部工程质量验收记录	永久	长期			√
		送排风系统子分部工程质量验收记录	永久	长期			√
		防排烟系统子分部工程质量验收记录	永久	长期			√
		除尘系统子分部工程质量验收记录	永久	长期			√
		空调风系统子分部工程质量验收记录	永久	长期			√
		净化空调系统子分部工程质量验收记录	永久	长期			√
		制冷设备系统子分部工程质量验收记录	永久	长期			√
		空调水系统子分部工程质量验收记录	永久	长期			√

续表

施工文件—建筑电梯	施工管理记录	施工日志		短期			
		施工组织设计	长期	长期			
		技术交底	短期	长期			
	图纸变更记录	土建布置设计交底与图纸会审记录	永久	长期	长期	长期	√
		设计变更	永久	长期	长期	长期	√
		工程洽商记录	永久	长期	长期	长期	√
	设备产品质量检查	大型设备进场验收（开箱）检验单	长期				
		出厂合格证及检验报告汇总表（设备通用）	长期				√
		_____材料、配件出厂合格证书粘贴表	长期				√
	预检	_____工程预检记录	短期				
	隐蔽	电梯隐蔽工程验收记录	长期	长期			√
	施工试验记录	电气接地电阻测试记录	长期				√
		电气绝缘电阻测试记录	长期				√
		电梯导轨安装测量检查记录	长期				√
		电梯负荷试验、安全装置检查记录	长期				√
		电梯厅门安装测量检查记录	长期				√
		电梯桥厢平层准确度检查记录表	长期				√
	事故处理	工程质量事故报告	永久	长期			√
		工程质量事故调查分析报告	永久	长期			√
		工程质量事故处理结案报告	永久	长期			√
	质量检验记录	_____分项工程质量验收记录	长期	长期		长期	
		_____检验批质量验收记录	长期	长期		长期	
		电梯分部工程质量验收记录	永久	长期			√
		电力驱动曳引式或强制式电梯安装工程子分部工程质量验收记录	永久	长期			√
		液压电梯安装工程子分部工程质量验收记录	永久	长期			√
		自动扶梯、自动人行道安装工程子分部工程质量验收记录	永久	长期			√
施工文件—建筑智能化	施工管理记录	施工日志		短期			
		施工组织设计	长期	长期			
		技术交底	短期	长期			
	图纸变更记录	设计交底与图纸会审记录	永久	长期	长期	长期	√
		设计变更	永久	长期	长期	长期	√
		工程洽商记录	永久	长期	长期	长期	√

续表

	设备产品质量检查	主要材料/成品/半成品/构配件进场验收表	短期			
		大型设备进场验收（开箱）检验单	长期			
		出厂合格证及检验报告汇总表（设备通用）	长期			✓
		_____材料、配件出厂合格证书粘贴表	长期			✓
	隐蔽	隐蔽工程验收记录	长期	长期		✓
	施工试验记录	电气接地电阻测试记录	长期			✓
		电气绝缘电阻测试记录	长期			✓
		智能建筑设备测试记录	长期			✓
		智能建筑系统电源及接地检测报告	长期			✓
		系统功能检验及测试记录	长期			✓
		信息端口与配线架端口位置记录表	长期			✓
		系统集成检测记录	长期			✓
		系统集成试运行记录	长期			✓
施工文件—建筑智能化	事故处理	工程质量事故报告	永久	长期		✓
		工程质量事故调查分析报告	永久	长期		✓
		工程质量事故处理结案报告	永久	长期		✓
	质量检验	_____分项工程质量验收记录	长期	长期	长期	
		_____检验批质量验收记录	长期	长期	长期	
	质量检验记录	建筑智能化分部工程质量验收记录	永久	长期		✓
		通信网络系统子分部工程质量验收记录	永久	长期		✓
		办公自动化系统子分部工程质量验收记录	永久	长期		✓
		建筑设备监控系统子分部工程质量验收记录	永久	长期		✓
		火灾报警及消防联动系统子分部工程质量验收记录	永久	长期		✓
		安全防范系统子分部工程质量验收记录	永久	长期		✓
		综合布线系统子分部工程质量验收记录	永久	长期		✓
		智能化集成系统子分部工程质量验收记录	永久	长期		✓
		电源与接地子分部工程质量验收记录	永久	长期		✓
		环境子分部工程质量验收记录	永久	长期		✓
		住宅（小区）智能化系统子分部工程质量验收记录	永久	长期		✓

301

续表

			长期	长期		长期	
	质量检验记录	_____分项工程质量验收记录	长期	长期		长期	
		_____检验批质量验收记录	长期	长期		长期	
		建筑节能分部工程质量验收记录	永久	长期			√
施工文件——建筑节能及室外工程	室外工程	室外安装（给水、雨水、污水、热力、燃气、电信、电力、照明、电视、消防等）施工文件	长期				√
		室外建筑环境（建筑小品、水景、道路、园林绿化等）施工文件	长期				√
		室外给水管网子分部工程质量验收记录	永久	长期			√
		室外排水管网子分部工程质量验收记录	永久	长期			√
		室外供热管网子分部工程质量验收记录	永久	长期			√
		室外电气子分部工程质量验收记录	永久	长期			√
		变配电室子分部工程质量验收记录（室外）	永久	长期			√
		防雷及接地安装子分部工程质量验收记录	永久	长期			√
		电气照明安装子分部工程质量验收记录（室外）	永久	长期			√

注：城建档案馆栏中标有"√"为应向城建档案馆移交的资料。

11.2 施工项目信息管理

11.2.1 信息的概念和信息管理的重要性

1. 信息的概念

信息指的是用口头的方式、书面的方式或电子的方式传输（传达、传递）的知识（新闻）或可靠的、或不可靠的情报。声音、文字、数字和图像等都是信息表达的形式。

建设工程项目的实施不仅需要人力资源、物资资源，也需要信息资源，信息资源是项目实施的主要资源之一。但是，在目前的项目管理中，施工信息管理还相当落后，有资料表明：建设工程在实施工程中存在的诸多问题，其中2/3与信息交流的问题有关，10%～33%的费用增加与信息交流存在的问题有关。由此可见信息管理的重要性。

2. 施工项目管理的信息流

为了进行建设项目施工管理，必须及时获取或传递各种信息，必须使信息在项目组织内部及组织与环境之间进行流动，这股流动的信息就是信息流。

（1）自上而下的信息流。

自上而下的信息流是指自项目经理开始，流向项目经理部工作部门及人员，乃至工人班组的信息，或在分级管理时，每一个中间层次的机构向其下级逐级流动的信息，即信息源在上，接受信息者是其直接下属。这些信息主要指管理目标、命令、工作条例、办法及规定和业务指导意见等。

(2) 自下而上的信息流。

自下而上的信息流是指由下级向上级（一般是逐级向上）的信息，这些信息源在下，接受者在上。包括项目实施和管理中有关目标的完成量、进度、成本、质量、安全、消耗效率情况，工作人员的工作情况，一些值得引起上级注意的情况意见，上级因决策指挥需要下级提供的资料和情况等。

(3) 横向的信息流。

横向的信息流指项目管理工作机构中，同一层次的工作部门或工作人员之间相互提供或接受的信息。这种信息一般是由于分工不同而各自产生的，但为了共同的目标又需要相互协作时而互通有无或相互补充，以及在特殊紧急情况下，为了节省信息流动时间而需要横向提供的信息。工程项目经理应当采取措施防止产生信息流通的障碍，发挥横向信息流应有的作用。

(4) 组织与环境之间的信息流。

项目管理班子与自己的企业领导、建设单位、设计单位、供应单位、监理单位、质量监督部门、有关国家管理部门和业务部门，根据不同的情况都需要进行信息交流，既要满足自身项目管理的需要，又要满足与环境的协作要求，或按国家规定的要求相互提供信息。因此，项目经理对这种信息应予以重视，它涉及信誉、竞争、守法和经济效益等多方面的重大原则问题。

11.2.2 施工项目管理信息的特点

1. 信息量大

这是因为项目管理涉及多部门、多环节、多专业、多渠道和多形式的缘故。

2. 信息系统性强

项目管理具有系统性，虽然信息量大，但都集中于所管理的项目对象，因此信息系统性较强。

3. 信息传递中障碍多

项目管理从发送到接受的过程中，往往由于传递者主观方面的因素，如对信息的理解能力、经验知识的限制而发生障碍；也往往因为地区的间隔、部门的分散、专业的隔阂等而造成信息传递障碍；还往往因为传递手段落后或使用不当而造成失误。

4. 信息产生的滞后现象

信息是在项目建设和管理过程中产生的，信息反馈一般要经过加工整理、传递，然后到达决策者手中，故往往迟于物流，反馈不及时，容易影响信息作用的及时发挥而造成失误。

11.2.3 施工项目信息管理的主要措施

1. 掌握信息来源，进行信息收集

施工项目管理的信息有项目管理机构之外产生的指令性信息、指导性信息、市场信息、技术信息和产生于项目管理及施工中的作业信息、管理信息和计划决策信息等。

对于各种信息来源，应进行制度化、标准化工作，建立责任制，进行有效地收集。信息的收集工作必须把握信息来源，做到收集及时、准确。如果事后追忆，就难以保证其准确性，甚至会导致决策失误。信息收集要做到不露不滥，要对数据资料的选择、分类、鉴别、检验形成正规的程序。对例行性活动的信息要规定收集的时间、项目、方式和责任人。

2. 建立信息管理系统，正确应用信息管理手段

信息管理系统包括设计信息沟通渠道、建立信息管理组织和信息管理制度等。设计信息沟通渠道的目的是保证信息流通无阻。健全的组织和有效的管理制度是必须的条件。信息管理组织有人工和计算机管理信息系统两种。

3. 搞好信息的加工整理和储存

对收集的资料数据要经过分别、分析、汇总归类，作出推测判断演绎。它是一个逻辑判断推理的过程。

有价值的原始资料数据及经过加工整理的信息，要长期积累以备查阅。手工管理信息可用档案法存储。当然，应尽量利用计算机进行管理。

4. 搞好信息检索和信息传递

不论存入档案库还是存入计算机数据库的信息资料，入库前都必须做好编目分类。分类编目的目的在于方便查找和提取，否则就会使资料杂乱无章，无法利用。

信息传递关键在于传递渠道健全畅通。在传递过程中尽量避免信息被扭曲或损耗。传递中可以采用的手段有：报表、图表、文字、记录、电信、办公室自动化、各种收发制度、会议制度、审批制度及计算机等。

5. 用好信息

信息到了接受者手中，要分类对待：一类要及时传递出去的，有些是只收不发，有些是必要的信息，有些是参考信息。专业人员和主管人员，必须依据必要的信息作出反应，从而决定管理行动，这正是信息管理所要达到的目的。

11.3 施工项目风险管理

11.3.1 风险管理概述

1. 风险的定义

(1) 风险有以下两种定义：

1) 风险就是与出现损失有关的不确定性；

2) 风险就是在给定情况下和特定时间内，可能发生的结果之间的差异（或实际结果与预期结果之间的差异）。

(2) 风险要具备两方面条件：

1) 不确定性；

2) 产生损失后果，否则就不能称为风险。

2. 与风险相关的概念

(1) 风险因素是指能产生或增加损失概率和损失程度的条件或因素，是风险事件发生的潜在原因，是造成损失的内在或间接原因，分为以下三种：①自然风险因素；②道德风

险因素;③心理风险因素。

(2) 风险事件是指造成损失的偶发事件,是造成损失的外在原因或直接原因。

(3) 损失是指非故意的、非计划的和非预期的经济价值的减少。损失一般可分为直接损失和间接损失两种,也可分为直接损失、间接损失和隐蔽损失三种。

(4) 损失机会是指损失出现的概率,分为客观概率和主观概率两种。客观概率是某事件在长时期内发生的频率。采用这种方法时,要有足够多的统计资料。主观概率是个人对某事件发生可能性的估计。对于工程风险的概率,以专家作出的主观概率代替客观概率是可行的,必要时可综合多个专家的估计结果。对损失机会这个概念,要特别注意其与风险的区别。

3. 风险因素、风险事件、损失与风险之间的关系(图 11-6)

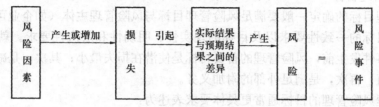

图 11-6 风险关系

由图 11-6 可知,风险因素引发风险事件,风险事件导致损失,而损失所形成的结果就是风险。

4. 风险的分类

(1) 按风险的后果,可将风险分为纯风险和投机风险。

纯风险是指只会造成损失而不会带来收益的风险。投机风险则是指既可能造成损失也可能创造额外收益的风险。纯风险与投机风险还有一个重要区别,即在相同的条件下,纯风险重复出现的概率较大,而投机风险重复出现的概率较小。

(2) 按风险产生的原因,可将风险分为政治风险、社会风险、经济风险、自然风险、技术风险等。

政治风险、社会风险和经济风险之间存在一定的联系,有时表现为相互影响,有时表现为因果关系,难以截然分开。

(3) 按风险的影响范围,可将风险分为基本风险和特殊风险。

基本风险是指作用于整个经济或大多数人群的风险。具有普遍性,影响范围大,后果严重。特殊风险是指仅作用于某一特定单体(如个人或企业)的风险,不具有普遍性,影响范围小,虽然就个体而言,损失有时亦相当大,但对整个经济而言,后果不严重。

(4) 按风险分析依据,分为客观风险和主观风险,按风险分布情况为国别(地区)风险、行业风险、按风险潜在损失形态分为财产风险、人身风险和责任风险等。

5. 建设工程风险

对建设工程风险的认识,要明确两个基本点:

(1) 建设工程风险大。建设工程风险因素和风险事件发生的概率均较大,往往造成比较严重的损失后果。

(2) 参与工程建设的各方均有风险,但即使是同一风险事件,对建设工程不同参与方的后果有时迥然不同。

在对建设工程风险作具体分析时，分析的出发点不同，分析的结果自然也就不同，对于业主来说，建设工程决策阶段的风险主要表现为投机风险，而在实施阶段的风险主要表现为纯风险。

6. 风险管理过程

风险管理过程，包括风险识别、风险评价、风险对策决策、实施决策、检查五方面内容。对风险对策所作出的决策还需要进一步落实到督促检查的计划和措施，在建设工程实施过程中，要对各项风险对策的执行情况不断地进行检查，并评价各项风险对策的执行效果。

7. 风险管理目标

风险管理目标的确定一般要满足风险管理目标与风险管理主体（如企业可建设工程的业主）总体目标的一致性要求以及目标的现实性、明确性和层次性要求。就建设工程而言，在风险事件发生前，风险管理的首要目标是使潜在损失最小；其次，是减少忧虑及相应的忧虑价值；再次，是满足外部的附加义务。

建设工程风险管理的目标通常更具体要求表述为：

（1）实际投资不超过计划投资；

（2）实际工期不超过计划工期；

（3）实际质量满足预期的质量要求；

（4）建设过程安全。

8. 建设工程项目管理与风险管理的关系

风险管理是项目管理理论体系的一个部分，风险管理是为目标控制服务的。通过风险管理的一系列过程，可以分析和评价各种风险因素和风险事件对建设工程预期目标和计划的影响，从而使目标规划更合理，使计划更可行。

风险对策是目标控制措施的重要内容。风险对策的具体内容体现了主动控制与被动控制相结合的要求，风险对策更强调主动控制。

11.3.2 建设工程风险识别

1. 风险识别的特点和原则

（1）风险识别的特点：

1）个别性；

2）主观性；

3）复杂性；

4）不确定性。

（2）风险识别的原则。

在风险识别过程中应遵循以下原则：

1）由粗及细，由细及粗。由粗及细是指对风险因素进行全面分析，渐细化，从而得到工程初始风险清单。而由细及粗是指从工程初始风险清单的众多风险中，确定主要风险，作为风险主人以及风险对策决策的主要对象。

2）严格界定风险内涵并考虑风险因素之间的相关性。

3）先怀疑，后排除，不要轻易否定或排除某些风险。

4）排除与确认并重。对于肯定不能排除但又不能肯定予以确认的风险按确认考虑。
5）必要时可做实验论证。

2. 风险识别的过程

风险识别的结果是建议建设工程风险清单。在建设工程风险识别过程中，核心工作是"建设工程风险分解"和"识别建设工程风险因素、风险事件及后果"。

3. 建设工程风险的分解

建设工程风险的分解可以按以下途径进行：

（1）目标维。即按建设工程目标进行分解，也就是考虑影响建设工程投资、进度、质量和安全目标实现的各种风险。

（2）时间维。即按建设工程实施的各个阶段进行分解，也就是考虑建设工程实施不同阶段的不同风险。

（3）结构维。即按建设工程组成内容进行分解，也就是考虑不同单项工程、单位工程的不同风险。

（4）因素维。即按建设工程风险因素的分类分解，如政治、社会、经济、自然、技术等方面的风险。

常用的组合分解方式是由时间维、目标维和因素维三方面从总体上进行建设工程风险的分解。

4. 风险识别的方法

建设工程风险识别的方法有：专家调查法、财务报表法、流程图法、初始清单法、经验数据法和风险调查法。其中前三种方法为风险识别的一般方法，后三种方法为建设工程风险识别的具体方法。

（1）专家调查法：这种方法又有两种方式：一种是组织有关专家开会；另一种是采用问卷式调查。对专家的意见要由风险管理人员加以归纳分类、整理分析。

（2）财务报表法：采用财务报表法进行风险识别，要对财务报表中所列的各项会计科目作深入的分析研究，需要结合工程财务报表的特点来识别建设工程风险。

（3）流程图法：将一项特定的生产或经营活动按步骤或阶段顺序以若干个模块形式组成一个流程图系列，在每个模块中都标出各种潜在的风险因素或风险事件。

（4）初始清单法：建立建设工程的初始风险清单有两种途径。常规途径是采用保险公司或风险管理学会（或协会）公布的潜在损失一览表。通过适当的风险分解方式来识别风险，也是建立建设工程初始风险清单的有效途径。从初始风险清单的作用来看，因素维仅分解到各种不同的风险因素是不够的，还应进一步将各风险因素分解到风险事件。

在初始风险清单建立后，还需要结合特定建设工程的具体情况进一步识别风险，从而对初始风险清单作一些必要的补充和修正。为此，需要参照同类建设工程风险的经验数据或针对具体建设工程的特点进行风险调查。

（5）经验数据法：经验数据法也称为统计资料法，即根据已建各类建设工程与风险有关的统计资料来识别拟建建设工程的风险。由于不同的风险管理主体的角度不同、数据或资料来源不同，其各自的初始风险清单一般多少有些差异。但是，当经验数据或统计资料足够多时，这种差异性就会大大减小。这种基于经验数据或统计资料的初始风险清单可以满足对建设工程风险识别的需要。

(6) 风险调查法：风险调查应当从分析具体建设工程的特点入手：一方面对通过其他方法已识别出的风险进行鉴别和确认；另一方面，通过风险调查可能发现此前尚未识别出的重要的工程风险。

风险调查可以从组织、技术、自然及环境、经济、合同等方面分析拟建建设工程的特点以及相应的潜在风险。风险调查也应该在建设工程实施全过程中不断地进行。对于建设工程的风险识别来说，一般都应综合采用两种或多种风险识别方法，才能取得较为满意的结果。不论采用何种风险识别方法组合，都必须包含风险调查法。

11.3.3 建设工程风险评价

1. 风险评价的作用

通过定量方法进行风险评价的作用主要表现在：

(1) 更准确地认识风险。

通过定量方法进行风险评价，可以定量地确定建设工程各种风险因素和风险事件发生的概率大小或概率分布，及其发生后对建设工程目标影响的严重程度或损失严重程度，包括不同风险的相对严重程度和各种风险的绝对严重程度。

(2) 保证目标规划的合理性和计划的可行性。

建设工程数据库只能反映各种风险综合作用的后果。不能反映各种风险各自作用的后果。只有对特定建设工程的风险进行定量评价，才能正确反映各种风险对建设工程目标的不同影响，才能使目标规划的结果更合理、更可靠，使在此基础上制订的计划更具有现实的可行性。

(3) 合理选择风险对策，形成最佳风险对策组合。

不同风险对策的适用对象各不相同。风险对策的适用性需从效果和代价两个方面考虑。风险对策的效果表现在降低风险发生概率和（或）降低损失严重程度的幅度。风险对策一般都要付出一定代价。在选择风险对策时，应将不同风险对策的适用性与不同风险的后果结合起来考虑，对不同的风险选择最适宜的风险对策，从而形成最佳的风险对策组合。

2. 风险量函数

风险损失的衡量就是定量确定风险值的大小。建设工程风险损失包括投资风险、进度风险、质量风险和安全风险。

投资增加可以直接用货币来衡量；进度的拖延则属于时间范畴，同时也会导致经济损失；质量事故和安全事故既会产生经济影响又可能导致工期延误和第三者责任。第三者责任除了法律责任之外，一般都是以经济赔偿的形式来实现的。因此，这四方面的风险最终都可以归纳为经济损失。

3. 风险概率的衡量

衡量建设工程风险概率有两种方法：相对比较法和概率分布法。

(1) 相对比较法：相对比较法将风险概率表示为：1）几乎是0；2）很小的；3）中等的；4）一定的，即可以认为风险事件发生的概率较大。在采用相对比较法时，建设工程风险导致的损失也将相应划分重大损失、中等损失和轻度损失。

(2) 概率分布法：概率分布法的常见表现形式是建立概率分布表。为此，需参考外界资料和本企业历史资料。在运用时还应当充分考虑资料的背景和拟建建设工程的特点。

理论概率分布是根据建设工程风险的性质，分析大量的统计数据，当损失值符合一定的理论概率分布或与其近似吻合时，可由特定的几个参数来确定损失值的概率分布。

4. 风险评价

对建设工程风险量作出相对比较，以确定建设工程风险的相对严重性。可以将风险量的大小分成五个等级：(1) VL（很小）；(2) L（小）；(3) M（中等）；(4) H（大）；(5) VH（很大）。

11.3.4 建设工程风险对策

1. 风险回避

风险回避就是以一定的方式中断风险源，使其不发生或不再发展，从而避免可能产生的潜在损失。采用风险回避这一对策时，有时需要作出一些牺牲。在采用风险回避对策时需要注意以下问题：

(1) 回避一种风险可能产生另一种新的风险。

(2) 回避风险的同时也失去了从风险中获益的可能性。

(3) 回避风险可能不实际或不可能。

2. 损失控制

(1) 损失控制的概念

损失控制可分为预防损失和减少损失两方面的工作。预防损失措施的主要作用在于降低或消除损失发生的概率，而减少损失措施的作用在于降低损失的严重性或遏制损失的进一步发展，使损失最小化。一般来说，损失控制方案都应当是预防损失措施和减少损失措施的有机结合。

(2) 制定损失控制措施的依据和代价

制定损失控制措施必须以定量风险主人的结果为依据。风险主人特别要注意间接损失和隐蔽损失。制定损失控制措施还必须考虑其付出的代价，包括费用和时间两方面的代价。

(3) 损失控制计划系统

损失控制计划系统由预防计划（或称为安全计划）、灾难计划和应急计划三部分组成。

1) 预防计划。它的目的在于有针对性地预防损失的发生，其作用是降低损失发生的概率，也能在一定程度上降低损失的严重性。

2) 灾难计划。它是一级事先编制好的、目的明确的工作程序和具体措施，为现场人员提供明确的行动指南，使其在各种严重、恶性的紧急事件发生后，可以做到从容不迫，及时、妥善地处理，从而减少人员伤亡及财产和经济损失。

3) 应急计划。它是在风险损失基本确定后的处理计划，其宗旨是使因严重风险事件而中断的工程实施过程尽快全面恢复，并减少进一步的损失，使其影响程度减至最小。

3. 风险自留

风险自留是从企业内部财务的角度应对风险。它不改变建设工程风险的客观性质，既不改变工程风险的发生概率，也不改变工程风险潜在损失的严重性。

(1) 风险自留的类型

1) 非计划性风险自留。

导致非计划性风险自留的主要原因有：缺乏风险意识、风险识别失误、风险评价失误、风险决策延误和风险决策实施延误。

2）计划性风险自留。

计划性风险自留是主动的、有意识的、有计划的选择。风险自留决不可能单独运用而应与其他风险对策结合使用。在风险自留时，应保证重大和较大的建设工程风险已经进行了工程保险或实施了损失控制计划。

计划性风险自留的计划主要体现在风险自留水平和损失支付方式两方面。所谓风险自留水平，是指选择哪些风险事件作为风险自留的对象，一般应选择风险量小或较小的风险量或较小的风险事件作为风险自留的对象。

（2）损失支付方式

计划性风险自留应预先制订损失支付计划，常见的损失支付方式有以下几种：

1) 从现金净收入中支出；
2) 建立非基金储备；
3) 自我保险；
4) 母公司保险。

（3）风险自留的适用条件

计划性风险自留至少要符合以下条件之一才应予以考虑：

1) 别无选择。
2) 期望损失不严重。
3) 损失可准确预测。
4) 企业有短期内承受最大潜在损失的能力。
5) 投资机会很好（或机会成本很大）。
6) 内部服务优良。

4. 风险转移

风险转移分为非保险转移和保险转移两种形式。风险分担的原则是：任何一种风险都应由最适宜承担该风险或最有能力进行损失控制的一方承担。符合这一原则的风险转移是合理的，可以取得双赢或多赢的结果。

（1）非保险转移

非保险转移又称为合同转移，建设工程风险最有效的非保险转移有以下三种情况：

1) 业主将合同责任和风险转移给对方当事人。
2) 承包商进行合同转让或工程分包。
3) 第三方担保。担保方所承担的风险仅限于合同责任，即由于委托方履行或不适当履行合同以及违约所产生的责任。

非保险转移的优点主要体现在：一是可以转移某些不可保的潜在损失；二是被转移者往往能较好地进行损失控制。但是，非保险转移可能因为双方当事人对合同条款的理解发生分歧而导致失效，或因被转移者无力承担实际发生的重大损失而导致仍然由转移者来承担损失。

（2）保险转移

建设工程业主或承包商作为投保人将本应由自己承担的工程风险（包括第三方责任）转移给保险公司。

在进行工程保险的情况下，建设工程在发生重大损失后可以从保险公司及时得到赔偿，使建设工程实施能不中断地、稳定地进行，还可以使决策者和风险管理人员对建设工程风险的担忧减少，而且，保险公司可向业主和承包商提供较为全面的风险管理服务。

保险这一风险对策的缺点表现在：

1) 机会成本增加。
2) 保险谈判常常耗费较多的时间和精力。
3) 投保人可能产生心理麻痹而疏于损失控制计划。

还需考虑与保险有关的几个具体问题：

1) 保险的安排方式。
2) 选择保险类别的保险人。
3) 可能要进行保险合同谈判。

【本 章 小 结】

本章重点讲述了施工技术资料的组成，分类及施工技术资料的管理流程；施工项目管理的重要性和施工信息管理的信息来源。施工风险管理的概念及管理流程，风险管理的影响因素，风险管理的对策。通过这些内容的学习使学生基本了解施工资料的常规管理流程及施工资料构成和现场施工资料信息的来源方式，掌握影响施工管理的风险因素及风险对策。

【思 考 题】

1. 施工技术资料的组成有哪些？
2. 图示说明施工技术资料的管理流程。
3. 施工现场管理风险因素有哪些？
4. 如何应对施工现场的风险因素？

参 考 文 献

[1] 危道军. 建筑施工组织[M]. 北京：中国建筑工业出版社，2008.
[2] 吴根宝. 建筑施工组织[M]. 北京：中国建筑工业出版社，1995.
[3] 郁超. 实用性施工组织设计及施工方案编制技巧[M]. 北京：中国建筑工业出版社，2009.
[4] 国家标准. 建筑施工组织设计规范(GB/T 50502—2009)[S]. 北京：中国建筑工业出版社，2009.
[5] 姚谨英. 建筑施工技术[M]. 北京：中国建筑工业出版社，2007.
[6] 丛培经. 工程项目管理[M]. 北京：中国建筑工业出版社，2006.
[7] 鲁辉. 施工项目管理[M]. 北京：高等教育出版社，2004.
[8] 全国一级建造师执业资格考试用书编写委员会. 建设工程项目管理[M]. 北京：中国建筑工业出版社. 2011.
[9] 全国一级建造师执业资格考试用书编写委员会. 建筑工程管理与实务[M]. 北京：中国建筑工业出版社，2011.
[10] 国家标准. 建设工程项目管理规范(GB/T 50326—2006)[S]. 北京：中国建筑工业出版社，2006.
[11] 全国二级建造师职业资格考试用书编写委员会编写. 建设工程施工管理[M]. 北京：中国建筑工业出版社，2011.
[12] 李林. 建筑工程安全技术与管理[M]. 北京：机械工业出版社，2010.
[13] 银华. 建筑工程项目管理[M]. 北京：机械工业出版社，2010.